教材+教案+授课资源+考试系统+题库+教学辅助案例

一站式 IT 系列就业应用教程

Python 程序开发案例教程

黑马程序员　编著

U0310882

中国铁道出版社有限公司
CHINA RAILWAY PUBLISHING HOUSE CO., LTD.

内 容 简 介

Python 是近年来最流行的编程语言之一，其简洁的语法和卓越的可读性使其成为初学者的完美编程语言，并且深受编程人员的喜好和追捧。

本书以 Python 3.7 为开发环境，从入门者的角度出发，以简洁、通俗易懂的语言逐步展开 Python 语言教学。全书共分 17 章，内容包括 Python 环境搭建、数字类型与字符串、流程控制、列表与元组、字典与集合、函数、类与面向对象、模块、文件与文件路径操作、错误和异常、正则表达式、图形用户界面编程、进程和线程、网络编程、数据库编程、Django 框架介绍以及综合实战项目。本书配有大量典型的实例，读者可以边学边练习，巩固所学知识，并在实践中提升实际开发能力。

本书适合作为高等院校计算机相关专业及其他工科专业的 Python 教材，也可作为编程人员及自学者的辅助教材或自学参考书。

图书在版编目（CIP）数据

Python 程序开发案例教程/黑马程序员编著.—北京：
中国铁道出版社有限公司，2019.10（2024.1 重印）
国家软件与集成电路公共服务平台信息技术紧缺人才
培养工程指定教材
ISBN 978-7-113-25972-3

Ⅰ.①P… Ⅱ.①黑… Ⅲ.①软件工具－程序设计－
高等学校－教材 Ⅳ.①TP311.561

中国版本图书馆 CIP 数据核字(2019)第 180132 号

书　　　名：Python 程序开发案例教程
作　　　者：黑马程序员

策　　划：秦绪好　翟玉峰		编辑部电话：（010）51873135	
责任编辑：翟玉峰　彭立辉			
封面设计：刘　颖			
责任校对：张玉华			
责任印制：樊启鹏			

出版发行：中国铁道出版社有限公司（100054，北京市西城区右安门西街 8 号）
网　　址：http://www.tdpress.com/51eds/
印　　刷：番茄云印刷（沧州）有限公司
版　　次：2019 年 10 月第 1 版　　2024 年 1 月第 11 次印刷
开　　本：787 mm×1 092 mm　1/16　印张：19.75　字数：491 千
印　　数：79 001～87 000 册
书　　号：ISBN 978-7-113-25972-3
定　　价：52.00 元

序

本书的创作公司——江苏传智播客教育科技股份有限公司（简称"传智教育"）作为我国第一个实现A股IPO上市的教育企业，是一家培养高精尖数字化专业人才的公司，主要培养人工智能、大数据、智能制造、软件开发、区块链、数据分析、网络营销、新媒体等领域的人才。传智教育自成立以来贯彻国家科技发展战略，讲授的内容涵盖了各种前沿技术，已向我国高科技企业输送数十万名技术人员，为企业数字化转型、升级提供了强有力的人才支撑。

传智教育的教师团队由一批来自互联网企业或研究机构，且拥有10年以上开发经验的IT从业人员组成，他们负责研究、开发教学模式和课程内容。传智教育具有完善的课程研发体系，一直走在整个行业的前列，在行业内树立了良好的口碑。传智教育在教育领域有两个子品牌：黑马程序员和院校邦。

一、黑马程序员——高端 IT 教育品牌

黑马程序员的学员多为大学毕业后想从事IT行业，但各方面的条件还达不到岗位要求的年轻人。黑马程序员的学员筛选制度非常严格，包括了严格的品德测试、技术测试、自学能力测试、性格测试、压力测试等。严格的筛选制度确保了学员质量，可在一定程度上降低企业的用人风险。

自黑马程序员成立以来，教学研发团队一直致力于打造精品课程资源，不断在产、学、研三个层面创新自己的执教理念与教学方针，并集中黑马程序员的优势力量，有针对性地出版了计算机系列教材百余种，制作教学视频数百套，发表各类技术文章数千篇。

二、院校邦——院校服务品牌

院校邦以"协万千院校育人、助天下英才圆梦"为核心理念，立足于中国职业教育改革，为高校提供健全的校企合作解决方案，通过原创教材、高校教辅平台、师资培训、院校公开课、实习实训、协同育人、专业共建、"传智杯"大赛等，形成了系统的高校合作模式。院校邦旨在帮助高校深化教学改革，实现高校人才培养与企业发展的合作共赢。

1．为学生提供的配套服务

（1）请同学们登录"传智高校学习平台"，免费获取海量学习资源。该平台可以帮助同学们解决各类学习问题。

（2）针对学习过程中存在的压力过大等问题，院校邦为同学们量身打造了IT学习小助手——邦小苑，可为同学们提供教材配套学习资源。同学们快来关注"邦小苑"微信公众号。

2．为教师提供的配套服务

（1）院校邦为其所有教材精心设计了"教案+授课资源+考试系统+题库+教学辅助案例"的系列教学资源。教师可登录"传智高校教辅平台"免费使用。

（2）针对教学过程中存在的授课压力过大等问题，教师可添加"码大牛"QQ（2770814393），或者添加"码大牛"微信（18910502673），获取最新的教学辅助资源。

黑马程序员

前 言

随着计算机的普及与智能设备的发展,人们对操作系统、应用程序、游戏等各种软件的需求量越来越大,各行各业都离不开程序开发,因此社会对各种程序开发人员,如Python、C、C++、Java、PHP等开发人员的需求量也大大提升。2016年,AlphaGo击败人类职业围棋选手,引发了人工智能和Python语言的热潮;2018年3月,Python成为全国计算机等级考试二级新增科目,再度掀起Python热潮。由于Python具备语法简单、易于阅读、高效、可移植、可扩展、可嵌入、易于维护等优点,被广泛应用于目前火热的Web开发、网络爬虫、人工智能、机器学习、大数据与云计算领域。

为什么要学习本书

对于已步入编程领域的人而言,学习一门语言并不难,难的是如何将语言应用到实际开发之中。使用本书可帮助具有编程基础的人群快速掌握Python语言,并熟练将Python应用于开发之中。

本书采用"理论+实践"模式,不仅采用通俗易懂的语言讲解了Python开发必备的理论知识,而且提供了实用性兼趣味性的实例,其目的是帮助读者更好地将理论知识应用于实际场景中,加深对知识的理解和掌握。除此之外,本书最后章节还介绍了一个Web框架和Web项目,使读者初步具备使用Django框架开发Web项目的能力。

如何使用本书

本书在Windows平台上基于Python 3.7对Python语法以及程序设计相关知识进行讲解。全书共分17章,各章内容分别如下:

第1章主要介绍Python的入门知识,包括Python的特点、版本、应用领域、Python开发环境的搭建、编程规范,以及Python中的变量、输入/输出函数等。通过本章的学习,希望学生能够独立搭建Python开发环境,并对Python开发有初步的认识,为后续学习做好铺垫。

第2章主要介绍Python中的数据类型(包括数字类型、字符串类型)、数据类型转换、运算符等知识。通过本章的学习,希望读者能掌握Python中的基本数据类型的常见操作,并多加揣摩与动手练习,为后续的学习打好扎实的基础。

第3章主要介绍Python流程控制,包括if语句、if语句的嵌套、循环语句、循环嵌套以及跳转语句。通过本章的学习,希望读者能够熟练掌握Python流程控制的语法,并灵活运用流程控制语句开发程序。

第4章主要介绍Python中列表与元组的基本使用,首先介绍了列表,包括列表的创建、访问列表元素、列表的遍历和排序、嵌套类别,以及添加、删除和修改列表元素,然后介绍了元组,包括元组的创建、访问元组的元素。通过本章的学习,希望读者能够掌握列表和元组的基本使用,并灵活运用列表和元组进行Python程序开发。

第5章主要介绍Python中的字典与集合,包括字典的创建、访问、字典的基本操作以及集合的创建、基本操作和操作符。通过本章的学习,希望读者能够熟练使用字典和集合存储数据,为后续的开发打好基础。

第6章主要介绍Python中的函数，包括函数的定义和使用、函数的参数传递、变量的作用域、匿名函数、递归函数，以及Python常用的内置函数。通过本章的学习，希望读者能够灵活地定义和使用函数。

第7章主要介绍类与面向对象知识，包括面向对象概述、类和对象的关系、类的定义与访问、对象的创建与使用、类成员的访问限制、构造方法与析构方法、类方法和静态方法、继承、多态等知识。通过本章的学习，希望读者理解面向对象的思想，能熟练地定义和使用类，并具备开发面向对象项目的能力。

第8章主要介绍与Python模块相关知识，包括模块的定义、模块的导入方式、常见的标准模块、自定义模块、模块的导入特性、包以及下载与安装第三方模块。模块和包不仅能提高开发效率，而且使代码具有清晰的结构。通过本章的学习，希望读者能熟练地定义和使用模块、包。

第9章主要介绍Python中的文件与路径操作，包括文件的打开与关闭、文件的读/写、文件的定位读取、文件的复制与重命名、获取当前路径、检测路径有效性等。通过本章的学习，希望读者掌握文件与路径操作的基础知识，能在实际开发中熟练地操作文件。

第10章主要介绍Python中与异常相关的知识，包括异常概述、异常的捕获、异常的抛出、自定义异常以及如何使用with语句处理异常。通过本章的学习，希望读者能够掌握Python中异常的使用方法。

第11章主要介绍正则表达式的基本知识以及Python中提供正则表达式相关功能的re模块，其中正则表达式的基础知识包括元字符、预定义字符集、基本的匹配规则；re模块包括预编译、匹配搜索、匹配对象、全文匹配、检索替换、文本分割、贪婪匹配等知识。通过本章的学习，希望读者能够在程序中熟练运用正则表达式。

第12章对Python中用于搭建图形用户界面的tkinter模块的相关知识进行了讲解，包括如何利用tkinter构建简单GUI、tkinter组件通用属性、tkinter基础组件、几何布局管理器、事件处理方式、菜单以及消息对话框。通过本章的学习，希望读者能够掌握tkinter模块的基础知识，并能熟练利用tkinter搭建图形用户界面。

第13章主要介绍两种多任务编程的方式：进程和线程。首先介绍的是关于进程的知识，包括进程的概念、进程的创建方式、进程间的通信；然后介绍关于线程的知识，包括线程的概念、线程的基本操作、线程中的锁和线程的同步。通过本章的学习，希望读者能掌握进程和线程的使用，并合理地运用到现实开发中。

第14章介绍和网络编程相关的知识，包括基础的网络知识、socket网络编程的通信流程与内置方法，并通过几个简单实例分别讲解和演示了如何基于UDP、TCP的网络通信，以及TCP并发服务器和I/O多路转接服务器的原理与多种实现方法。通过本章的学习，希望读者能够了解基础网络知识，掌握socket网络编程的通信流程，熟练实现基于UDP、TCP的网络通信，并掌握并发服务器与多路转接服务器的基础模型。

第15章首先介绍数据库的分类，其次介绍MySQL数据库与Python程序的交互，包括下载安装MySQL、安装pymysql库、pymysql库的常用对象和基本使用，然后介绍了MongoDB数据库与Python程序的交互，包括下载安装MongoDB、安装pymongo模块、pymongo模块的常用对象和基本使用，最后介绍了Redis数据库与Python程序的交互，包括下载安装Redis、安装redis模块、redis模块的常用对象和基本使用。通过本章的学习，希望读者能使用Python程序与数据库进行交互。

第16章主要介绍前端基础知识、Web框架、Django的基本使用，其中前端基础知识包括HTTP协议、HTML简介、CSS简介、JavaScript简介；Web框架知识包括WSGI规范、WSGI服务器；Django的基本使用包括Django概述、创建Django项目、创建Django应用、视图函数、模板使用、配置访问路由。通过本章的学习，希望读者能够了解前端基础知识与Web框架，熟悉Django框架的使用方法。

　　第17章首先介绍天天生鲜项目的各应用中所包含的功能和各个页面所提供的功能,然后分页面逐一实现了天天生鲜项目。通过本章的学习,希望读者能熟练使用Django框架,具备利用Django框架开发Web项目的能力。

　　本书配有大量丰富有趣的实例,因受篇幅限制,书中只给出实例题目、实例分析、实例实现的电子档可以从http://www.tdpress.com/51eds/下载,书中所有实例索引见下表。

实例索引

章　节	对应小节	实　例　名　称
第1章	1.4	实例1:海洋单位距离的换算
	1.5	实例2:打印名片
第2章	2.1.2	实例1:根据身高体重计算BMI指数
	2.1.4	实例2:模拟超市收银抹零行为
	2.2.5	实例3:文本进度条
	2.2.6	实例4:敏感词替换
	2.4.1	实例5:判断水仙花数
	2.4.2	实例6:找出最大数
	2.4.3	实例7:计算三角形面积
	2.4.4	实例8:下载操作模拟
第3章	3.1.2	实例1:判断4位回文数
	3.1.3	实例2:奖金发放
	3.1.4	实例3:根据身高体重计算某个人的BMI值
	3.2.2	实例4:模拟乘客进站流程
	3.2.3	实例5:快递计费系统
	3.3.2	实例6:数据加密
	3.3.3	实例7:逢七拍手游戏
	3.3.5	实例8:登录系统账号检测
	3.4.3	实例9:九九乘法表
	3.5.3	实例10:猜数游戏
第4章	4.1.3	实例1:刮刮乐
	4.2.3	实例2:商品价格区间设置与排序
	4.3.4	实例3:好友管理系统
	4.4.2	实例4:随机分配办公室
	4.5.3	实例5:中文数字对照表
第5章	5.1.3	实例1:单词识别
	5.2.4	实例2:手机通讯录
	5.4.3	实例3:生词本

致谢

本书的编写和整理工作由传智播客教育科技股份有限公司完成，主要参与人员有高美云、王晓娟、孙东等，全体人员在这近一年的编写过程中付出了很多辛勤的汗水，在此一并表示衷心的感谢。

意见反馈

尽管我们付出了最大的努力，但书中仍难免存在不妥之处，欢迎各界专家和读者朋友来信提出宝贵意见，我们将不胜感激。您在阅读本书时，如果发现任何问题或有不认同之处，可以通过电子邮件与我们取得联系。

请发送电子邮件至：itcast_book@vip.sina.com。

黑马程序员

2019年6月

目 录

第 ① 章　开启 Python 学习之旅

学习目标：

◎ 了解 Python 的特点、版本以及应用领域。

◎ 熟悉 Python 的下载与安装。

◎ 了解 PyCharm 的安装及简单使用。

◎ 了解代码规范，掌握变量的意义。

◎ 掌握 Python 的基本输入/输出。

在方兴未艾的机器学习以及热门的大数据分析技术领域，Python 语言的热度可谓是如日中天。Python 语言因简洁的语法、出色的开发效率以及强大的功能，迅速在多个领域占据一席之地，成为最符合人类期待的编程语言之一。

1.1　Python 概述

Python 是一种面向对象的解释型计算机程序设计语言，它最初由荷兰人吉多·范罗苏姆研发，并于 1991 年首次发行。在使用 Python 进行开发之前，有必要先了解一下 Python。本节将针对 Python 的特点、版本和应用领域进行介绍。

1.1.1　Python 的特点

Python 语言之所以能够迅速发展，受到程序员的青睐，与它具有的特点密不可分。Python 的特点可以归纳为以下几点：

1. 简单易学

Python 语法简洁，非常接近自然语言，它仅需少量关键字便可识别循环、条件、分支、函数等程序结构。与其他编程语言相比，Python 可以使用更少的代码实现相同的功能。

2. 免费开源

Python 是开源软件，这意味着可以免费获取 Python 源码，并能自由复制、阅读、改动；Python 在被使用的同时也被许多优秀人才改进，进而不断完善。

3. 可移植性

Python 作为一种解释型语言，可以在任何安装有 Python 解释器的环境中执行，因此使 Python 程序具有良好的可移植性，在某个平台编写的程序无须或仅需少量修改便可在其他平台运行。

4. 面向对象

面向对象程序设计（Object Oriented Programming）的本质是建立模型以体现抽象思维过程和面向对象的方法，基于面向对象编程思想设计的程序质量高、效率高、易维护、易扩展。Python 正是一种支持面向对象的编程语言，因此使用 Python 可开发出高质、高效、易于维护和扩展的优秀程序。

5. 丰富的库

Python 不仅内置了庞大的标准库，而且定义了丰富的第三方库帮助开发人员快速、高效地处理各种工作。例如，Python 提供了与系统操作相关的 os 库、正则表达式 re 模块、图形用户界面 tkinter 库等标准库。只要安装了 Python，开发人员就可自由地使用这些库提供的功能。除此之外，Python 支持许多高质量的第三方库，例如图像处理库 pillow、游戏开发库 pygame、科学计算库 numpy 等，这些第三方库可通过 pip 工具安装后使用。

1.1.2 Python 的版本

目前，市场上 Python 2 和 Python 3 两个版本并行。相比于早期的 Python 2，Python 3 历经了较大的变革。为了不带入过多的累赘，Python 3 在设计之初没有考虑向下兼容，因此许多使用 Python 2 设计的程序无法在 Python 3 上正常执行。

Python 官网推荐使用 Python 3，考虑到目前 Python 2 在市场上仍占有较大份额，这里针对 Python 2 和 Python 3 的部分区别进行介绍。

1. print()函数替代了 print 语句

Python 2 使用 print 语句进行输出，Python 3 使用 print()函数进行输出。示例代码如下：
Python 2：

```
>>> print (3, 4)
(3, 4)
```

Python 3：

```
>>> print(3, 4)
3 4
```

2. Python 3 默认使用 UTF-8 编码

Python 2 默认使用 ASCII 编码，Python 3 中默认使用 UTF-8 编码，以更好地实现对中文或其他非英文字符的支持。例如，输出"北京天安门"，Python 2 和 Python 3 的示例与结果如下：
Python 2：

```
>>> str = "北京天安门"
>>> str
'\xe5\x8c\x97\xe4\xba\xac\xe5\xa4\xa9\xe5\xae\x89\xe9\x97\xa8'
```

Python 3：

```
>>> str = "北京天安门"
>>> str
```

```
'北京天安门'
```

3．除法运算

Python 语言的除法运算包含"/"和"//"这两个运算符，它们在 Python 2 和 Python 3 的使用介绍如下：

（1）运算符"/"：在 Python 2 中，使用运算符"/"进行除法运算的方式和 Java、C 语言相似，整数相除的结果是一个整数，浮点数相除的结果是一个浮点数。但在 Python 3 中使用运算符"/"进行整数相除时，结果也会得到浮点数。示例代码如下：

Python 2：

```
>>> 1/2        # 整数相除
0
>>> 1.0/2.0    # 浮点数相除
0.5
```

Python 3：

```
>>> 1/2
0.5
```

（2）运算符"//"：运算符"//"也叫取整运算符，使用该运算符进行除法运算的结果总是一个整数。"//"运算符在 Python 2 和 Python 3 中的功能一致。示例代码如下：

Python 2：

```
>>> 8//3
2
```

Python 3：

```
>>> 8//3
2
```

4．异常

Python 3 版本中的异常处理与 Python 2 版本主要有以下 4 点不同：

（1）在 Python 2 中，所有类型的对象直接被抛出；在 Python 3 中，只有继承自 BaseException 的对象才可以被抛出。

（2）在 Python 2 中，捕获异常的语法是"except Exception, err"；在 Python 3 中，引入了 as 关键字，捕获异常的语法变更为"except Exception as err"。

（3）在 Python 2 中，处理异常可以使用"raise Exception, args"或者"raise Exception(args)"两种语法；在 Python 3 中，处理异常只能使用"raise Exception(args)"。

（4）Python 3 取消了异常类的序列行为和 message 属性。

Python 2 和 Python 3 处理异常的示例代码如下：

Python 2：

```
>>> try:
...    raise TypeError, "类型错误"
... except TypeError, error:
...    print error.message
...
类型错误
```

Python 3：

```
>>> try:
...    raise TypeError("类型错误")
```

```
... except TypeError as error:
...     print(error)
...
类型错误
```

以上只列举了 Python 2 与 Python 3 的部分区别，更多内容见官方文档 https://docs.python.org/3/whatsnew/3.0.html。

1.1.3　Python 应用领域

作为一门功能强大且简单易学的编程语言，Python 主要应用在下面几个领域。

1．Web 开发

Python 是 Web 开发的主流语言，与 JS、PHP 等广泛使用的语言相比，Python 的类库丰富、使用方便，能够为一个需求提供多种方案；此外，Python 支持最新的 XML 技术，具有强大的数据处理能力，因此 Python 在 Web 开发中占有一席之地。Python 为 Web 开发领域提供的框架有 Django、Flask、Tornado、Web2py 等。

2．科学计算与数据分析

随着 NumPy、SciPy、Matplotlib 等众多库的引入和完善，Python 越来越适合进行科学计算和数据分析。Python 不仅支持各种数学运算，还可以绘制高质量的 2D 和 3D 图像。与科学计算领域最流行的商业软件 Matlab 相比，Python 的应用范围更广泛，可以处理的文件和数据的类型更丰富。

3．自动化运维

早期运维工程师大多使用 Shell 编写脚本，但如今 Python 几乎可以说是运维工程师的首选编程语言。在很多操作系统中，Python 是标准的系统组件，大多数 Linux 发行版和 Mac OS X 都集成了 Python，可以在终端下直接运行 Python。Python 标准库包含了多个调用操作系统功能的库：通过第三方软件包 pywin32，Python 能够访问 Windows 的 COM 服务及其他 Windows API；通过 IronPython，Python 程序能够直接调用.NET Framework。一般来说，用 Python 编写的系统管理脚本在可读性、性能、代码重用度、扩展性这几方面都优于 Shell 脚本。

4．网络爬虫

网络爬虫可以在很短的时间内，获取互联网上有用的数据，节省大量的人力资源。Python 自带的 urllib 库、第三方 requests 库、Scrapy 框架、pyspider 框架等让网络爬虫变得非常简单。

5．游戏开发

很多游戏开发者先利用 Python 或 Lua 编写游戏的逻辑代码，再使用 C++编写诸如图形显示等对性能要求较高的模块。Python 标准库提供了 Pygame 模块，用户使用该模块可以制作 2D 游戏。

6．人工智能

Python 是人工智能领域的主流编程语言，人工智能领域神经网络方向流行的神经网络框架 TensorFlow 就采用了 Python 语言。

1.2　搭建 Python 开发环境

1.2.1　Python 的安装

Python 官方网站中可以下载 Python 解释器以搭建 Python 开发环境。下面以 Windows 系统为例演示 Python 的下载与安装过程。具体操作步骤如下：

（1）访问 http://www.python.org/，选择 Downloads→Windows，如图 1-1 所示。

图 1-1　Python 官网首页

（2）选择 Windows 后，页面跳转到 Python 下载页，下载页面有很多版本的安装包，读者可以根据自身需求下载相应的版本。图 1-2 所示为是 Python 3.7.3 版本 32 位和 64 位离线安装包。

图 1-2　Python 下载列表

（3）选择下载 64 位离线安装包，下载成功后，双击开始安装。在 Python 3.7.3 安装界面中提供默认安装与自定义安装两种方式。具体如图 1-3 所示。

> **注意：**
>
> 安装界面下方的 Add Python 3.7 to PATH 复选框，若勾选此复选框，安装完成后 Python 将被自动添加到环境变量中；若不勾选此复选框，则在使用 Python 解释器之前需先手动将 Python 添加到环境变量。

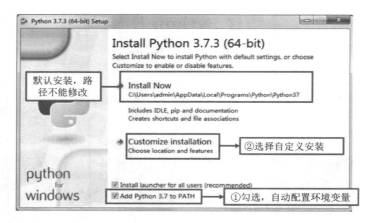

图 1-3　Python 安装界面

（4）这里采用自定义方式，可以根据用户需求有选择地进行安装。单击 Customize installation，进入设置可选功能界面，如图 1-4 所示。

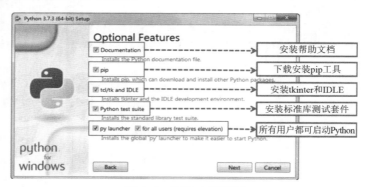

图 1-4　可选功能界面

图 1-4 默认勾选了所有功能，这些功能的相关介绍如下：

- Documentation：Python 帮助文档，其目的是帮助开发者查看 API 以及相关说明。
- Pip：Python 包管理工具，该工具提供了对 Python 包的查找、下载、安装、卸载功能。
- td/tk and IDLE：tk 是 Python 的标准图形用户界面接口，IDLE 是 Python 自带的简洁的集成开发环境。
- Python test suite：Python 标准库测试套件。
- py launcher：安装 Python Launcher 后可以通过全局命令 py 更方便地启动 Python。
- for all users：适用所有用户使用。

（5）保持默认配置，单击 Next 按钮进入设置高级选项的界面，用户在该界面中依然可以根据自身需求勾选功能，并设置 Python 安装路径，具体如图 1-5 所示。

（6）选定好 Python 的安装路径后，单击 Install 按钮开始安装，安装成功后如图 1-6 所示。

至此，Python 3.7.3 安装完成，下面使用 Windows 系统中的命令提示符检测 Python 3.7.3 是否安装成功。

在 Windows 系统中打开命令提示符，在命令提示符窗口中输入 python 后显示 Python 的版本信息，表明安装成功，如图 1-7 所示。

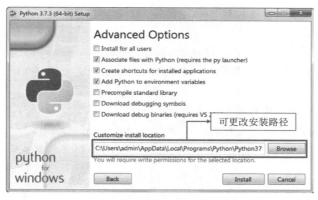

图 1-5　高级选项界面

图 1-6　安装成功界面

图 1-7　显示 Python 版本信息

多学一招：Linux 系统安装 Python 3

绝大多数的 Linux 系统安装完毕后，Python 解释器已经默认存在，可以输入如下命令进行验证：

```
$ python
```

运行以上命令会启动交互式 Python 解释器，并且输出 Python 版本信息。如果没有安装 Python 解释器，会看到如下错误信息：

```
bash: python: command not found
```

这时需要自己安装 Python。下面分步骤讲解如何在 Linux 系统中安装 Python：

（1）打开浏览器访问 https://www.python.org/downloads/source/进入下载适用于 Linux 系统的 Python 安装包界面。

（2）选择 Python 3.7.3 压缩包进行下载。

（3）下载完成后解压压缩包。

（4）若需要自定义某些选项，可以修改 Modules/Setup。

（5）在终端切换至刚才解压的目录下，执行"./configure --prefix=/usr/local/python3"配置安装目录。

（6）执行 make 命令编译源代码，生成执行文件。

（7）执行 make install 命令，复制执行文件到/usr/local/bin 目录下。

执行以上操作后，Python 会安装在/usr/local/bin 目录中，Python 库安装在/usr/local/lib/python 3.7.3。

1.2.2　IDLE 的使用

1.2.1 的 Python 安装过程中默认自动安装了 IDLE（Integrated Development and Learning Environment），它是 Python 自带的集成开发环境。下面以 Windows 7 系统为例介绍如何使用 Python 自带的集成开发环境编写 Python 代码。

在 Windows 系统的开始菜单的搜索栏中输入 IDLE，然后单击 IDLE（Python 3.7 64–bit）进入 IDLE 界面，具体如图 1–8 所示。

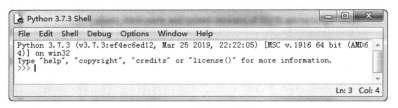

图 1–8　IDLE 界面

图 1–8 所示为一个交互式的 Shell 界面，可以在 Shell 界面中直接编写 Python 代码。例如，使用 print()函数输出"Hello World"，如图 1–9 所示。

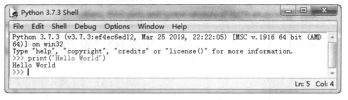

图 1–9　在 IDLE 中编写 Hello World 程序

IDLE 除了支持交互式编写代码，还支持文件式编写代码。在交互式窗口中选择 File→New File 命令，创建并打开一个新的界面，如图 1–10 所示。

在新建的文件中编写如下代码。

```
print("Hello World")
```

编写完成之后，选择 File→Save As 命令将文件以 first_app 命名并保存。之后在窗口中选择 Run→Run Module 命令运行代码，如图 1–11 所示。

图 1–10　交互式窗口

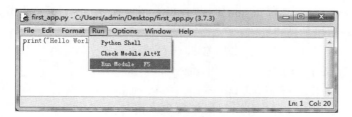

图 1-11　运行文件代码

当选择 Run Module 命令后，Python Shell 窗口中显示了运行结果，如图 1-12 所示。

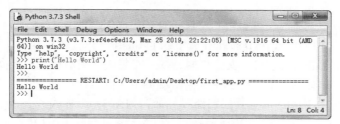

图 1-12　显示运行结果

1.2.3　集成开发环境 PyCharm 的安装与使用

PyCharm 是 Jetbrain 公司开发的一款 Python 集成开发环境，由于其具有智能代码编辑器、智能提示、自动导入等功能，目前已经成为 Python 专业开发人员和初学者广泛使用的 Python 开发工具。下面以 Windows 系统为例，介绍如何安装并使用 PyCharm。

1. PyCharm 的安装

访问 PyCharm 官网 http://www.jetbrains.com/pycharm/download/ 进入下载页面，如图 1-13 所示。

图 1-13　PyCharm 官网首页

图 1–13 中的 Professional 和 Community 是 PyCharm 的两个版本，其特点分别如下：

（1）Professional 版本的特点：

- 提供 Python IDE 的所有功能，支持 Web 开发。
- 支持 Django、Flask、Google App 引擎、Pyramid 和 web2py。
- 支持 JavaScript、CoffeeScript、TypeScript、CSS 和 Cython 等。
- 支持远程开发、Python 分析器、数据库和 SQL 语句。

（2）Community 版本特点：

- 轻量级的 Python IDE，只支持 Python 开发。
- 免费、开源、集成 Apache2。
- 智能编辑器、调试器，支持重构和错误检查，集成 VCS 版本控制。

单击相应版本下的 DOWNLOAD 按钮开始下载 PyCharm 的安装包，这里下载 Community 版本。下载成功后，只需要双击安装包进入安装界面，按照安装向导提示一步一步操作即可。

下载成功后，双击安装包弹出欢迎界面，如图 1–14 所示。

单击 Next 按钮进入 PyCharm 选择安装路径界面，如图 1–15 所示。

图 1–14　PyCharm 安装界面

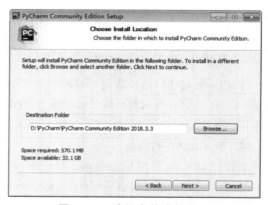

图 1–15　选择安装路径界面

在图 1–15 中，可以通过单击 Browse 按钮选择 PyCharm 的安装位置，确定好安装位置后，单击 Next 按钮进入安装选项界面。在该界面中用户可根据需求勾选相应功能，如图 1–16 所示。

这里不做任何修改，单击 Next 按钮进入选择开始菜单文件夹界面，该界面中保持默认配置，具体如图 1–17 所示。

单击图 1–17 中的 Install 按钮后，PyCharm 会进行安装，安装完成后会提示 Completing PyCharm Community Edition Setup 信息，如图 1–18 所示。

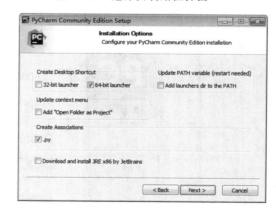

图 1–16　安装选项界面

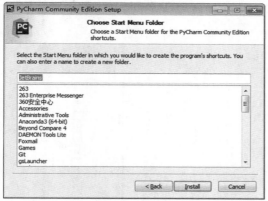

图 1-17　选择开始菜单文件夹界面

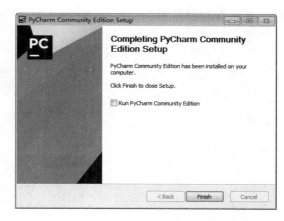

图 1-18　安装完成界面

单击 Finish 按钮结束 PyCharm 安装。

2. PyCharm 的使用

PyCharm 安装完成后，会在桌面添加一个快捷方式，双击 PyCharm 快捷方式图标进入导入配置文件界面，具体如图 1-19 所示。

图 1-19 所示的界面中有 3 个选项，这些选项的作用分别为：从之前的版本导入配置、自定义导入配置、不导入配置。这里选择不导入配置。

单击 OK 按钮进入 JetBrains 用户协议界面，在该界面中选中 I confirm that I have read and accept the terms of this User Agreement 复选框，具体如图 1-20 所示。

单击图 1-20 中的 Continue 按钮进入环境设置界面，在该界面中可以设置用户主题，这里选择 Light 主题，如图 1-21 所示。

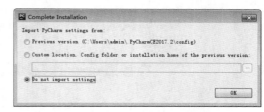

图 1-19　导入配置文件界面

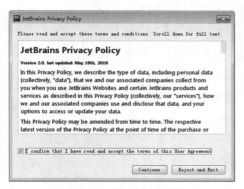

图 1-20　用户协议界面

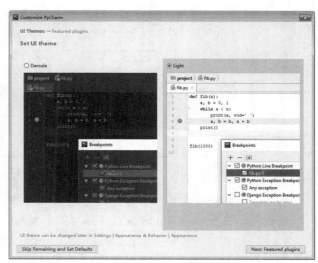

图 1-21　环境设置界面

单击图 1-21 中的 Skip Remaining and Set Defaults 按钮进入 PyCharm 欢迎界面，如图 1-22 所示。

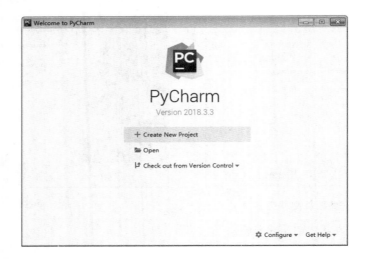

图 1-22　PyCharm 欢迎界面

图 1-22 所示的界面中包括创建新项目、打开文件、版本控制检查项目三项功能。单击 Create New Project 创建一个 Python 项目 chapter01，项目创建完成后，便可以在项目中创建一个 py 文件。具体操作为：右击项目名称 chapter01，选择 New→Python File 命令，如图 1-23 所示。

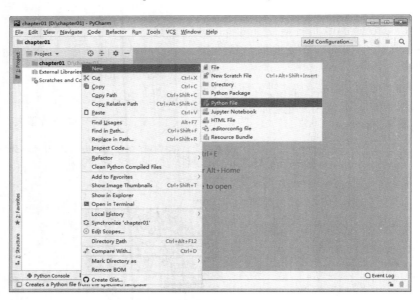

图 1-23　创建 Python 文件

将新建的 Python 文件命名为 hello_world，使用默认文件类型 Python file，如图 1-24 所示。在创建好的 hello_world.py 文件中编写如下代码：

```
print("hello world")
```

编写好的 hello_world.py 文件如图 1-25 所示。

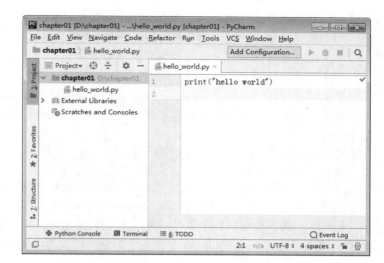

图 1-24 为 Python 文件命名   图 1-25 在 PyCharm 中编写代码

在图 1-25 所示界面的菜单栏中选择 Run→Run 'hello_world'命令运行 hello_world.py 文件（也可以在编辑区中右击选择 Run 'hello_world'来运行文件），如图 1-26 所示。

程序运行结果会在 PyCharm 结果输出区进行显示，如图 1-27 所示。

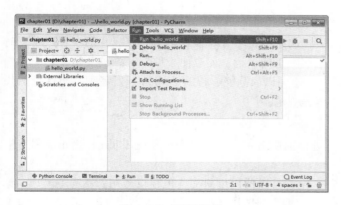

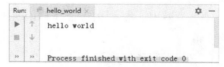

图 1-26 运行程序   图 1-27 程序运行结果

1.3 快速开发 Python 程序

前两节介绍了 Python 的特点、安装以及开发工具的使用方法等，接下来介绍 Python 的编程约定、变量、输入/输出函数等知识，以帮助大家了解 Python 程序开发的通用知识，并了解如何快速开发 Python 程序。

1.3.1 开发第一个 Python 程序：模拟手机充值

生活中常常出现这样的场景：当电话卡余额不足时，会收到运营商发来的提示短信，此时用户可根据需要在充值平台上输入要充值的手机号码和金额进行充值。充值成功后，会再次收到短信提示。如何使用 Python 模拟以上场景呢？

在编写代码前，先思考以下 3 个问题：

（1）如何接收用户输入的手机号码、充值金额。

（2）如何保存输入的手机号码与充值金额。

（3）如何提示用户充值成功。

我们可以使用 Python 中的 input() 函数给出提示并接收用户输入的数据，使用变量保存用户输入的数据，使用 print() 函数输出提示信息。按照这个思路，编写代码模拟手机充值的场景，具体如下：

```
phone_num = input('请输入要充值的手机号码: ')
recharge_amount = input('请输入要充值的金额: ')
print('手机号码'+phone_num+'成功充值'+recharge_amount + '元')
```

上述程序中，第 1 行代码使用 input() 函数给出提示、接收用户输入的手机号码，使用变量 phone_num 存储用户输入的手机号；第 2 行代码使用 input() 函数给出提示、接收用户输入的充值金额，使用变量 recharge_amount 存储用户的输入的充值金额；第 3 行代码使用 print() 函数打印用户的手机号及充值金额。

运行程序，按照提示依次输入手机号码和充值金额，程序的执行结果如下：

```
请输入要充值的手机号码: 15000000000
请输入要充值的金额: 100
手机号码15000000000成功充值100元
```

1.3.2 良好的编程约定

程序的编码风格是一个人编写程序时表现出来的特点、习惯逻辑思路等。我们在程序开发时要重视其编写规范，程序不仅应该能够在机器上正确执行，还应便于调试、维护及阅读。

PEP8 是一份关于 Python 编码规范指南，遵守该规范能够帮助 Python 开发者编写出优雅的代码，提高代码可读性。下面举例说明一些编程规范。

1. 代码布局

（1）缩进。标准 Python 风格中每个缩进级别使用 4 个空格，不推荐使用 Tab，禁止混用空格与 Tab。

（2）行的最大长度。每行最大长度 79，换行可以使用反斜杠，但建议使用圆括号。

（3）空白行。顶层函数和定义的类之间空两行，类中的方法定义之间空一行；函数内逻辑无关的代码段之间空一行，其他地方尽量不要空行。

2. 空格的使用

（1）右括号前不要加空格。

（2）逗号、冒号、分号前不要加空格。

（3）函数的左括号前不要加空格，如 fun(1)。

（4）序列的左括号前不要加空格，如 list[2]。

（5）操作符左右各加一个空格，如 a + b = c。

（6）不要将多条语句写在同一行。

（7）if、for、while 语句中，即使执行语句只有一句，也必须另起一行。

3. 代码注释

（1）块注释。块注释跟随被注释的代码，缩进至与代码相同的级别。块注释使用 "#" 开头。

（2）行内注释。行内注释是与代码语句同行的注释。行内注释与代码至少由两个空格分隔，注释以"#"开头。

（3）文档字符串。文档字符串指的是为所有公共模块、函数、类以及方法编写的文档说明。文档字符串使用三引号包裹。

4．命名规范

（1）不要使用字母"l"（L 的小写）、"O"（大写 O）、"I"（大写 I）作为单字符变量名。

（2）模块名、包名应简短且全为小写。

（3）函数名应该小写，如果想提高可读性，可以用下画线分隔小写单词。

（4）类名首字母一般使用大写。

（5）常量通常采用全大写命名。

1.3.3　数据的表示——变量

Python 程序运行的过程中随时可能产生一些临时数据，应用程序会将这些数据保存在内存单元中，并使用不同的标识符来标识各个内存单元。这些具有不同标识、存储临时数据的内存单元称为变量，标识内存单元的符号则为变量名（亦称标识符），内存单元中存储的数据就是变量的值。

Python 中定义变量的方式非常简单，只需要指定数据和变量名即可。变量的定义格式如下：

```
变量名 = 数据
```

变量名应遵循以下规则：

（1）由字母、数字和下画线组成，且不以数字开头。

（2）区分大小写。例如，andy 和 Andy 是不同的标识符。

（3）通俗易懂，见名知意。例如，表示姓名，可以使用 name。

（4）如果由两个及以上单词组成，单词与单词之间使用下画线连接。

1.3.4　基本输入/输出

程序要实现人机交互功能，需能够向显示设备输出有关信息及提示，同时也要能够接收从键盘输入的数据。Python 提供了用于实现输入/输出功能的函数 input()和 print()，下面分别对这两个函数进行介绍。

1．input()函数

input()函数用于接收一个标准输入数据，该函数返回一个字符串类型数据，其语法格式如下：

```
input(*args, **kwargs)
```

下面通过一个模拟用户登录的案例演示 print()函数与 input()函数的使用，具体如下：

```
user_name = input('请输入账号: ')
password=input('请输入密码: ')
print('登录成功! ')
```

程序运行结果：

```
请输入账号: username
请输入密码: 12345
登录成功!
```

2. print()函数

print()函数用于向控制台中输出数据，它可以输出任何类型的数据，该函数的语法格式如下：

```
print(*objects, sep = ' ', end='\n', file = sys.stdout)
```

print()函数中各个参数的具体含义如下：

（1）objects：表示输出的对象。输出多个对象时，需要用逗号分隔。

（2）sep：用于间隔多个对象。

（3）end：用于设置以什么结尾。默认值是换行符\n。

（4）file：表示数据输出的文件对象。

下面通过一个打印名片的案例演示 print()函数的使用，具体如下：

```
print("姓名: 李晓明")
age = 13
print("年龄:", age)
print("地址: 河北 ")
```

程序运行结果：

```
姓名: 李晓明
年龄: 13
地址: 河北
```

1.4　实例 1：海洋单位距离的换算

在陆地上可以使用参照物确定两点间的距离，使用厘米、米、公里等作为计量单位，而海上缺少参照物，人们将赤道上经度的 1 分对应的距离记为 1 海里，使用海里作为海上计量单位。公里与海里可以通过以下公式换算：

```
1 海里=1.852 公里
```

本实例要求编写程序，实现将公里转为海里的换算。

1.5　实例 2：打印名片

名片是标识姓名及其所属组织、公司单位和联系方法的纸片，也是新朋友互相认识、自我介绍的快速有效的方法。本实例要求编写程序，模拟输出如图 1-28 所示效果的名片。

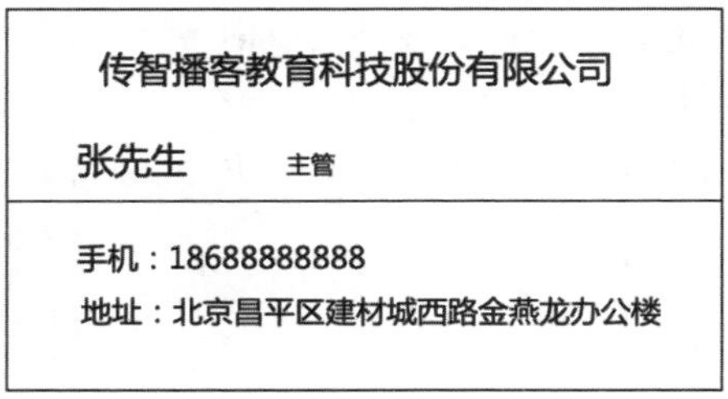

图 1-28　名片样式

小　结

本章主要介绍了一些 Python 的入门知识，包括 Python 的特点、版本、应用领域、Python 开发环境的搭建、编程规范、Python 中的变量、输入/输出函数等。通过本章的学习，希望学生能够独立搭建 Python 开发环境，并对 Python 开发有初步的认识，为后续学习做好铺垫。

习　题

一、填空题

1. Python 是一种面向_____语言。

2. Python 编写的程序可以在任何平台中执行，这体现了 Python 的_____特点。

二、判断题

1. Python 具有丰富的第三方库。　　　　　　　　　　　　　　　　　（　　　）

2. Python 2 中的异常与 Python 3 中的异常使用方式相同。　　　　　　（　　　）

3. PyCharm 是一个完全免费的 IDE 工具。　　　　　　　　　　　　　（　　　）

三、选择题

1. 下列选项中，不属于 Python 特点的是（　　　）。

　　A. 简单易学　　　　　　B. 免费开源　　　　　　C. 面向对象　　　　　D. 编译型语言

2. 下列关于 Python 2 与 Python 3 的说法中，错误的是（　　　）。

　　A. Python 3 默认使用 UTF-8 编码

　　B. Python 2 与 Python 3 中的 print 语句的格式没有变化

　　C. Python 2 默认使用 ASCII 编码

　　D. Python 2 与 Python 3 中运算符"//"的使用方式一致

3. 下列关于 Python 命名规范的说法中，错误的是（　　　）。

　　A. 模块名、包名应简短且全为小写　　　　　B. 类名首字母一般使用大写

　　C. 常量通常使用全大写字母命名　　　　　　D. 函数名中不可使用下画线

4. 下列选项中，（　　　）是不符合规范的变量名。

　　A. _text　　　　　　B. 2cd　　　　　　C. ITCAST　　　　　D. hei_ma

5. 下列关于 input() 与 print() 函数的说法中，错误的是（　　　）。

　　A. input() 函数可以接收由键盘输入的数据

　　B. input() 函数会返回一个字符串类型数据

　　C. print() 函数可以输出任何类型的数据

　　D. print() 函数输出的数据不支持换行操作

四、简答题

1. 简述 Python 的特点。

2. 简述 Python 2 与 Python 3 的区别。

第②章 数字类型与字符串

学习目标:

◎ 了解数字类型的表示方法。

◎ 掌握数字类型转换函数。

◎ 掌握字符串的格式化输出。

◎ 掌握字符串的常见操作。

◎ 掌握字符串的索引与切片。

◎ 熟练使用运算符,明确混合运算中运算符的优先级。

数字类型和字符串是 Python 程序中基本的数据类型,其中数字类型分为整型、浮点型、复数类型、布尔类型,可通过运算符进行各种数学运算。本章将对数字类型、字符串和运算符进行讲解,并通过实例带领大家掌握它们的使用方法。

2.1 数 字 类 型

2.1.1 数字类型的表示方法

表示数字或数值的数据类型称为数字类型。Python 内置的数字类型有整型(int)、浮点型(float)、复数类型(complex),它们分别对应数学中的整数、小数和复数,此外,还有一种比较特殊的整型——布尔类型(bool)。下面针对 Python 中的这 4 种数字类型分别进行讲解。

1. 整型

类似-2、-1、0、1、2 这样的数据称为整型数据(简称整数)。在 Python 中可以使用 4 种进制表示整型,分别为二进制(以 "0B" 或 "0b" 开头)、八进制(以 "0o" 或 "0O" 开头)、十进制(默认表示方式)和十六进制(以 "0x" 或 "0X" 开头)。例如,使用二进制、八进制和十六进制表示十进制的整数 10 的示例代码具体如下:

```
0b1010      # 二进制
0o12        # 八进制
0xA         # 十六进制
```

2. 浮点型

类似 1.1、0.5、-1.4、3.12e2 这样的数据被称为浮点型数据。浮点型数据用于保存带有小数点的数值，Python 的浮点数一般以十进制形式表示，对于较大或较小的浮点数，可以使用科学计数法表示。例如：

```
num_one = 3.14          # 十进制形式表示
num_two = 2e2           # 科学计数法表示（2*10², 即 200，e 表示底数 10）
num_third = 2e-2        # 科学计数法表示（2*10⁻², 即 0.02，e 表示底数 10）
```

3. 复数类型

类似 3+2j、3.1+4.9j、-2.3-1.9j 这样的数据被称为复数，Python 中的复数有以下 3 个特点：

（1）复数由实部和虚部构成，其一般形式为 real+imagj。

（2）实部 real 和虚部的 imag 都是浮点型。

（3）虚部必须有后缀 j 或 J。

在 Python 中有两种创建复数的方式：一种是按照复数的一般形式直接创建；另一种是通过内置函数 complex() 创建。例如：

```
num_one = 3 +2j         # 按照复数格式使用赋值运算符直接创建
num_two = complex(3, 2) # 使用内置函数 complex() 函数创建
```

4. 布尔类型

Python 中的布尔类型（bool）只有两个取值：True 和 False。实际上布尔类型是一种特殊的整型，其中 True 对应的整数为 1，False 对应的整数为 0。Python 中的任何对象都可以转换为布尔类型，若要进行转换，符合以下条件的数据都会被转换为 False。

（1）None。

（2）任何为 0 的数字类型，如 0、0.0、0j。

（3）任何空序列，如''、()、[]。

（4）任何空字典，如{}。

（5）用户定义的类实例，如类中定义了 __bool__() 或者 __len__()。

除以上对象外，其他的对象都会被转换为 True。

可以使用 bool() 函数检测对象的布尔值。例如：

```
>>> bool(None)
False
>>> bool(0)
False
>>> bool([])
False
>>> bool(2)
True
```

2.1.2　实例 1：根据身高体重计算 BMI 指数

BMI 指数即身体质量指数，是目前国际常用的衡量人体胖瘦程度以及是否健康的一个标准。BMI 指数计算公式如下：

$$体质指数（BMI）= 体重（kg）÷（身高^2）(m^2)$$

本实例要求编写程序，实现根据输入的身高体重计算 BMI 值的功能。

2.1.3 类型转换函数

Python 内置了一系列可实现强制类型转换的函数，保证用户在有需求的情况下，将目标数据转换为指定的类型。数字间进行转换的函数有 int()、float()、str()，关于这些函数的功能说明如表 2-1 所示。

表 2-1　类型转换函数的功能说明

函　　数	说　　明
int()	将浮点型、布尔类型和符合数值类型规范的字符串转换为整型
float()	将整型和符合数值类型规范的字符串转换为浮点型
str()	将数值类型转换为字符串

表 2-1 中介绍了类型转换函数的使用说明，下面，通过代码演示这些函数的使用方法，具体如下：

```
>>> int(3.6)                    # 浮点型转整型，小数部分被截断
3
>>> float(3)                    # 整型转浮点型
3.0
```

掌握以上函数后，想对两个符合数值类型格式的字符串数据进行算术运算就非常简单。例如，对两个符合数值类型格式的字符串进行求和运算，示例代码如下：

```
>>> str_01 = "2"
>>> str_02 = "5"
>>> sum=int(str_01)+int(str_02)
>>> print(sum)
7
```

以上代码将字符串 str_01 和 str_02 中存储的字符串转换为整型，并进行求和计算，打印计算结果 "7"。

值得一提的是，在经过以上操作后，str_01 和 str_02 仍为字符串，这是因为，使用 int() 转换的结果只是一个临时对象，并未被存储。如果通过 type() 函数测试 str_01、str_02 和 sum 的类型，获得的结果如下：

```
>>> type(str_01)
<type 'str'>
>>> type(str_02)
<type 'str'>
>>> type(sum)
<type 'int'>
```

在使用类型转换函数时有两点需要注意：

（1）int() 函数、float() 函数只能转换符合数字类型格式规范的字符串。

（2）使用 int() 函数将浮点数转换为整数时，若有必要会发生截断（取整），而非四舍五入。

用户在使用类型转换函数时，必须考虑到以上两点，否则可能会因字符串不符合要求而导致在转换时产生错误，或因截断而产生预期之外的计算结果。

2.1.4　实例 2：模拟超市收银抹零行为

在商店买东西时，可能会遇到这样的情况：挑选完商品进行结算时，商品的总价可能会带有

0.1 元或 0.2 元的零头，商店老板在收取现金时经常会将这些零头抹去。

本实例要求编写程序，模拟实现超市收银抹零行为。

2.2　字　符　串

2.2.1　字符串的定义

字符串是一种用来表示文本的数据类型，它是由符号或者数值组成的一个连续序列，Python 中的字符串是不可变的，字符串一旦创建便不可修改。

Python 支持使用单引号、双引号和三引号定义字符串，其中单引号和双引号通常用于定义单行字符串，三引号通常用于定义多行字符串。

1. 定义单行字符串

```
single_symbol = 'hello itcast'        # 使用单引号定义字符串
double_symbol = "hello itcast"        # 使用双引号定义字符串
```

2. 定义多行字符串

使用三引号（三个单引号或者三个双引号）定义多行字符串时，字符串中可以包含换行符、制表符或者其他特殊的字符。例如：

```
three_symbol = """my name is itcast
            my name is itcast"""  # 使用三引号定义字符串
```

输出以上使用三引号定义的字符串，输出结果如下：

```
my name is itcast
            my name is itcast
```

定义字符串时单引号与双引号可以嵌套使用，需要注意的是，使用双引号表示的字符串中允许嵌套单引号，但不允许包含双引号。例如：

```
mixture = "Let's go"                   # 单引号双引号混合使用
```

此外，如果单引号或者双引号中的内容包含换行符，那么字符串会被自动换行。例如：

```
double_symbol = "hello \nitcast"
```

程序输出结果：

```
hello
itcast
```

2.2.2　字符串的格式化输出

Python 的字符串可通过占位符%、format()方法和 f-strings 三种方式实现格式化输出，下面分别介绍这三种方式。

1. 占位符%

利用占位符%对字符串进行格式化时，Python 会使用一个带有格式符的字符串作为模板，这个格式符用于为真实值预留位置，并说明真实值应该呈现的格式。例如：

```
>>> name = '李强'
>>> '你好,我叫%s' % name
'你好,我叫李强'
```

一个字符串中同时可以含有多个占位符。例如：

```
>>> name = '李强'
>>> age = 12
>>> '你好,我叫%s,今年我%d 岁了。' % (name,age)
'你好,我叫李强,今年我 12 岁了。'
```

上述代码首先定义了变量 name 与 age,然后使用两个占位符%进行格式化输出,因为需要对两个变量进行格式化输出,所以可以使用"()"将这两个变量存储起来。

不同的占位符为不同的变量预留位置,常见的占位符如表 2-2 所示。

表 2-2　常见占位符

符　号	说　明	符　号	说　明
%s	字符串	%X	十六进制整数（A~F 为大写）
%d	十进制整数	%e	指数（底写为 e）
%o	八进制整数	%f	浮点数
%x	十六进制整数（a~f 为小写）		

使用占位符%时需要注意变量的类型,若变量类型与占位符不匹配时程序会产生异常。例如:

```
>>> name = '李强'
>>> age = '12'
>>> '你好,我叫%s,今年我%d 岁了。' % (name,age)
Traceback (most recent call last):
  File "<stdin>", line 1, in <module>
TypeError: %d format: a number is required, not str
```

以上代码使用占位符%d 对字符串变量 age 进行格式化,由于变量类型与占位符不匹配,因此出现了 TypeError 异常。

2. format()方法

format()方法同样可以对字符串进行格式化输出,与占位符%不同的是,使用 format()方法不需要关注变量的类型。

format()方法的基本使用格式如下:

```
<字符串>.format(<参数列表>)
```

在 format()方法中使用"{}"为变量预留位置。例如:

```
>>> name = '李强'
>>> age = 12
>>> '你好,我的名字是:{},今年我{}岁了。'.format(name,age)
'你好,我的名字是:李强,今年我 12 岁了。'
```

如果字符串中包含多个"{}",并且"{}"内没有指定任何序号（从 0 开始编号）,那么默认按照"{}"出现的顺序分别用 format ()方法中的参数进行替换;如果字符串的"{}"中明确指定了序号,那么按照序号对应的 format ()方法的参数进行替换。例如:

```
>>> name = '李强'
>>> age = 12
>>> '你好,我的名字是:{1},今年我{0}岁了。'.format(age,name)
'你好,我的名字是:李强,今年我 12 岁了。'
```

format()方法还可以对数字进行格式化,包括保留 n 位小数、数字补齐和显示百分比,下面分别进行介绍。

（1）保留 n 位小数。使用 format() 方法可以保留浮点数的 n 位小数，其格式为 "{:.nf}"，其中 n 表示保留的小数位数。例如，变量 pi 的值为 3.1415，使用 format() 方法保留 2 位小数：

```
>>> pi = 3.1415
>>> '{:.2f}'.format(pi)
'3.14'
```

上述示例代码中，使用 format() 方法保留变量 pi 的两位小数，其中 "{:.2f}" 可以分为 "{:}" 与 ".2f"，{:} 表示获取变量 pi 的值，".2f" 表示保留两位小数。

（2）数字补齐。使用 format() 方法可以对数字进行补齐，其格式为 "{:m>nd}"，其中 m 表示补齐的数字，n 表示补齐后数字的长度。例如，某个序列编号从 001 开始，此种编号可以在 1 之前使用两个 "0" 进行补齐：

```
>>> num = 1
>>> '{:0>3d}'.format(num)
'001'
```

上述示例代码中，使用 format() 方法对变量 num 的值进行补 "0" 操作，其中 "{:0>3d}" 的 "0" 表示要补的数字，">" 表示在原数字左侧进行补充，"3" 表示补充后数字的长度。

（3）显示百分比。使用 format() 方法可以将数字以百位比形式显示，其格式为 "{:.n%}"，其中 n 表示保留的小数位。例如，变量 num 的值为 0.1，将 num 值保留 0 位小数并以百分比格式显示：

```
>>> num = 0.1
>>> '{:.0%}'.format(num)
'10%'
```

上述示例代码中，使用 format() 方法将变量 num 的值以百分比形式显示，其中 "{:.0%}" 的 "0" 表示保留的小数位。

3. f-strings

f-strings 是从 Python 3.6 版本开始加入 Python 标准库的内容，它提供了一种更为简洁的格式化字符串方法。

f-strings 在格式上以 f 或 F 引领字符串，字符串中使用 {} 标明被格式化的变量。f-strings 本质上不再是字符串常量，而是在运行时运算求值的表达式，所以在效率上优于占位符 % 和 format() 方法。

使用 f-strings 不需要关注变量的类型，但是仍然需要关注变量传入的位置。例如：

```
>>> address = '河北'
>>> f'欢迎来到{address}。'
'欢迎来到河北。'
```

使用 f-strings 还可以进行多个变量格式化输出。例如：

```
>>> name = '张天'
>>> age = 20
>>> gender = '男'
>>> f'我的名字是{name},今年{age}岁了，我的性别是{gender}。'
'我的名字是张天,今年20岁了，我的性别是男。'
```

2.2.3　字符串的常见操作

字符串在实际开发中会经常用到，掌握字符串的常用操作有助于提高代码编写效率。下面针对字符串的常见操作进行介绍。

1. 字符串拼接

字符串的拼接可以直接使用 "+" 符号实现。例如：

```
>>> str_one = '人生苦短,'
>>> str_two = '我用 Python。'
>>> str_one + str_two
'人生苦短,我用 Python。'
```

2. 字符串替换

字符串的 replace() 方法可使用新的子串替换目标字符串中原有的子串，该方法的语法格式如下：

```
str.replace(old, new, count = None)
```

上述语法中，参数 old 表示原有子串；参数 new 表示新的子串；参数 count 用于设置替换次数。

使用 replace() 方法实现字符串替换。例如：

```
>>> word = '我是小明, 我今年 28 岁'
>>> word.replace('我', '他')
'他是小明, 他今年 28 岁'
>>> word.replace('我','他', 1)
'他是小明, 我今年 28 岁'
```

如果在字符串中没有找到匹配的子串，会直接返回原字符串。例如：

```
>>> word = '我是小明, 我今年 28 岁'
>>> word.replace('他','我')
'我是小明, 我今年 28 岁'
```

3. 字符串分割

字符串的 split() 方法可以使用分隔符把字符串分割成序列，该方法的语法格式如下：

```
str.split(sep = None, maxsplit = -1)
```

在上述语法中，sep（分隔符）默认为空字符，包括空格、换行（\n）、制表符（\t）等。如果 maxsplit 有指定值，则 split() 方法将字符串 str 分割为 maxsplit 个子串，并返回一个分割以后的字符串列表。

使用 split() 方法实现字符串分割。例如：

```
>>> word = "1 2 3 4 5"
>>> word.split()
['1', '2', '3', '4', '5']
>>> word = "a,b,c,d,e"
>>> word.split(",")
['a', 'b', 'c', 'd', 'e']
>>> word.split(",", 3)
['a', 'b', 'c', 'd,e']
```

4. 去除字符串两侧空格

字符串对象的 strip() 方法一般用于去除字符串两侧的空格，该方法的语法格式如下：

```
str.strip(chars = None)
```

strip() 方法的参数 chars 用于设置要去除的字符，默认要去除的字符为空格。例如：

```
>>> word = "  Strip  "
>>> word.strip()
'Strip'
```

还可以指定要去除的字符为其他字符，例如去除字符串两侧的 "*"。代码如下：

```
>>> word = "**Strip**"
>>> word.strip("*")
'Strip'
```

2.2.4　字符串的索引与切片

在程序的开发过程中，可能需要对一组字符串中的某些字符进行特定的操作，Python 中通过字符串的索引与切片功能可以提取字符串中的特定字符或子串，下面分别对字符串的索引和切片进行讲解。

1. 索引

字符串是一个由元素组成的序列，每个元素所处的位置是固定的，并且对应着一个位置编号，编号从 0 开始，依次递增 1，这个位置编号被称为索引或者下标。

下面通过一张示意图来描述字符串的索引，如图 2-1 所示。

图 2-1 中所示的索引自 0 开始从左至右依次递增，这样的索引称为正向索引；如果索引自 -1 开始，从右至左依次递减，则索引为反向索引。反向索引的示意图如图 2-2 所示。

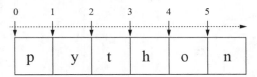

图 2-1　字符串的索引（正向）

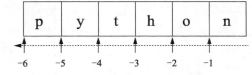

图 2-2　字符串的索引（反向）

通过索引可以获取指定位置的字符，语法格式如下：

```
字符串[索引]
```

假设变量 str_python 的值为"python"，使用正向索引和反向索引获取该变量中的字符"p"。例如：

```
str_python[0]                # 利用正向索引获取字符 p
str_python[-6]               # 利用反向索引获取字符 p
```

需要注意的是，当使用索引访问字符串值时，索引的范围不能越界，否则程序会报索引越界的异常。

2. 切片

切片用于截取目标对象中一部分，其语法格式如下：

```
[起始:结束:步长]
```

切片的默认步长为 1。需要注意的是，切片选取的区间属于左闭右开型，切下的子串包含起始位，但不包含结束位。例如：

```
string[0:4:2]        # 在索引为 0 处开始，在索引为 4 处结束，步长为 2，结果为'pt'
'pt'
```

在使用切片时，步长的值不仅可以设置为正整数，还可以设置为负整数。例如：

```
>>> string = 'python'
>>> string[0:4:2]
'pt'
```

2.2.5　实例 3：文本进度条

进度条以动态方式实时显示计算机处理任务时的进度，它一般由已完成任务量与剩余未完成任务量的大小组成。本实例要求编写程序，实现如图 2-3 所示进度条动态显示的效果。

（a）下载中

（b）下载完成

图 2-3　文本进度条

2.2.6　实例 4：敏感词替换

敏感词是指带有敏感政治倾向、暴力倾向、不健康色彩的词或不文明的词语。大部分网站、论坛、社交软件都会使用敏感词过滤系统，考虑到该系统的复杂性，这里使用字符串中的 replace() 方法模拟敏感词过滤，将含有敏感词的语句使用"*"符号进行替换。

本实例要求编写程序，实现替换语句中敏感词功能。

2.3　运　算　符

相比其他编程语言，Python 中的运算符更为丰富，且功能更为强大。Python 中的运算符可分为算术运算符、比较运算符、赋值运算符、逻辑运算符等。本节将对这些运算符的使用进行讲解。

2.3.1　算术运算符

Python 中的算术运算符包括+、-、*、/、//、% 和 **，这些运算符都是双目运算符，一个运算符可以和两个操作数组成一个表达式。

以操作数 a = 3，b = 5 为例，Python 中各个算术运算符的功能与示例如表 2-3 所示。

表 2-3　算术运算符的功能与示例

运　算　符	功　　能	示　　例
+	加：使两个操作数相加，获取操作数的和	a + b，结果为 8
-	减：使两个操作数相减，获取操作数的差	a - b，结果为 -2
*	乘：使两个操作数相乘，获取操作数的积	a * b，结果为 15
/	除：使两个操作数相除，获取操作数的商	a / b，结果为 0.6
//	整除：使两个操作数相除，获取商的整数部分	a // b，结果为 0
%	取余：使两个操作数相除，获取余数	a % b，结果为 3
**	幂：使两个操作数进行幂运算，获取 obj1 的 obj2 次幂	a ** b，结果为 243

Python 中的算术运算符支持对相同或不同类型的数字进行混合运算。例如：

```
>>> 3 + (3 + 2j)          # 整型+复数
(6 + 2j)
>>> 3 * 4.5               # 整型*浮点型
13.5
```

```
>>> 5.5 - (2 + 3j)            # 浮点型-复数
(3.5 - 3j)
>>> True+(1+2j)               # 布尔类型+复数
(2+2j)
```

无论参加运算的操作数是什么类型，解释器都能给出运算后的正确结果，这是因为 Python 在对不同类型的对象进行运算时，会强制将对象的类型进行临时类型转换。这些转换遵循如下规律：

（1）布尔类型在进行算术运算时，被视为数值 0 或 1。

（2）整型与浮点型运算时，将整型转化为浮点型。

（3）其他类型与复数运算时，将其他类型转换为复数类型。

简单来说，混合运算中类型相对简单的操作数会被转换为与复杂操作数相同的类型。

2.3.2　比较运算符

Python 中的比较运算符有：==、!=、>、<、>=、<=，比较运算符同样是双目运算符，它与两个操作数构成一个表达式。比较运算符的操作数可以是表达式或对象，其功能与示例分别如表 2-4 所示。

表 2-4　比较运算符的功能与示例

运　算　符	功　　能	示　　例
==	比较左值和右值，若相同则为真，否则为假	a = 3，b = 5 a == b 不成立，结果为 False
!=	比较左值和右值，若不相同则为真，否则为假	a = 3，b = 5 a != b 成立，结果为 True
>	比较左值和右值，若左值大于右值则为真，否则为假	a = 3，b = 5 a > b 不成立，结果为 False
<	比较左值和右值，若左值小于右值则为真，否则为假	a = 3，b = 5 a < b 成立，结果为 True
>=	比较左值和右值，若左值大于或等于右值则为真，否则为假	a = 3，b = 5， a >= b 不成立，结果为 False a = 3，b = 3， a >= b 成立，结果为 True
<=	比较左值和右值，若左值小于或等于右值则为真，否则为假	a = 3，b = 5， a <= b 成立，结果为 True a = 5，b = 3， a<= b 成立，结果为 False

比较运算符只对操作数进行比较，不会对操作数自身造成影响，即经过比较运算符运算后的操作数不会被修改。比较运算符与操作数构成的表达式的结果只能是 True 或 False，这种表达式通常用于布尔测试。

2.3.3　赋值运算符

赋值运算符的功能是：将一个表达式或对象赋给一个左值，其中左值必须是一个可修改的值，不能为一个常量。"="是基本的赋值运算符，还可与算术运算符组合成复合赋值运算符。Python 中的复合赋值运算符有+=、-=、*=、/=、//=、%=、**=，它们的功能相似，例如"a+=b"等价于

"a=a+b"，"a-=b" 等价于 "a=a-b"，等等。

　　赋值运算符也是双目运算符，以 a = 3，b = 5 为例，Python 中各个赋值运算符的功能与示例如表 2-5 所示。

表 2-5　赋值运算符的功能与示例

运　算　符	功　　能	示　　例
=	等：将右值赋给左值	a = b，a 为 5
+=	加等：使右值与左值相加，将和赋给左值	a += b，a 为 8
-=	减等：使右值与左值相减，将差赋给左值	a -= b，a 为 -2
*=	乘等：使右值与左值相乘，将积赋给左值	a *= b，a 为 15
/=	除等：使右值与左值相除，将商赋给左值	a /= b，a 0.6
//=	整除等：使右值与左值相除，将商的整数部分赋给左值	a //= b，a 为 0
%=	取余等：使右值与左值相除，将余数赋给左值	a %= b，a 为 3
**=	幂等：获取左值的右值次方，将结果赋给左值	a **= b，a 为 243

　　经以上操作后，左值 a 发生了改变，但右值 b 并没有被修改。以 "+=" 为例，代码如下：

```
>>> a = 3
>>> b = 5
>>> a += b
>>> print(a)
8
>>> print(b)
5
```

　　需要说明的是，与 C 语言不同，Python 中在进行赋值运算时，即便两侧操作数的类型不同也不会报错，且左值可正确地获取右操作数的值（不会发生截断等现象），这与 Python 中变量定义与赋值的方式有关。

2.3.4　逻辑运算符

　　Python 支持逻辑运算，但 Python 逻辑运算符的功能与其他语言有所不同。Python 中分别使用 or、and、not 这三个关键字作为逻辑运算 "或""与""非" 的运算符，其中 or 与 and 为双目运算符，not 为单目运算符。

　　逻辑运算符的操作数可以为表达式或对象，下面将对它们的功能分别进行说明。

1. or

　　当使用运算符 or 连接两个操作数时，左操作数的布尔值为 True，则返回左操作数，否则返回右操作数或其计算结果（若为表达式）。例如：

```
>>> 0 or 3 + 5          # 左操作数布尔值为 False
8
>>> 3 or 0              # 左操作数布尔值为 True
3
```

2. and

　　当使用运算符 and 连接两个操作数时，若左操作数的布尔值为 False，则返回左操作数或其计算结果（若为表达式），否则返回右操作数的执行结果。例如：

```
>>> 3 - 3 and 5
0
>>> 3 - 4 and 5
5
```

3. not

当使用运算符 not 时，若操作数的布尔值为 False，则返回 True，否则返回 False。例如：

```
>>> not(3-5)
False
>>> not(False)
True
```

2.3.5　位运算符

程序中的所有数据在计算机内存中都以二进制形式存储，位运算即以二进制位为单位进行的运算。Python 的位运算主要包括按位左移、按位右移、按位与、按位或、按位异或、按位取反这 6 种。位运算符的使用说明如表 2-6 所示。

表 2-6　位运算符的使用说明

运　算　符	说　　明
<<	按位左移。按二进制形式把所有的数字向左移动对应的位数，高位移出(舍弃)，低位的空位补零
>>	按位右移。按二进制形式把所有的数字向右移动对应的位数，高位移出(舍弃)，低位的空位补零
&	按位与。只有对应的两个二进制位都为 1 时，结果才为 1
|	按位或。只有对应的两个二进制位有一个为 1 时，结果才为 1
^	按位异或。进行异或的两个二进制位不同，结果为 1，否则为 0
~	按位取反。位为 1 则取其反 0，位为 0 则取其反 1（包含符号位）

下面以 num_one=10 和 num_two=11 为例，分别使用表 2-6 中的运算符演示位运算操作。例如：

```
>>> f'左移两位:{(num_one<<2)}'
'左移两位: 40'
>>> f'右移两位:{(num_one>>2)}'
'右移两位: 2'
>>> f'按位与:{(num_one&2)}'
'按位与: 2'
>>> f'按位或:{(num_one|2)}'
'按位或: 10'
>>> f'按位异或:{(num_one^num_two)}'
'按位异或: 1'
>>> f'按位取反:{(~num_one)}'
'按位取反: -11'
```

2.3.6　运算符优先级

Python 支持使用多个不同的运算符连接简单表达式，实现相对复杂的功能，为了避免含有多个运算符的表达式出现歧义，Python 为每种运算符都设置了优先级。Python 各种运算符的优先级由低到高依次如表 2-7 所示。

表 2-7　运算符优先级

运　算　符	说　　明
or	布尔"或"
and	布尔"与"
not	布尔"非"
in，not in	成员测试（字符串、列表、元组、字典中常用）
is，is not	身份测试
<、<=、>、>=、!=、==	比较
|	按位或
^	按位异或
&	按位与
<<、>>	按位左移、按位右移
+、-	加法、减法
*、/、%	乘法、除法、取余
+、-	正负号
~	按位取反
**	指数

默认情况下，运算符的优先级决定了复杂表达式中的哪个单一表达式先执行，但用户可使用圆括号"()"改变表达式的执行顺序。通常圆括号中的表达式先执行，例如对于表达式"3+4*5"，若想让加法先执行，可写为"(3+4)*5"。此外，若有多层圆括号，则最内层圆括号中的表达式先执行。

运算符一般按照自左向右的顺序结合，例如，在表达式"3+5-4"中，运算符+、-的优先级相同，解释器会先执行"3+5"，再将 3+5 的执行结果 8 与操作数 4 一起，执行"8-4"，即执行顺序等同于"(3+5)-4"；但赋值运算符的结合性为自右向左，如表达式"a = b = c"，Python 解释器会先将 c 的值赋给 b，再将 b 的值赋给 a，即执行顺序等同于"a = (b = c)"。

2.4　经 典 实 例

2.4.1　实例 5：判断水仙花数

水仙花数是一个 3 位数，它的每位数字的 3 次幂之和等于它本身，例如 $1^3 + 5^3 + 3^3 = 153$，153 就是一个水仙花数。

本实例要求编写程序，实现判断用户输入的 3 位数是否为水仙花数的功能。

2.4.2　实例 6：找出最大数

"脑力大乱斗"休闲益智游戏的关卡中，有一个题目是找出最大数。游戏中的"最大数"指的是外表的大小，而不是数值的大小。

本实例要求编写程序，实现从输入的任意三个数中找出最大数的功能。

2.4.3　实例 7：计算三角形面积

已知三角形三边长度分别为 x、y、z，其半周长为 q，根据海伦公式计算三角形面积 S。三角形半周长和三角形面积公式分别如下：

```
三角形半周长 q=(x+y+z)/2
三角形面积 S=(q*(q-x)*(q-y)*(q-z))**0.5
```

本实例要求编写程序，实现接收用户输入的三角形边长，计算三角形面积的功能。

2.4.4　实例 8：下载操作模拟

从互联网下载文件时，经常会跳出一个提示窗口，询问用户是否执行下载命令，此时若用户选择 "y" 或 "Y" 便会执行下载任务，若选择 "n" 或 "N" 便会退出下载任务。

本实例要求编写程序，模拟用户下载操作。

小　　结

本章主要介绍了 Python 中的数据类型（包括数字类型、字符串类型）、数据类型转换、运算符等知识。通过本章的学习，希望读者能掌握 Python 中的基本数据类型的常见操作，并多加揣摩与动手练习，为后续的学习打好扎实的基础。

习　　题

一、填空题

1. Python 的数字类型包含整型、浮点型、_____和_____。

2. 布尔类型是一种特殊的_____。

3. Python 中的复数由_____和_____组成。

二、判断题

1. Python 中的整型可以使用二进制、八进制、十进制、十六进制表示。　　　　（　　）

2. 浮点型不可与复数类型的数据进行计算。　　　　（　　）

3. 使用切片操作字符串，切片的步长只能是正整数。　　　　（　　）

4. Python 中的运算符 "<>" 用于判断两个操作数是否相等。　　　　（　　）

三、选择题

1. 下列函数中，可以将数值类型转换为字符串的是（　　　）。

　　A. complex()　　　　　　B. int()　　　　　　　C. float()　　　　　　D. str()

2. 下列关于 Python 字符串的说法中，错误的是（　　　）。

　　A. 字符串是用来表示文本的数据类型

　　B. Python 中可以使用单引号、双引号、三引号定义字符串

　　C. 单引号定义的字符串中不能包含双引号字符

　　D. 使用三引号定义的字符串可以包含换行符

3. 已知变量 name="张昊"、age=18，下列字符串格式化输出，错误的是（　　　）。

A.　print ('我叫%s，今年我%d 岁了' % (age, name))

B.　print ('我叫%s，今年我%d 岁了' % (name,age))

C.　print('我叫{}，今年我{}岁了'.format(name, age))

D.　print(f'我叫{name}，今年我{age}岁了')

4.　下列关于字符串操作的说法中，正确的是（　　）。（多选）

A.　字符串支持加减乘除操作

B.　字符串可以使用 "+" 符号进行拼接

C.　字符串可以使用 split()方法替换子串

D.　字符串可以使用 strip()方法去除两侧多余空格

5.　已知 a=3，b=5，下列表达式的计算结果错误的是（　　）。

A.　a+=b 的值为 8　　　B.　a<<b 的值为 96　　　C.　a and b 的值为 5　　　D. a//b 的值为 0.6

四、编程题

1.　请使用 print()函数输出 I'm from China..。

2.　已知变量 string = '　python 是一种解释型语言　'，请将字符串 string 两侧空格去除，并将小写字母 p 替换为大写字母 P。

3.　请将字符串'tsacti'逆序输出。

第③章 流程控制

学习目标:

◎ 掌握 if 语句的多种格式。

◎ 熟练使用 if 语句的嵌套。

◎ 掌握 for 循环与 while 循环的使用。

◎ 熟悉 for 循环与 while 循环嵌套。

◎ 掌握 break 与 continue 语句的使用。

程序中的语句默认自上而下顺序执行。流程控制指的是在程序执行时,通过一些特定的指令更改程序中语句的执行顺序,使程序产生跳跃、回溯等现象。本章将对 Python 中的 if 条件语句、循环语句和跳转语句进行讲解。

3.1 if 语句

程序开发中经常会用到条件判断,例如,用户登录时,需判断用户输入的用户名和密码是否全部正确,进而决定用户是否能够成功登录。类似这种需求的功能,都可以使用 if 语句实现。

3.1.1 if 语句的格式

if 语句可使程序产生分支,根据分支数量的不同,if 语句分为单分支 if 语句、双分支 if...else 语句和多分支 if...elif...else 语句。具体介绍如下:

1. if 语句

if 语句是最简单的条件判断语句,它由三部分组成,分别是 if 关键字、条件表达式以及代码块。if 语句根据条件表达式的判断结果选择是否执行相应的代码块,其格式如下:

```
if 条件表达式:
    代码块
```

上述格式中,if 关键字可以理解为"如果",当条件表达式的值为 True 时,则执行代码块。if 语句的执行流程如图 3-1 所示。

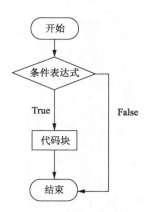

图 3-1 if 语句执行流程

例如，使用 if 语句判断是否达到上幼儿园的年龄，代码如下：

```
age = 5
if age >= 3:          # 如果大于或等于 3 岁即可上幼儿园
    print("可以上幼儿园了")
```

上述代码中，首先定义了一个变量 age，将其赋值为 5，然后使用 if 语句判断表达式 "age>=3" 的值是否为 True，如果为 True，则输出 "可以上幼儿园了"。

2. if…else 语句

if…else 语句产生两个分支，可根据条件表达式的判断结果选择执行哪一个分支。if…else 语句格式如下：

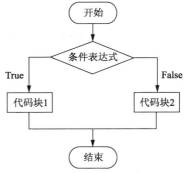

```
if 条件表达式:
    代码块 1
else:
    代码块 2
```

上述格式中，如果 if 条件表达式结果为 True，执行代码块 1；如果条件表达式结果为 False，则执行代码块 2。if…else 语句的执行流程如图 3-2 所示。

图 3-2　if…else 语句执行流程

例如，使用 if…else 语句描述用户登录场景，代码如下：

```
1    u_name = input("请输入用户名: ")
2    pwd = input("请输入密码: ")
3    if u_name == "admin" and pwd=="123":
4        print("登录成功！即将进入主界面。")
5    else:
6        print("您输入的用户名或密码错误，请重新输入。")
```

以上代码首先从控制台接收用户输入的用户名和密码，分别赋值给变量 u_name 和 pwd，然后通过 if…else 语句进行判断：如果用户输入的用户名和密码分别为 "admin" 和 "123"，则执行第 4 行代码，输出 "登录成功！即将进入主界面。"，否则执行第 6 行代码，输出 "您输入的用户名或密码错误，请重新输入。"。

3. if…elif…else 语句

if…else 语句可以处理两种情况，如果程序需要处理多种情况，可以使用 if…elif…else 语句。if…elif…else 语句格式如下：

```
if 条件表达式 1:
    代码块 1
elif 条件表达式 2:
    代码块 2
elif 条件表达式 3:
    代码块 3
elif 条件表达式 n-1:
    代码块 n-1
else:
    代码块 n
```

上述格式中，if 之后可以有任意数量的 elif 语句，如果条件表达式 1 的结果为 True，则执行代码块 1；如果条件表达式 2 的结果为 True，则执行代码块 2。依此类推。如果 else 前面的条件表达式结果都为 False，则执行代码块 n。if…elif…else 语句的执行流程如图 3-3 所示。

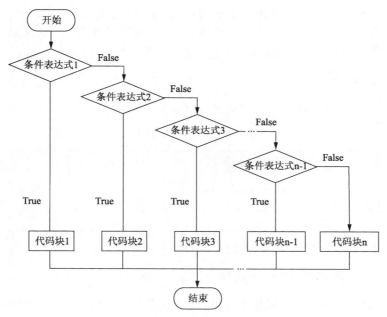

图 3-3　if…elif…else 语句

例如，某商场会员的积分规则如表 3-1 所示。

表 3-1　会员积分规则

会 员 积 分	会 员 级 别	会 员 积 分	会 员 级 别
0	注册会员	$10000 < score \leqslant 30000$	金牌会员
$0 < score \leqslant 2000$	铜牌会员	$30000 < score$	钻石会员
$2000 < score \leqslant 10000$	银牌会员		

使用 if…elif…else 语句实现表 3-1 所示的会员规则，示例代码如下：

```python
score = int(input("请输入您的会员积分: "))
if score == 0:
    print("注册会员")
elif 0 < score <= 2000:
    print("铜牌会员")
elif 2000 < score <= 10000:
    print("银牌会员")
elif 10000<score <= 30000:
    print("金牌会员")
else:
    print('钻石会员')
```

上述代码首先定义了一个表示会员积分的变量 score，然后根据积分规则从上至下进行等级判断。只要满足其中的一个条件，程序便会执行对应的输出语句，并结束条件判断语句。例如，输入 2500，程序的输出结果是"银牌会员"。

3.1.2　实例 1：判断 4 位回文数

所谓回文数，就是各位数字从高位到低位正序排列和从低位到高位逆序排列都是同一数值的数，例如，数字 1221 按正序和逆序排列都为 1221，因此 1221 就是一个回文数；而 1234 的各位按倒序排列是 4321，4321 与 1234 不是同一个数， 因此 1234 就不是一个回文数。

本实例要求编写程序，判断输入的 4 位整数是否是回文数。

3.1.3　实例 2：奖金发放

某企业发放的奖金是根据利润提成计算的，其规则如表 3-2 所示。

表 3-2　奖金发放规则

利润/万元	奖金提成/%	利润/万元	奖金提成/%
I ≤ 10	10	40 < I ≤ 60	1.5
10 < I ≤ 20	7.5	60 < I ≤ 100	1
20 < I ≤ 40	5		

本实例要求编写程序，实现快速计算员工应得奖金的功能。

3.1.4　实例 3：根据身高体重计算某个人的 BMI 值

BMI 又称身体质量指数，它是国际上常用的衡量人体胖瘦程度以及是否健康的一个标准。我国制定的 BMI 的分类标准如表 3-3 所示。

表 3-3　BMI 的分类标准

BMI	分　类	BMI	分　类
<18.5	过轻	28 <= BMI <= 32	肥胖
18.5 <= BMI <= 23.9	正常	>32	非常肥胖
24 <= BMI <= 27	过重		

BMI 计算公式如下：

$$身体质量指数（BMI）=体重（kg）÷身高^2（m^2）$$

本案例要求编写程序，根据用户输入的身高和体重计算 BMI 值，并找到对应的分类。

3.2　if 语句的嵌套

3.2.1　if 语句嵌套

if 语句嵌套指的是 if 语句内部包含 if 语句，其格式如下：

```
if 条件表达式 1:
    代码块 1
    if 条件表达式 2:
        代码块 2
```

上述 if 语句嵌套的格式中，先判断外层 if 语句中条件表达式 1 的结果是否为 True，如果结果为 True，则执行代码块 1，再判断内层 if 的条件表达式 2 的结果是否为 True，如果条件表达式 2 的结果为 True，则执行代码块 2。

针对 if 嵌套语句，有两点需要说明：

（1）if 语句可以多层嵌套，不仅限于两层。

（2）外层和内层的 if 判断都可以使用 if 语句、if...else 语句和 elif 语句。

根据年份和月份计算当月一共有多少天，示例代码如下：

```
year = int(input("请输入年份: "))
month = int(input("请输入月份:"))
if month in [1, 3, 5, 7, 8, 10, 12]:
    print(f"{year}年{month}月有 31 天")
elif month in [4, 6, 9, 11]:
    print(f"{year}年{month}月有 30 天")
elif month == 2:
    if year%400 == 0 or (year%4 == 0 and year%100 != 0):
        print(f"{year}年{month}月有 29 天")
    else:
        print(f"{year}年{month}月有 28 天")
```

上述代码中首先定义了表示年份和月份的变量 year 和 month，分别用于接收用户输入的年份和月份，然后对月份进行判断：若月份为 1、3、5、7、8、10、12，输出 "*年*月有 31 天"；若月份为 4、6、9、11，输出 "*年*月有 30 天"；若月份为 2 月，则需要对年份进行判断：年份为闰年时输出 "*年*月有 29 天"，年份为平年时输出 "*年*月有 28 天"。

3.2.2 实例 4：模拟乘客进站流程

火车和地铁的出现极大地方便了人们的出行，但为了防止不法分子，保障民众安全，进站乘坐火车或者乘坐地铁之前，需要先接受安检。部分车站先验票后安检，亦有车站先安检后验票。以先验票后安检的车站为例，乘客的进站流程如下：

（1）验票：检查乘客是否购买了车票。

● 如果没有车票，不允许进站。

● 如果有车票，对行李进行安检。

（2）行李安检：检查乘客是否携带危险品。

● 如果携带了危险品，进行提示，不允许上车。

● 如果没有携带危险品，顺利进站。

本实例要求编写程序，模拟乘客进站流程。

3.2.3 实例 5：快递计费系统

快递行业的高速发展，人们邮寄物品变得方便快捷。某快递点提供华东地区、华南地区、华北地区的寄件服务，其中华东地区编号为 01、华南地区编号为 02、华北地区编号为 03。该快递点寄件价目表具体如表 3-4 所示。

表 3-4　寄件价目表

地区编号	首重/元（≤2 kg）	续重/（元/kg）
华东地区（01）	13	3
华南地区（02）	12	2
华北地区（03）	14	4

本实例要求根据表 3-4 提供的数据编写程序，实现快递计费系统。

3.3 循 环 语 句

Python 常用的循环包括 for 循环和 while 循环。本节将针对 for 循环与 while 循环的使用进行讲解。

3.3.1 for 循环

for 循环可以对可迭代对象进行遍历。for 语句的格式如下：

```
for 临时变量 in 可迭代对象：
    执行语句 1
    执行语句 2
    …
```

每执行一次循环，临时变量都会被赋值为可迭代对象的当前元素，提供给执行语句使用。

例如，使用 for 语句遍历字符串的每个字符：

```
company = "传智播客"
for c in company:
    print(c)
```

程序运行结果：

```
传
智
播
客
```

🎯 多学一招：for 循环与 range()函数

for 循环常与 range()函数搭配使用，以控制 for 循环中代码段的执行次数。例如：

```
for i in range(3):
    print("Hello")
```

程序运行结果：

```
Hello
Hello
Hello
```

3.3.2 实例 6：数据加密

数据加密是保存数据的一种方法，它通过加密算法和密钥将数据从明文转换为密文。

假设当前开发的程序中需要对用户的密码进行加密处理，已知用户的密码均为 6 位数字，其加密规则如下：

（1）获取每个数字的 ASCII 值。

（2）将所有数字的 ASCII 值进行累加求和。

（3）将每个数字对应的 ASCII 值按照从前往后的顺序进行拼接，并将拼接后的结果进行反转。

（4）将反转的结果与前面累加的结果相加，所得的结果即为加密后的密码。

本实例要求编写程序，按照上述加密规则将用户输入的密码进行加密，并输出加密后的密码。

3.3.3　实例 7：逢七拍手游戏

逢 7 拍手游戏的规则是：从 1 开始顺序数数，数到有 7 或者包含 7 的倍数的时候拍手。本实例要求编写程序，模拟实现逢七拍手游戏，输出 100 以内需要拍手的数字。

3.3.4　while 循环

while 循环是一个条件循环语句，当条件满足时重复执行代码块，直到条件不满足为止。while 循环的格式如下：

```
while 条件表达式:
    代码块
```

以上格式中，首先判断条件表达式的结果是否为 True，如果条件表达式的结果为 True，则执行 while 循环中的代码块；然后再次判断条件表达式的结果是否为 True，如果条件表达式的结果为 True，再次执行 while 循环中的代码块。每次执行完代码块都需要重新判断条件表达式的结果，直到条件表达式的结果为 False 时结束循环，不再执行 while 循环中的代码块。

while 循环的流程如图 3-4 所示。

使用 while 循环计算 10！（10 的阶乘），示例代码如下：

```
i = 1
result = 1
while i <= 10:
    result *= i
    i += 1
print(result)
```

程序运行结果：

```
3628800
```

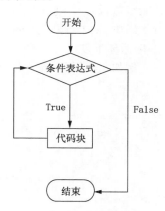

图 3-4　while 循环的流程

以上代码首先定义了两个变量 i 和 result，其中变量 i 表示乘数，初始值为 1；变量 result 表示计算结果，初始值也为 1，其次开始执行 while 语句，判断是否满足表达式"i<=10"，由于表达式的执行结果为 True，循环体内的语句 result *= i 和 i += 1 被执行，result 值为 1，i 值变成 2；再次判断条件表达式，结果仍然为 True，执行循环体中的代码后 result 值变为 2，i 值变为 3，然后继续判断条件表达式，依此类推。直到 i=11 时，条件表达式 i<=10 的判断结果为 False，循环结束，最后输出 result 的值。

3.3.5　实例 8：登录系统账号检测

登录系统一般具有账号密码检测功能，即检测用户输入的账号密码是否正确。若用户输入的账号或密码不正确，提示"用户名或密码错误"和"您还有*次机会"；若用户输入的账号和密码正确，提示"登录成功"；若输入的账号密码错误次数超过 3 次，提示"输入错误次数过多，请稍后再试"。

本实例要求编写程序，模拟登录系统账号密码检测功能，并限制账号或密码输错的次数至多 3 次。

3.4　循 环 嵌 套

在编写代码时，可能需要对一段代码执行多次，这时可以使用循环语句。假设需要多次执行循环语句，那么可以将循环语句放在循环语句之中，实现循环嵌套。

3.4.1　while 循环嵌套

while 循环中可以嵌套 while 循环，其格式如下：

```
while 条件表达式 1:
    代码块 1
    ...
    while 条件表达式 2:
        代码块 2
        ...
```

以上格式中，首先判断外层 while 循环的条件表达式 1 是否成立，如果成立，则执行代码块 1，并能够执行内层 while 循环。执行内层 while 循环时，判断条件表达式 2 是否成立，如果成立则执行代码块 2，直至内层 while 循环结束。也就是说，每执行一次外层的 while 语句，都要将内层的 while 循环重复执行一遍。

例如，使用 while 循环嵌套语句打印由"*"组成的直角三角形，代码如下：

```
i = 1
while i <= 5:
    j = 1
    while j <= i:
        print("* ", end = ' ')
        j += 1
    print(end="\n")
    i += 1
```

程序运行结果：

```
*
* *
* * *
* * * *
* * * * *
```

值得一提的是，只要 while 循环嵌套格式正确，嵌套的形式和层数都不受限制。当然，如果嵌套的层级太多，代码会变得很复杂，难以理解。此时最好调整一下代码结构，将嵌套的层数控制在 3 层以内。

3.4.2　for 循环嵌套

for 循环也可以嵌套使用。for 循环嵌套的格式如下：

```
for 临时变量 in 可迭代对象:
    代码块 1
    for 临时变量 in 可迭代对象:
        代码块 2
```

for 循环嵌套语句与 while 循环嵌套语句大同小异，都是先执行外层循环再执行内层循环，每执行一次外层循环都要执行一遍内层循环。

使用 for 循环嵌套打印由 "*" 组成的直角三角形，代码如下：

```
for i in range(1, 6):
    for j in range(i):
        print("*", end = ' ')
    print()
```

程序运行结果如下：

```
*
* *
* * *
* * * *
* * * * *
```

3.4.3　实例 9：九九乘法表

乘法口诀是中国古代筹算中进行乘法、除法、开方等运算的基本计算规则，沿用至今已有两千多年。古代的乘法口诀与现在使用的乘法口诀顺序相反，自上而下从"九九八十一"开始到"一一如一"为止，因此，古人用乘法口诀的前两个字"九九"作为此口诀的名称。

本实例要求编写程序，实现通过 for 循环嵌套输出下列样式的九九乘法表的功能。

```
1*1=1
1*2=2    2*2=4
1*3=3    2*3=6    3*3=9
1*4=4    2*4=8    3*4=12   4*4=16
1*5=5    2*5=10   3*5=15   4*5=20   5*5=25
1*6=6    2*6=12   3*6=18   4*6=24   5*6=30   6*6=36
1*7=7    2*7=14   3*7=21   4*7=28   5*7=35   6*7=42   7*7=49
1*8=8    2*8=16   3*8=24   4*8=32   5*8=40   6*8=48   7*8=56   8*8=64
1*9=9    2*9=18   3*9=27   4*9=36   5*9=45   6*9=54   7*9=63   8*9=72   9*9=81
```

3.5　跳 转 语 句

循环语句一般会一直执行完所有的情况后自然结束，但是有些情况下，需要停止当前正在执行的循环，也就是跳出循环。Python 支持使用 break 语句跳出整个循环，使用 continue 语句跳出本次循环。

3.5.1　break 语句

break 语句用于跳出离它最近一级的循环，能够用于 for 循环和 while 循环中，通常与 if 语句结合使用，放在 if 语句代码块中。其格式如下：

```
for 临时变量 in 可迭代对象:
    执行语句
    if 条件表达式:
        代码块
        break
```

例如，使用 for 循环遍历字符串"itcast"，一旦遍历到字符"a"，就可以使用 break 语句跳出循环。示例代码如下：

```
name = "itcast"
for word in name:
```

```
    print("--------")
    if (word == 'a'):
        break
    print(word)
```

以上代码使用 for 循环遍历字符串"itcast"中的字符，当遍历到字符"a"时，满足 if 语句中的条件表达式，因此执行 if 语句中的 break 语句，跳出 for 循环。

程序运行结果：

```
--------
i
--------
t
--------
c
--------
```

break 语句也可以用于 while 循环，其格式如下：

```
while 条件表达式:
    代码块
    if 条件表达式:
        代码块
        break
```

while 循环中使用 break 语句的示例代码如下：

```
i = 0
max = 5
while i < 10:
    i += 1
    print("--------")
    if (i == max):
        break
    print(i)
```

以上代码首先定义变量 i 与 max，然后将"i<10"作为条件表达式，当 i 的值小于 10 时执行 while 循环中的代码块，每执行一次 while 循环 i 的值增加 1。在 while 循环的代码块中包含 if 语句，该 if 语句判断变量 i 的值与变量 max 的值是否相等，如果相等则执行 if 语句中的 break 语句。

程序运行结果：

```
--------
1
--------
2
--------
3
--------
4
--------
```

3.5.2 continue 语句

continue 语句用于跳出当前循环，继续执行下一次循环。当执行到 continue 语句时，程序会忽略当前循环中剩余的代码，重新开始执行下一次循环。

例如，从列表中找出所有的正数，代码如下：

```
for element in [0, -2, 5, 7, -10]:
    if element <= 0:
        continue
    print(element)
```

以上代码遍历列表[0, -2, 5, 7, -10]中的所有元素，每取出一个元素就判断该元素的值是否小于或等于 0，当值小于或等于 0 时执行 if 语句中的 continue 语句，直接跳出本次循环，忽略剩下的循环语句，开始遍历列表中的下一个元素进行判断，直至取出所有的元素为止。

程序运行结果：

```
5
7
```

> **注意：**
>
> 　　若 break 语句位于循环嵌套结构中，该语句只会跳出离它最近的一级循环，外层的循环不会受到任何影响。break 和 continue 语句只能用于循环中，不能单独使用。

3.5.3　实例 10：猜数游戏

猜数游戏是一个古老的密码破译类、益智类小游戏，通常由两个人参与，一个人设置一个数字，一个人猜数字。当猜数字的人说出一个数字时，由出数字的人告知是否猜中：若猜测的数字大于设置的数字，出数字的人提示"很遗憾，你猜大了"；当猜测的数字小于设置的数字时，出数字的人提示"很遗憾，你猜小了"；若猜数字的人在规定的次数内猜中设置的数字，出数字的人提示"恭喜，猜数成功"。

本实例要求编写程序，实现遵循上述规则的猜数字游戏，并限制猜数机会只有 5 次。

小　　结

本章主要介绍了 Python 流程控制，包括 if 语句、if 语句的嵌套、循环语句、循环嵌套以及跳转语句。其中，if 语句主要介绍了 if 语句的格式，循环语句中主要介绍了 for 循环和 while 循环，跳转语句主要介绍了 break 语句和 continue 语句。通过本章的学习，希望读者能够熟练掌握 Python 流程控制的语法，并灵活运用流程控制语句进行程序开发。

习　　题

一、填空题

1. Python 中的循环语句有_____循环和_____循环。

2. Python 中使用关键字_____表示条件语句。

3. 只有 if 条件表达式为_____时才会执行满足条件的语句。

二、判断题

1. Python 中 break 和 continue 语句可以单独使用。　　　　　　　　　（　　）

2. if...else 语句可以处理多个分支条件。　　　　　　　　　　　　　（　　）

3. for 循环嵌套可理解为 for 循环中包含 for 循环语句。　　　　　　（　　）

4. if 语句不支持嵌套使用。　　　　　　　　　　　　　　　　　　（　　）

三、选择题

1. 请阅读下面的程序：

```
a = 1
b = 2
c = 3
if b < c:
    c -= a
    a += b
    b *= a
    print(a, b, c)
```

运行程序，程序的输出结果为（　　　）。

　　A. 1，2，3　　　　　　B. 3，6，2　　　　　C. 2，6，3　　　　　D. 3，2，1

2. 请阅读下面的程序：

```
x = 0
for x in range(5):
    x += 1
    if x == 3:
        break
    print(x)
```

运行程序，程序的输出结果为（　　　）。

　　A. 1 2　　　　　　B. 1 2 3　　　　　C. 1 2 3 4 5　　　　　D. 0

3. 请阅读下面的程序：

```
i = 3
j = 5
while True:
    if i < 5:
        i += i
        print(i)
        break
    elif j < 1:
        j -= j
        print(j)
```

运行程序，程序的输出结果是（　　　）。

　　A. 8　　　　　　B. 2　　　　　C. 6　　　　　D. 0

4. 下列关于 for 循环的说法中，描述正确的是（　　　）。

　　A. for 循环可以遍历可迭代对象　　　　B. for 循环不能嵌套使用

　　C. for 循环不可以与 if 语句一起使用　　D. for 循环能控制循环执行的次数

5. 下列语句中，可以跳出循环体的是（　　　）。

　　A. continue　　　　B. break　　　　C. if　　　　D. while

四、编程题

1. 使用 for 循环输出 1+2+3+…+100 的结果。

2. 使用 while 循环输出 100 以内的偶数。

3. 使用 for 循环或 while 循环输出 100 以内的素数。

第④章　列表与元组

学习目标：

◎ 掌握列表的创建与访问列表元素的方式。

◎ 掌握列表的遍历和排序。

◎ 掌握添加、删除、修改列表元素的方式。

◎ 熟悉嵌套列表的使用。

◎ 掌握创建元组与访问元组元素的方式。

列表和元组是 Python 内置的两种重要的数据类型，它们都是序列类型，可以存放任何类型的数据，并且支持索引、切片、遍历等一系列操作。本章将对列表和元组这两种数据类型进行介绍。

4.1　认　识　列　表

列表是 Python 中最灵活的有序序列，它可以存储任意类型的元素，开发人员可以对列表中的元素进行添加、删除、修改等操作。本节将对列表的创建以及元素的访问进行介绍。

4.1.1　列表的创建方式

Python 创建列表的方式非常简单，既可以使用中括号"[]"创建，也可以使用内置的 list()函数快速创建。

1. 使用中括号"[]"创建列表

使用中括号"[]"创建列表时，只需要在中括号"[]"中使用逗号分隔每个元素即可。例如：

```
list_one = []                           # 空列表
list_two = ['p', 'y', 't', 'h', 'o', 'n']   # 列表中元素类型均为字符串类型
list_three = [1, 'a', '&', 2.3]         # 列表中元素类型不同
```

2. 使用 list()函数创建列表

使用 list()函数同样可以创建列表，需要注意的是该函数接收的参数必须是一个可迭代类型的数据。例如：

```
li_one = list(1)        # 因为 int 类型数据不是可迭代类型，所以列表创建失败
```

```
li_two = list('python')        # 字符串类型是可迭代类型
li_three = list([1, 'python']) # 列表类型是可迭代类型
```

多学一招：可迭代对象

可直接使用 for 循环的对象称为可迭代对象。目前，我们学习过的可迭代类型有字符串、列表和元组，后续还会接触到另外两种可迭代的数据类型——字典和集合。

那么，如何判断一个对象是否为可迭代对象呢？可以使用 isinstance()函数进行判断。例如：

```
from collections import Iterable
print(isinstance([], Iterable))
```

程序运行结果：

```
True
```

4.1.2　访问列表元素

列表中的元素可以通过索引或切片的方式访问，下面分别使用这两种方式访问列表元素。

1. 使用索引方式访问列表元素

使用索引可以获取列表中的指定元素。例如：

```
list_demo01 = ["Java", "C#", "Python", "PHP"]
print(list_demo01[2])          # 访问列表中索引为 2 的元素，即 Python
print(list_demo01[-1])         # 访问列表中索引为-1 的元素，即 PHP
```

2. 使用切片方式访问列表元素

使用切片可以截取列表中的部分元素，得到一个新列表。例如：

```
li_one = ['p', 'y', 't', 'h', 'o', 'n']
print(li_one[1:4:2])           # 获取列表中索引为 1 至索引为 4 且步长为 2 的元素
print(li_one[2:])              # 获取列表中索引为 2 至末尾的元素
print(li_one[:3])              # 获取列表中索引为 0 至索引值为 3 的元素
print(li_one[:])               # 获取列表中的所有元素
```

程序运行结果：

```
['y', 'h']
['t', 'h', 'o', 'n']
['p', 'y', 't']
['p', 'y', 't', 'h', 'o', 'n']
```

4.1.3　实例 1：刮刮乐

刮刮乐的玩法多种多样，彩民只要刮去刮刮乐上的银色油墨后即可查看是否中奖。每张刮刮乐都有多个兑奖刮开区，每个兑奖刮开区对应着不同的获奖信息，包括"一等奖"、"二等奖"、"三等奖"和"谢谢惠顾"。假设现在有一张刮刮乐，该卡片上面共有 8 个刮奖区，每个刮奖区对应的兑奖信息为："谢谢惠顾"、"一等奖"、"三等奖"、"谢谢惠顾"，"谢谢惠顾"、"三等奖"、"二等奖"和"谢谢惠顾"，大家只能刮开其中一个区域。

本实例要求编写程序，实现模拟刮刮乐刮奖的过程。

4.2 列表的遍历和排序

4.2.1 列表的遍历

列表是一个可迭代对象,它可以通过 for 循环遍历元素。假设某列表中存储的是会员的名字,可以通过 for 循环遍历该列表,依次向会员推送商品优惠消息。例如:

```
list_one = ['章萍', '李昊', '武田', '李彪']
print("今日促销通知!!! ")
for i in list_one:
    print(f"嗨, {i}! 今日促销,赶快来抢购吧! ")
```

程序运行结果:

```
今日促销通知!!!
嗨, 章萍! 今日促销,赶快来抢购吧!
嗨, 李昊! 今日促销,赶快来抢购吧!
嗨, 武田! 今日促销,赶快来抢购吧!
嗨, 李彪! 今日促销,赶快来抢购吧!
```

4.2.2 列表的排序

列表的排序是将元素按照某种规定进行排列。列表中常用的排序方法有 sort()、reverse()、sorted()。下面分别介绍如何使用这些方法。

1. sort()方法

sort()方法能够对列表元素排序,该方法的语法格式如下:

```
sort(key=None, reverse=False)
```

上述格式中,参数 key 表示指定的排序规则,该参数可以是列表支持的函数;参数 reverse 表示控制列表元素排序的方式,该参数可以取值 True 或者 False,如果 reverse 的值为 True,表示降序排列;如果参数 reverse 的值为 False(默认值),表示升序排列。

使用 sort()方法对列表排序后,排序后的列表会覆盖原来的列表。例如:

```
li_one = [6, 2, 5, 3]
li_two = [7, 3, 5, 4]
li_three = ['python', 'java', 'php']
li_one.sort()                   # 升序排列列表中的元素
li_two.sort(reverse=True)       # 降序排列列表中的元素
# len()函数可计算字符串的长度, 按照列表中每个字符串元素的长度排序
li_three.sort(key=len)
print(li_one)
print(li_two)
print(li_three)
```

上述代码创建了 3 个列表 li_one、li_two 和 li_three,其中列表 li_one 采用默认的升序方式排列列表中的元素,列表 li_two 采用降序的方式排列列表元素,列表 li_three 按照列表每个元素的长度进行排序。

程序运行结果:

```
[2, 3, 5, 6]
[7, 5, 4, 3]
['php', 'java', 'python']
```

2. sorted()方法

sorted()方法用于将列表元素升序排列，该方法的返回值是升序排列后的新列表。例如：

```
li_one = [4, 3, 2, 1]
li_two = sorted(li_one)
print(li_one)              # 原列表
print(li_two)              # 排序后列表
```

程序运行结果：

```
[4, 3, 2, 1]
[1, 2, 3, 4]
```

3. reverse()方法

reverse()方法用于将列表中的元素倒序排列，即把原列表中的元素从右至左依次排列存放。例如：

```
li_one = ['a', 'b', 'c', 'd']
li_one.reverse()
print(li_one)
```

程序运行结果：

```
['d', 'c', 'b', 'a']
```

4.2.3 实例 2：商品价格区间设置与排序

在网上购物时，面对琳琅满目的商品，应该如何快速选择适合自己的商品呢？为了能够让用户快速地定位到适合自己的商品，每个电商购物平台都提供价格排序与设置价格区间功能。假设现在某平台共有 10 件商品，每件商品对应的价格如表 4-1 所示。

表 4-1　商品价格

序　　号	价格（元）	序　　号	价格（元）
1	399	6	749
2	4 369	7	235
3	539	8	190
4	288	9	99
5	109	10	1 000

用户根据提示"请输入最大价格："和"请输入最小价格："分别输入最大价格和最小价格，选定符合自己需求的价格区间，并按照提示"1.价格降序排序（换行）　2.价格升序排序（换行）请选择排序方式："输入相应的序号，最终将排序后的价格区间内的价格全部输出。

本实例要求编写程序，实现以上描述的设置价格区间和价格排序的功能。

4.3　添加、删除和修改列表元素

4.3.1　添加列表元素

向列表中添加元素的常用方法有 append()、extend()和 insert()，这些方法的具体介绍如下：

1. append()方法

append()方法用于在列表末尾添加新的元素。例如：

```
list_one = [1, 2, 3, 4]
list_one.append(5)
print(list_one)
```

程序运行结果：

```
[1, 2, 3, 4, 5]
```

2. extend()方法

extend()方法用于在列表末尾一次性添加另一个序列中的所有元素，即使用新列表扩展原来的列表。例如：

```
list_str = ['a', 'b', 'c']
list_num = [1, 2, 3]
list_str.extend(list_num)
print(list_num)
print(list_str)
```

程序运行结果：

```
[1, 2, 3]
['a', 'b', 'c', 1, 2, 3]
```

3. insert()方法

insert()方法用于将元素插入列表的指定位置。例如：

```
names = ['baby', 'Lucy', 'Alise']
names.insert(2, 'Peter')
print(names)
```

上述代码使用 insert()方法将新元素'Peter'插入到列表 names 中索引为 2 的位置。

程序运行结果：

```
['baby', 'Lucy', 'Peter', 'Alise']
```

4.3.2 删除列表元素

删除列表元素的常用方式有 del 语句、remove()方法和 pop()方法，具体介绍如下：

1. del 语句

del 语句用于删除列表中指定位置的元素。例如：

```
names = ['baby', 'Lucy', 'Alise']
del names[0]                # 删除指定元素
print(names)
```

程序运行结果：

```
['Lucy', 'Alise']
```

2. remove()方法

remove()方法用于移除列表中的某个元素，若列表中有多个匹配的元素，只会移除匹配到的第一个元素。例如：

```
chars = ['h', 'e', 'l', 'l', 'e']
chars.remove('e')           # 移除第一个匹配的元素'e'
print(chars)
```

程序运行结果：

```
['h', 'l', 'l', 'e']
```

3．pop()方法

pop()方法用于移除列表中的某个元素，如果不指定具体元素，那么移除列表中的最后一个元素。例如：

```
numbers = [1, 2, 3, 4, 5]
print(numbers.pop())              # 移除列表中的最后一个元素
print(numbers.pop(1))             # 移除列表中索引为 1 的元素
print(numbers)
```

程序运行结果：

```
5
2
[1, 3, 4]
```

4.3.3　修改列表元素

修改列表中的元素就是通过索引获取元素并对该元素重新赋值。例如：

```
names = ['baby', 'Lucy', 'Alise']
names[0] = 'Harry'                # 将索引为 0 的元素'baby'重新赋值为'Harry'
print(names)
```

以上代码通过索引获取列表的第 1 个元素 baby，并将该元素重新赋值为 Harry，达到修改列表元素的效果。

程序运行结果：

```
['Harry', 'Lucy', 'Alise']
```

4.3.4　实例 3：好友管理系统

如今的社交软件层出不穷，虽然功能千变万化，但都具有好友管理系统的基本功能，包括添加好友、删除好友、备注好友、展示好友等。图 4-1 所示为一个简单的好友管理系统的功能菜单。

图 4-1 中的好友管理系统中有 5 个功能，每个功能都对应一个序号，用户可根据提示"请输入您的选项"选择序号执行相应的操作，包括：

（1）添加好友：用户根据提示"请输入要添加的好友："输入要添加好友的姓名，添加后会提示"好友添加成功"。

（2）删除好友：用户根据提示"请输入删除好友姓名："输入要删除好友的姓名，删除后提示"删除成功"。

```
欢迎使用好友管理系统
1：添加好友
2：删除好友
3：备注好友
4：展示好友
5：退出
```

图 4-1　好友管理系统的功能菜单

（3）备注好友：用户根据提示"请输入要修改的好友姓名："和"请输入修改后的好友姓名："分别输入修改前和修改后的好友姓名，修改后会提示"备注成功"。

（4）展示好友：若用户还没有添加过好友，提示"好友列表为空"，否则返回每个好友的姓名。

（5）退出：关闭好友系统。

本实例要求编写程序，模拟实现如上所述的好友管理系统。

4.4 嵌 套 列 表

列表可以存储任何元素，当然也可以存储列表，如果列表存储的元素也是列表，则称为嵌套列表。本节将针对嵌套列表的创建以及访问进行介绍。

4.4.1 嵌套列表的创建与访问

嵌套列表的创建方式与普通列表的创建方式相同。例如：

```
[[0], [1], [2, 3]]
```

以上代码创建了一个嵌套列表，该列表中又包含 3 个列表，其中索引为 0 的元素为[0]，索引为 1 的元素为[1]，索引为 2 的元素为[2, 3]。

嵌套列表中元素的访问方式与普通列表一样，可以使用索引访问嵌套列表中的元素。若希望访问嵌套的内层列表中的元素，需要先使用索引获取内层列表，再使用索引访问被嵌套的列表中的元素。假设现在有一个嵌套列表[['李瑶', '王濯'], ['李蒙'], ['张宝', '李清']]，该列表中的索引结构如图 4-2 所示。

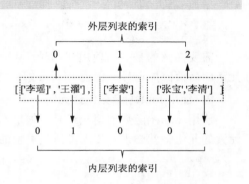

图 4-2 嵌套列表的索引结构

如果希望获取嵌套的第一个列表中的第一个元素，示例代码如下：

```
nesting_li = [['李瑶', '王濯'], ['李蒙'], ['张宝', '李清']]
print(nesting_li[0][0])          # 访问嵌套列表中第 1 个列表第 1 个元素
```

以上代码定义了一个嵌套列表 nesting_li，嵌套的外层列表中共包含 3 个列表元素，并使用 nesting_li[0][0]获取第 1 个列表元素的第一个元素。

程序运行结果：

```
李瑶
```

如果希望嵌套的内层列表中添加元素，需要先获取内层列表，再调用相应的方法往指定的列表中添加元素。例如：

```
nesting_li = [['hi'], ['Python']]
nesting_li[0].append('Python')   # 向嵌套的第 1 个列表中添加元素
print(nesting_li)
```

程序运行结果：

```
[['hi', 'Python'], ['Python']]
```

4.4.2 实例 4：随机分配办公室

某学校新招聘了 8 名教师，已知该学校有 3 个空闲办公室且工位充足，现需要随机安排这 8 名教师的工位。

本实例要求编写程序，实现为这 8 名教师随机分配办公室的功能。

> 提示：
> 随机选择办公室，可以使用 random.randint(0,2)实现，需使用 import random 导入 random 模块。

4.5　认识元组

4.5.1　元组的创建方式

元组的创建方式与列表的创建方式相似，可以通过圆括号"()"或内置的 tuple()函数快速创建。

1. 使用圆括号"()"创建元组

使用圆括号"()"创建元组，并将元组中的元素用逗号进行分隔。例如：

```
tu_one = ()                              # 空元组
tu_two = ('t', 'u', 'p', 'l', 'e')       # 元组中元素类型均为字符串类型
tu_three = (0.3, 1, 'python', '&',)      # 元组中元素类型不同
```

需要注意的是，当使用圆括号"()"创建元组时，如果元组中只包含一个元素，则需要在该元素的后面添加逗号，保证 Python 解释能够识别其为元组类型。

2. 使用 tuple()函数创建元组

使用 tuple()函数创建元组时，如果不传入任何数据，就会创建一个空元组；如果要创建包含元素的元组，就必须要传入可迭代类型的数据。例如：

```
tuple_null = tuple()
print(tuple_null)
tuple_str = tuple('abc')
print(tuple_str)
tuple_list = tuple([1, 2, 3])
print(tuple_list)
```

程序运行结果：

```
()
('a', 'b', 'c')
(1, 2, 3)
```

4.5.2　访问元组元素

可以通过索引或切片的方式来访问元组中的元素，具体介绍如下：

1. 使用索引访问单个元素

元组可以使用索引访问元组中的元素。例如：

```
tuple_demo = ('hello', 100, 'Python')
print(tuple_demo[0])
print(tuple_demo[1])
print(tuple_demo[2])
```

程序运行结果：

```
hello
100
Python
```

2. 使用切片访问元组元素

元组还可以使用切片来访问元组中的元素。例如：

```
exam_tuple = ('h', 'e', 'l', 'l', 'o')
print(exam_tuple[2:5])
```

以上定义了一个包含5个元素的元组，并使用切片截取了索引2到索引5的元素。

程序运行结果：

```
('l', 'l', 'o')
```

多学一招：元组是"不可变"的

元组中的元素是不允许修改的，除非在元组中包含可变类型的数据。例如，定义一个包含3个不可变类型元素的元组，并尝试修改第一个元素的值。示例代码如下：

```
exam_tuple = ('hello', 100, 'Python')
exam_tuple[0] = 'hi'
```

运行代码，出现如下所示的报错信息：

```
Traceback (most recent call last):
  File "<stdin>", line 1, in <module>
TypeError: 'tuple' object does not support item assignment
```

若元组中的某个元素是可变类型的数据（如列表）可以将列表中的元素进行修改。例如：

```
tuple_char = ('a', 'b', ['1', '2'])
tuple_char[2][0] = 'c'
tuple_char[2][1] = 'd'
print(tuple_char)
```

程序运行结果：

```
('a', 'b', ['c', 'd'])
```

以上元组数据修改前后如图4-3所示。

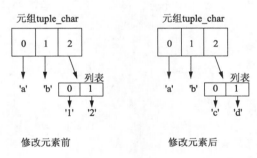

图4-3　修改元素前后

从表面上看，元组的元素确实变了，但其实变的不是元组的元素，而是列表的元素。元组最初指向的列表并没有改成别的列表，因此元组所谓的"不变"意为元组每个元素的指向永远不变。即元组最初指向a，就不能改成指向b；指向一个列表，就不能改成指向其他类型的对象，但指向的这个列表本身是可变的。

4.5.3　实例5：中文数字对照表

阿拉伯数字因其具有简单易写、方便使用的特点成为了最流行的数字书写方式，但在使用阿拉伯数字计数时，可以对某些数字不漏痕迹地修改成其他数字。例如，将数字"1"修改为数字"7"，将数字"3"修改为数字"8"。为了避免引起不必要的麻烦，可以使用中文大写数字如壹、贰、叁、肆……替换阿拉伯数字，替换规则如图4-4所示。

零	壹	贰	叁	肆	伍	陆	柒	捌	玖
0	1	2	3	4	5	6	7	8	9

图4-4　中文与阿拉伯数字替换规则

本实例要求编写程序，实现将输入的阿拉伯数字转为中文大写数字的功能。

小　结

本章主要介绍了 Python 中列表与元组的基本使用，首先介绍了列表，包括列表的创建、访问列表元素、列表的遍历和排序、嵌套类别，以及添加、删除和修改列表元素，然后介绍了元组，包括元组的创建、访问元组的元素。通过本章的学习，希望读者能够掌握列表和元组的基本使用，并灵活运用列表和元组进行 Python 程序开发。

习　题

一、填空题

1. 使用内置的_____函数可创建一个列表。

2. Python 中列表的元素可通过索引或_____两种方式访问。

3. 使用内置的_____函数可创建一个元组。

二、判断题

1. 列表只能存储同一类型的数据。　　　　　　　　　　　　　　　　（　　）

2. 元组支持增加、删除和修改元素的操作。　　　　　　　　　　　　（　　）

3. 列表的索引是从 1 开始的。　　　　　　　　　　　　　　　　　　（　　）

4. 若使用()创建的元组中只包含 1 个元素，那么该元素的后面必须有逗号。（　　）

三、选择题

1. 下列方法中，可以对列表元素排序的是（　　）。

　　A. sort()　　　　　B. reverse()　　　　　C. max()　　　　　D. list()

2. 阅读下面的程序：

```
li_one = [2, 1, 5, 6]
print(sorted(li_one[:2]))
```

运行程序，输出结果正确的是（　　）。

　　A. [1 ,2]　　　　　B. [2 ,1]　　　　　C. [1 ,2 ,5 ,6]　　　　　D. [6 ,5 ,2 ,1]

3. 下列方法中，默认删除列表最后一个元素的是（　　）。

　　A. del　　　　　B. remove()　　　　　C. pop()　　　　　D. extend()

4. 阅读下面的程序：

```
li_one = ['p', 'c', 'q', 'h']
li_two = ['o']
li_one.extend(li_two)
li_one.insert(2, 'n')
print(li_one)
```

运行程序，输出结果正确的是（　　）。

　　A. ['p', 'c', 'n', 'q', 'h', 'o']　　　　　B. ['p', 'c', 'h', 'q', 'n', 'o']

　　C. ['o', 'p', 'c', 'n', 'q', 'h']　　　　　D. ['o', 'p', 'n', 'c', 'q', 'h']

5. 下列创建元组的语句中，正确的是（　　）。

A.　tu_one = tuple('1', '2')　　　　　　B.　tu_two = ('q')

C.　tu_three = ('on',)　　　　　　　　D.　tu_four = tuple(3)

四、编程题

1.　已知列表 li_num1 = [4, 5, 2, 7]和 li_num2 = [3, 6]，请将这两个列表合并为一个列表，并将合并后列表中的元素按照从大到小的顺序排列。

2.　已知元组 tu_num1 = ('p', 'y', 't', ['o', 'n'])，请向元组的最后一个列表中添加新元素"h"。

第 ⑤ 章　字典与集合

学习目标：

- ◎ 掌握字典的创建和访问元素的方式。
- ◎ 掌握字典的基本操作。
- ◎ 掌握集合的创建和常见操作。
- ◎ 了解集合操作符的使用。

Python 中的组合类型包括序列类型、集合类型和映射类型，其中序列类型主要包括字符串、元组和列表；集合类型是一个无序组合，它的概念和数学中的集合类似；映射类型是"键–值"数据项的组合，主要以字典体现。字符串、元组和列表在前面的章节中已有讲解，本章将介绍字典和集合这两种类型。

5.1　认识字典

5.1.1　字典的创建方式

Python 可以使用花括号包含多个键值对（Key–Value）的形式创建字典，也可以使用内置的 dict()函数创建字典。

1. 使用花括号"{}"创建字典

使用花括号"{}"创建字典时，字典中的键（Key）和值（Value）使用冒号连接，每个键值对之间使用逗号分隔。其语法格式如下：

```
{键1:值1，键2:值2...}
```

例如，使用花括号创建一个记录个人信息的字典，具体代码如下：

```
info_dict = {'name': 'Harry', 'age': 21, 'addr': '北京'}
```

如果花括号中没有键值对，那么会创建一个空字典。具体代码如下：

```
demo_dict = {}
```

2. 使用内置的 dict()函数创建字典

使用 dict()函数创建字典时，键和值使用"="进行连接，其语法格式如下：

```
dict(键1=值1，键2=值2...)
```

例如，使用 dict() 函数创建一个记录个人信息的字典，具体代码如下：

```
dict(name='Harry', age=21, addr='北京')
```

注意：

　　字典中的键是唯一的，如果创建字典时出现重复的键——若使用 dict() 函数创建，会提示语法错误；若使用花括号创建，键对应的值会被覆盖。

5.1.2　通过"键"访问字典

因为字典中的键是唯一的，所以可以通过键获取对应的值。以如下的字典为例：

```
color_dict = {'purple': '紫色', 'green': '绿色', 'black': '黑色'}
```

通过字典 color_dict 中的键获取相应的值。例如：

```
color_dict['purple']              # 获取键为 purple 对应的值"紫色"
color_dict['green']               # 获取键为 green 对应的值"绿色"
color_dict['black']               # 获取键为 black 对应的值"黑色"
```

如果字典中不存在待访问的键，会引发 KeyError 异常。例如，访问字典 color_dict 中不存在的键 red，代码如下：

```
color_dict['red']
```

程序运行代码结果：

```
Traceback (most recent call last):
      File "<stdin>", line 1, in <module>
KeyError: 'red'
```

为了避免引起上述异常，在访问字典元素时可以先使用 Python 中的成员运算符 in 与 not in 检测某个键是否存在，再根据检测结果执行不同的代码。例如：

```
if 'red' in color_dict:
    print(color_dict['red'])
else:
    print('键不存在')
```

5.1.3　实例 1：单词识别

周一到周日的英文依次为 Monday、Tuesday、Wednesday、Thursday、Friday、Saturday 和 Sunday，这些单词的首字母基本都不相同，在这 7 个单词的范围之内，通过第一或前两个字母即可判断对应的是哪个单词。

本实例要求编写程序，实现根据第一或前两个字母输出 Monday、Tuesday、Wednesday、Thursday、Friday、Saturday 和 Sunday 之中完整单词的功能。

5.2　字典的基本操作

5.2.1　字典元素的添加和修改

字典支持使用 update() 方法或通过指定的键添加元素或修改元素，下面分别演示如何添加和修改字典元素。

1. 添加字典元素

```
add_dict = {'stu1': '小明'}
add_dict.update(stu2 = '小刚')          # 使用 update()方法添加元素
add_dict['stu3'] = '小兰'               # 通过指定键添加元素
print(add_dict)
```

以上代码通过 update()方法添加了元素"'stu2': '小刚'"，通过指定键值添加了元素"'stu3': '小兰'"。

程序运行结果：

```
{'stu1': '小明', 'stu2': '小刚', 'stu3': '小兰'}
```

2. 修改字典元素

修改字典元素的本质是通过已存在的键获取元素，再重新对元素赋值。例如：

```
modify_dict={'stu1': '小明', 'stu2': '小刚', 'stu3': '小兰'}
modify_dict.update(stu2='张强')          # 使用 update()方法修改元素
modify_dict['stu3']='刘婷'               # 通过指定键修改元素
print(modify_dict)
```

以上代码通过 update()方法将 stu2 的值修改为"张强"，通过指定键值将 stu3 的值修改为"刘婷"。

程序运行结果：

```
{'stu1': '小明', 'stu2': '张强', 'stu3': '刘婷'}
```

5.2.2　字典元素的删除

Python 支持通过 pop()、popitem()和 clear()方法删除字典中的元素，下面分别介绍这几个方法的功能。

1. pop()

pop()方法可根据指定键值删除字典中的指定元素，若删除成功，该方法返回目标元素的值。例如：

```
per_info = {'001': '张三', '002': '李四', '003': '王五', '004': '赵六', }
print(per_info.pop('001'))              # 使用 pop()删除指定键为 001 的元素
print(per_info)
```

程序运行结果：

```
张三
{'002': '李四', '003': '王五', '004': '赵六'}
```

由以上输出结果可知，指定元素成功删除。

2. popitem()

使用 popitem()方法可以随机删除字典中的元素。实际上 popitem()之所以能删除随机元素，是因为字典元素本身是无序的，没有所谓的"第一项""最后一项"。若删除成功，popitem()方法返回目标元素。例如：

```
per_info = {'001': '张三', '002': '李四', '003': '王五', '004': '赵六'}
print(per_info.popitem())               # 使用 popitem()方法随机删除元素
print(per_info)
```

程序运行结果：

```
('004', '赵六')
```

```
{'001': '张三', '002': '李四', '003': '王五'}
```

3. clear()方法

clear()方法用于清空字典中的元素。例如：

```
per_info = {'001': '张三', '002': '李四', '003': '王五', '004': '赵六', }
per_info.clear()                         # 使用clear()方法清空字典中的元素
print(per_info)
```

程序运行结果：

```
{}
```

由以上运行结果可知，字典 per_info 已被清空。

5.2.3 字典元素的查询

5.1.2 节介绍了如何通过键访问字典中元素的值，除此之外，字典还支持其他的查询操作。下面以字典 per_info 为例，对字典的常见查询操作进行介绍。

```
per_info={'001': '张三', '002': '李四', '003': '王五'}
```

1. 查看字典的所有元素

使用 items()方法可以查看字典的所有元素。例如：

```
print(per_info.items())
```

程序运行结果：

```
dict_items([('001', '张三'), ('002', '李四'), ('003', '王五')])
```

items()方法会返回一个 dict_items 对象，该对象支持迭代操作，通过 for 循环遍历 dict_items 对象中的数据并以(key, value)的形式显示。例如：

```
per_info = {'001': '张三', '002': '李四', '003': '王五'}
for i in per_info.items():
    print(i)
```

程序运行结果：

```
('001', '张三')
('002', '李四')
('003', '王五')
```

2. 查看字典中的所有键

通过 keys()方法可以查看字典中所有的键。例如：

```
print(per_info.keys())
```

程序运行结果：

```
dict_keys(['001', '002', '003'])
```

keys()方法会返回一个 dict_keys 对象，该对象也支持迭代操作，通过 for 循环遍历输出字典中所有的键。例如：

```
for i in per_info.keys():
    print(i)
```

程序运行结果：

```
001
002
003
```

3. 查看字典中的所有值

values()方法返回字典中所有的值。例如：

```
print(per_info.values())
```

程序运行结果：

```
dict_values(['张三', '李四', '王五'])
```

values()方法会返回一个 dict_values 对象，该对象支持迭代操作，使用 for 循环遍历输出字典中所有的值。例如：

```
per_info = {'001': '张三', '002': '李四', '003': '王五'}
for i in per_info.values():
    print(i)
```

程序运行结果：

```
张三
李四
王五
```

5.2.4 实例 2：手机通讯录

通讯录是记录了联系人姓名和联系方式的名录，手机通讯录是最常见的通讯录之一，人们可以在通讯录中通过姓名查看相关联系人的联系方式、邮箱、地址等信息，也可以在其中新增联系人，或修改、删除联系人信息。下面是一个常见通讯录的功能菜单，如图 5-1 所示。

```
====================
欢迎使用通讯录:
1. 添加联系人
2. 查看通讯录
3. 删除联系人
4. 修改联系人
5. 查找联系人
6. 退出
====================
```

图 5-1 通讯录功能菜单

图 5-1 中的通讯录中包含 6 个功能，每个功能都对应一个序号，用户可根据提示“请输入功能序号”选择序号执行相应的操作，包括：

（1）添加联系人：用户根据提示“请输入联系人的姓名:”、“请输入联系人的手机号:”、“请输入联系人的邮箱:”和“请输入联系人的地址:”，分别输入联系人的姓名、手机号、邮箱和地址，输入完成后提示“保存成功”。注意，若输入的用户信息为空会提示“请输入正确信息”。

（2）查看通讯录：按固定的格式打印通讯录每个联系人的信息。若通讯录中还没有添加过联系人，提示“通讯录无信息”。

（3）删除联系人：用户根据提示“请输入要删除的联系人姓名:”输入联系人的姓名，若该联系人存在于通讯录中，则提示“删除成功”，否则提示“该联系人不在通讯录中”。注意，若通讯录中还没有添加过联系人，提示“通讯录无信息”。

（4）修改联系人：用户根据提示输入要修改联系人的姓名，之后按照提示“请输入新的姓名:”、“请输入新的手机号:”、“请输入新的邮箱:”、“请输入新的地址:”、分别输入该联系人的新姓名、新手机号、新邮箱、新地址，并打印此时的通讯录信息。注意，若通讯录中还没有添加过联系人，提示“通讯录无信息”。

（5）查找联系人：用户根据提示“请输入要查找的联系人姓名”输入联系人的姓名，若该联系人存在于通讯录中，则打印该联系人的所有信息，否则提示“该联系人不在通讯录中”。注意，若通讯录中还没有添加过联系人提示"通讯录无信息"。

（6）退出：退出手机通讯录。

本实例要求编写程序，模拟实现如上所述的手机通讯录。

5.3 集合的创建方式

Python 中的集合分为可变集合与不可变集合，可变集合由 set()函数创建，集合中的元素可以动态地增加或删除；不可变集合由 frozenset()函数创建，集合中的元素不可改变。这两个函数的语法格式如下：

```
set([iterable])
frozenset([iterable])
```

上述两个函数的参数 iterable 是一个可迭代对象，返回值是 set 或 frozenset 对象。若没有指定可迭代的对象，则会返回一个空的集合。

1. 可变集合的创建

使用 set()函数创建可变集合。例如：

```
set_one = set([1, 2, 3])       # 使用 set()函数创建可变集合,传入一个列表
set_two = set((1, 2, 3))       # 使用 set()函数创建可变集合,传入一个元组
```

此外，还可以直接使用花括号创建可变集合，花括号中的多个元素以逗号分隔。例如：

```
set_three = {1, 2, 3}          # 使用花括号创建可变集合
```

2. 不可变集合的创建

使用 frozenset()函数创建的集合是不可变集合。例如：

```
frozenset_one = frozenset(('a', 'c', 'b', 'e', 'd'))   # 传入一个元组
frozenset_two = frozenset(['a', 'c', 'b', 'e', 'd'])   # 传入一个列表
```

5.4 集合操作与操作符

5.4.1 集合元素的添加、删除和清空

Python 中可变集合支持添加、删除和清空元素这些基本操作。

1. 添加元素

可变集合的 add()方法或 update()方法都可以实现向集合中添加元素，不同的是， add()方法只能添加一个元素，而 update()方法可以添加多个元素。例如：

```
demo_set = set()               # 创建一个 set 集合
demo_set.add('py')             # 使用 add()方法添加元素
demo_set.update("thon")        # 使用 update()方法添加元素
print(demo_set)
```

上述代码分别使用 add()方法与 update()方法向集合 demo_set 中添加元素，其中 add()方法将"py"作为一个整体添加到集合 demo_set 中，而 update()方法将"thon"拆分成多个元素添加到集合 demo_set 中。

程序运行结果：

```
{'o', 'py', 'h', 't', 'n'}
```

2．删除元素

Python 使用 remove()方法、discard()方法和 pop()方法删除可变集合中的元素，下面介绍这三个方法的具体功能。

（1）remove()方法：用于删除可变集合中的指定元素。例如：

```
remove_set = {'red', 'green', 'black'}
remove_set.remove('red')
print(remove_set)
```

程序运行结果：

```
{'black', 'green'}
```

需要注意，若指定的元素不在集合中，则会出现 KeyError 错误。

（2）discard()方法：也可以删除指定的元素，但若指定的元素不存在，该方法不执行任何操作。例如：

```
discard_set = {'python', 'php', 'java'}
discard_set.discard('java')
discard_set.discard('ios')
print(discard_set)
```

程序运行结果：

```
{'python', 'php'}
```

（3）pop()方法：用于删除可变集合中的随机元素。例如：

```
pop_set = {'green', 'blue', 'white'}
pop_set.pop()                    # 随机删除
print(pop_set)
```

程序运行结果：

```
{'blue', 'white'}
```

3．清空 set 集合元素

如果需要清空可变集合中的元素，可以使用 clear()方法实现。例如：

```
clear_set = {'red', 'green', 'black'}
clear_set.clear()
print(clear_set)
```

程序运行结果：

```
set()
```

5.4.2　集合类型的操作符

Python 支持通过操作符|、&、-、^对集合进行联合、取交集、差补和对称差分操作。已知有 set_a={'a', 'c'}和 set_b={'b', 'c'}，使用阴影部分表示这两个集合执行联合、交集、差补和对称差分操作的结果，如图 5-2 所示。

下面分别对集合的四种操作符进行介绍。

1．联合操作符（|）

联合操作是将集合 set_a 与集合 set_b 合并成一个新的集合。联合使用"|"符号实现。例如：

```
print(set_a | set_b)              # 使用|操作符合并两个集合
```

程序运行结果：

```
{'c', 'a', 'b'}
```

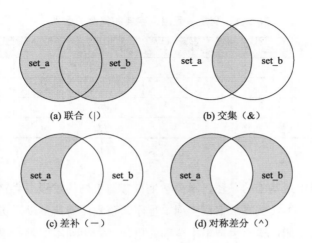

(a) 联合 (|)　　　　　　　　(b) 交集 (&)

(c) 差补 (—)　　　　　　　　(d) 对称差分 (^)

图 5-2　两个集合的相互操作

2. 交集操作符 (&)

交集操作是将集合 set_a 与集合 set_b 中相同的元素提取为一个新集合。交集使用 "&" 符号实现。例如：

```
print(set_a & set_b)              # 使用&操作符获取两个集合共有的元素
```

程序运行结果：

```
{'c'}
```

3. 差补操作符 (-)

差补操作是保留只属于集合 set_a 或者只属于集合 set_b 的元素作为一个新的集合。差补使用 "-" 符号实现。例如：

```
print(set_a-set_b)              # 使用"-"操作符获取只属于集合 set_a 的元素
print(set_b-set_a)              # 使用"-"操作符获取只属于集合 set_b 的元素
```

程序运行结果：

```
{'a'}
{'b'}
```

4. 对称差分操作符 (^)

对称差分操作是将只属于集合 set_a 与只属于集合 set_b 的元素组成一个新集合。对称差分使用 "^" 符号实现。例如：

```
print(set_a^set_b)              # 使用"^"操作符获取只属于 set_a 和只属于 set_b 的元素
```

程序运行结果：

```
{'b', 'a'}
```

🔊 **多学一招：列表、元组、字典和集合的比较**

列表、元组、字典和集合都是 Python 中的组合数据类型，它们都拥有不同的特点，下面分别从可变性、唯一性和有序性三个特点进行比较，它们的区别如表 5-1 所示。

表 5-1　列表、元组、字典和集合的区别

类　型	可　变　性	唯　一　性	有　序　性
列表	可变	可重复	有序
元组	不可变	可重复	有序
字典	可变	可重复	无序
集合	可变/不可变	不可重复	无序

5.4.3　实例 3：生词本

背单词是英语学习中最基础的一环，不少学生在背诵单词的过程中会整理自己的生词本，以不断拓展自己的词汇量。本实例要求编写生词本程序，该程序需具备以下功能。

（1）查看生词列表功能：输出生词本中全部的单词；若生词本中没有单词，则提示"生词本内容为空"。

（2）背单词功能：从生词列表中取出一个单词，要求用户输入相应的翻译，输入正确提示"太棒了"，输入错误提示"再想想"。

（3）添加新单词功能：用户分别输入新单词和翻译，输入完成后展示添加的新单词和翻译，并提示用户"单词添加成功"。若用户输入的单词已经存在于生词本中，提示"此单词已存在"。

（4）删除单词功能：展示生词列表，用户输入单词以选择要删除的生词，若输入的单词不存在提示"删除的单词不存在"，生词删除后提示"删除成功"。

（5）清空生词本功能：查询生词列表，若列表为空提示"生词本内容为空"，否则清空生词本中的全部单词，并输出提示信息"生词本已清空"。

（6）退出生词本功能：退出生词本。

小　　结

本章主要介绍了 Python 中的字典与集合，包括字典的创建、访问、字典的基本操作以及集合的创建、基本操作和操作符。通过本章的学习，希望读者能够熟练使用字典和集合存储数据，为后续的开发打好基础。

习　　题

一、填空题

1. 字典元素由_____和_____组成。

2. 字典中的键具有_____性。

3. 通过 Python 的内置方法_____可以查看字典键的集合。

4. 调用 items()方法可以查看字典中的所有_____。

5. Python 中可变集合和不可变集合的共同特点是_____和_____。

二、判断题

1. 字典中的键是唯一的。 （　　）

2. 集合中的元素是无序的。 （　　）

3. 字典中的元素可通过索引方式访问。 （　　）

4. 集合中元素可以重复。 （　　）

三、选择题

1. 下列方法中，可以获取字典中所有键的是（　　）。

　　A．keys()　　　　　　B．value()　　　　　　C．list()　　　　　　D．values()

2. 阅读下面程序：

```
lan_info={'01': 'Python', '02': 'Java', '03': 'PHP'}
lan_info.update({'03': 'C++'})
print(lan_info)
```

运行程序，输出结果是（　　）。

　　A．{'01': 'Python', '02': 'Java', '03': 'PHP'}

　　B．{'01': 'Python', '02': 'Java', '03': 'C++'}

　　C．{'03': 'C++','01': 'Python', '02': 'Java'}

　　D．{'01': 'Python', '02': 'Java'}

3. 下列方法中，不能删除字典中元素的是（　　）。

　　A．clear()　　　　　　B．remove()　　　　　　C．pop()　　　　　　D．popitem()

4. 阅读下面程序：

```
set_01 = {'a', 'c', 'b', 'a'}
set_01.add('d')
print(len(set_01))
```

运行程序，以下输出结果正确的是（　　）。

　　A．5　　　　　　　　　B．3　　　　　　　　　C．4　　　　　　　　　D．2

5. 下列语句中，可以正确创建字典的是（　　）。

　　A．test_one = ()　　　　　　　　　　　　B．test_two = {'a': 'A'}

　　C．test_three = dict('a')　　　　　　　　D．test_four = dict{'a': 'A'}

四、编程题

1. 已知字符串 str= 'skdaskerkjsalkj'，请统计该字符串中各字母出现的次数。

2. 已知列表 li_one = [1,2,1,2,3,5,4,3,5,7,4,7,8]，编写程序实现删除列表 li_one 中重复数据的功能。

第 ⑥ 章 函 数

学习目标：

◎ 掌握函数的定义与调用。

◎ 掌握函数的参数传递方式。

◎ 掌握局部变量和全局变量的使用。

◎ 熟悉匿名函数与递归函数的使用。

◎ 了解常用的内置函数。

当程序实现的功能较为复杂时，开发人员通常会将其中的功能性代码定义为一个函数，提高代码复用性、降低代码冗余、使程序结构更加清晰。函数指被封装起来的、实现某种功能的一段代码，它可以被其他函数调用。本章将对函数的定义与调用、函数参数的传递、变量作用域、匿名函数、递归函数以及 Python 常用的内置函数进行介绍。

6.1 函数的定义与调用

Python 安装包、标准库中自带的函数统称为内置函数，用户自己编写的函数称为自定义函数，不管是哪种函数，其定义和调用方式都是一样的。本节将对函数定义与调用进行介绍。

6.1.1 函数的定义

在 Python 中，使用关键字 def 定义函数，其语法格式如下：

```
def 函数名([参数列表]):
    ["函数文档字符串"]
    函数体
    [return 语句]
```

关于上述语法格式的介绍如下：

（1）def 关键字：函数以 def 关键字开头，其后跟函数名和圆括号()。

（2）函数名：用于标识函数的名称，遵循标识符的命名规则。

（3）参数列表：用于接收传入函数中的数据，可以为空。

（4）冒号：用于标识函数体的开始。

（5）函数文档字符串：一对由三引号包含的字符串，是函数的说明信息，可以省略。

（6）函数体：实现函数功能的具体代码。

（7）return 语句：用于将函数的处理结果返回给函数调用者，若函数没有返回值，return 语句可以省略。

若函数的参数列表为空，这个函数称为无参函数。定义一个显示 4 月 8 日天气状况的无参函数，具体代码如下：

```
def weather():
    print("*" * 13)
    print("日期：4 月 8 日")
    print("温度：14~28℃")
    print("空气状况：良")
    print("*" * 13)
```

函数定义之时可以设置参数列表，以实现更灵活的功能。例如，定义一个可以显示任意日期天气状况的函数，具体代码如下：

```
def modify_weather(today, temp, air_quality):
    print("*"*13)
    print(f"日期：{today}")
    print(f"温度：{temp}")
    print(f"空气状况：{air_quality}")
    print("*" * 13)
```

上述代码中定义的 modify_weather()函数包含 3 个参数，分别为 today、temp 和 air_quality，这些参数称为形式参数。其中，参数 today 表示日期，参数 temp 表示温度，参数 air_quality 表示空气状况系数。

6.1.2　函数的调用

函数的调用格式如下：

```
函数名([参数列表])
```

定义好的函数直到被程序调用时才会执行。例如，调用 6.1.1 小节中的 weather()函数，代码如下：

```
weather()
```

程序运行到以上语句时会进入函数，顺序执行函数体中的代码。程序运行结果：

```
*************
日期：4 月 8 日
温度：14~28℃
空气状况：良
*************
```

调用带有参数的函数时需要传入参数，传入的参数称为实际参数，实际参数是程序执行过程中真正会使用的参数。

调用带参函数 modify_weather()。例如：

```
modify_weather('4 月 6 日', '15~30℃', '优')
```

以上代码在调用 modify_weather()函数时为其传入了三个参数，这些参数在函数体被执行时代替了形式参数。

程序运行结果：

```
* * * * * * * * * * * * *
日期: 4 月 6 日
温度: 15~30℃
空气状况: 优
* * * * * * * * * * * * *
```

6.1.3　实例 1：计算器

计算器极大地提高了人们进行数字计算的效率与准确性，无论是超市的收银台，还是集市的小摊位，都能够看到计算器的身影。计算器最基本的功能是四则运算，本实例要求编写程序，实现计算器的四则运算功能。

6.2　函数的参数传递

函数的参数传递是指将实际参数传递给形式参数的过程，根据不同的传递形式，函数的参数可分为位置参数、关键字参数、默认值参数、不定长参数。本节将针对函数参数的传递方式进行讲解。

6.2.1　位置参数

调用函数时，编译器会将函数的实际参数按照位置顺序依次传递给形式参数，即将第 1 个实际参数传递给第 1 个形式参数，将第 2 个实际参数传递给第 2 个形式参数，依此类推。

定义一个计算两数之商的函数 division()，具体代码如下：

```
def division(num_one, num_two):
    print(num_one / num_two)
```

使用以下代码调用 division()函数：

```
division(6, 2)      # 位置参数传递
```

上述代码调用 division()函数时传入实际参数 6 和 2，根据实际参数和形式参数的位置关系，6 被传递给形式参数 num_one，2 被传递给形式参数 num_two，如图 6-1 所示。

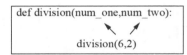

图 6-1　division()函数参数传递

6.2.2　关键字参数

使用位置参数传值时，如果函数中存在多个参数，记住每个参数的位置及其含义并不是一件容易的事，此时可以使用关键字参数进行传递。关键字参数传递通过"形式参数=实际参数"的格式将实际参数与形式参数相关联，根据形式参数的名称进行参数传递。

假设当前有一个函数 info()，该函数包含 3 个形式参数，具体代码如下：

```
def info(name, age, address):
    print(f'姓名:{name}')
    print(f'年龄:{age}')
    print(f'地址:{address}')
```

当调用 info()函数时，通过关键字为不同的形式参数传值，具体代码如下：

```
info(name="李婷婷", age=23, address="山东")
```

程序运行结果：

```
姓名:李婷婷
```

年龄:23
地址:山东

6.2.3 默认参数

定义函数时可以指定形式参数的默认值,调用函数时,若没有给带有默认值的形式参数传值,则直接使用参数的默认值;若给带有默认值的形式参数传值,则实际参数的值会覆盖默认值。

定义一个包含参数 ip 与 port 的函数 connect(),为形式参数 port 指定默认值 3306,代码如下:

```
def connect(ip, port=3306):
    print(f"连接地址为: {ip}")
    print(f"连接端口号为: {port}")
    print("连接成功")
```

通过以下两种方式调用 connect() 函数:

```
connect('127.0.0.1')                    # 第一种,形式参数使用默认值
connect(ip='127.0.0.1', port=8080)      # 第二种,形式参数使用传入值
```

程序运行结果:

```
连接地址为: 127.0.0.1
连接端口号为: 3306
连接成功
连接地址为: 127.0.0.1
连接端口号为: 8080
连接成功
```

分析以上输出结果可知,使用第一种方式调用 connect() 函数时,参数 port 使用默认值 3306;使用第二种方式调用 connect() 函数时,参数 port 使用实际参数的值 8080。

> **注意:**
> 若函数中包含默认参数,调用该函数时默认参数应在其他实参之后。

6.2.4 不定长参数

若要传入函数中的参数的个数不确定,可以使用不定长参数。不定长参数也称可变参数,此种参数接收参数的数量可以任意改变。包含可变参数的函数的语法格式如下:

```
def 函数名([formal_args,] *args, **kwargs):
    ["函数_文档字符串"]
    函数体
    [return 语句]
```

以上语法格式中的参数*args 和参数**kwargs 都是不定长参数,这两个参数可搭配使用,亦可单独使用。下面分别介绍这两个不定长参数的用法。

1. *args

不定长参数*args 用于接收不定数量的位置参数,调用函数时传入的所有参数被*args 接收后以元组形式保存。定义一个包含参数*args 的函数,代码如下:

```
def test(*args):
    print(args)
```

调用以上函数,传入任意个参数,具体代码如下:

```
test(1, 2, 3, 'a', 'b', 'c')
```

程序运行结果：

```
(1, 2, 3, 'a', 'b', 'c')
```

2. **kwargs

不定长参数**kwargs 用于接收不定数量的关键字参数，调用函数时传入的所有参数被**kwargs 接收后以字典形式保存。定义一个包含参数**kwargs 的函数，代码如下：

```
def test(**kwargs):
    print(kwargs)
```

调用以上函数，传入任意个关键字参数，具体代码如下：

```
test(a = 1, b = 2, c = 3, d = 4)
```

程序运行结果：

```
{'c': 3, 'd': 4, 'a': 1, 'b': 2}
```

6.3 变量作用域

变量的作用域是指变量的作用范围。根据作用范围，Python 中的变量分为局部变量与全局变量。本节将对全局变量与局部变量进行讲解。

6.3.1 局部变量

局部变量是在函数内定义的变量，只在定义它的函数内生效。例如，函数 use_var()中定义了一个局部变量 name，在函数内与函数外分别访问变量 name，代码如下：

```
def use_var():
    name = 'python'      # 局部变量
    print(name)          # 函数内访问局部变量
use_var()
print(name)              # 函数外访问局部变量
```

上述代码首先在 use_var()函数中定义了局部变量 name，并使用 print()函数打印变量 name 的值，然后调用函数 use_var()，最后在函数 use_var()外部使用 print()函数打印变量 name 的值。

程序运行结果：

```
python
Traceback (most recent call last):
  File "<stdin>", line 1, in <module>
NameError: name 'name' is not defined
```

结合输出结果分析代码，当调用函数 use_var()时，解释器成功访问并输出了变量 name 的值；在函数 use_var()外部直接访问 name 时，出现 "name is not defined" 错误信息，说明局部变量不能在函数外部使用。由此可知，局部变量只在函数内部有效。

6.3.2 全局变量

全局变量是在函数外定义的变量，它在程序中任何位置都可以被访问。例如，定义一个全局变量 count，分别在函数 use_var()内与函数 use_var()外访问，代码如下：

```
count = 10               # 全局变量
def use_var():
    print(count)         # 函数内访问全局变量
```

```
use_var()
print(count)                # 函数外访问局部变量
```

程序运行结果：

```
10
10
```

根据以上运行结果可知，程序中的任何位置都能够访问全局变量。

函数中只能访问全局变量，但不能修改全局变量。若要在函数内部修改全局变量的值，需先在函数内使用关键字 global 进行声明。

例如，在 use_var() 函数中修改全局变量 count，代码如下：

```
count = 10
def use_var():
    global count            # 声明全局变量
    count += 10             # 修改全局变量
    print(count)
use_var()
```

以上代码首先定义了一个全局变量 count，然后在函数 use_var() 中使用 global 对其进行声明、修改并输出。

程序运行结果：

```
20
```

由以上结果可知，函数成功修改了全局变量。

6.3.3　实例 2：学生信息管理系统

学生信息管理系统是用于管理学生信息的管理软件，它具备学生信息的查找、修改、增加和删除功能，利用该系统可实现学生信息管理的电子化，提高信息管理效率。

本实例要求编写程序，实现学生信息管理系统。

6.4　函数的特殊形式

除了前面介绍的函数外，Python 还支持两种特殊形式的函数，即匿名函数和递归函数。本节将针对匿名函数和递归函数进行讲解。

6.4.1　匿名函数

匿名函数是无需函数名标识的函数，它的函数体只能是单个表达式。Python 中使用关键字 lambda 定义匿名函数，匿名函数的语法格式如下：

```
lambda [arg1 [,arg2,…,argn]]:expression
```

上述格式中，"[arg1 [,arg2,…,argn]]" 表示匿名函数的参数，"expression" 是一个表达式。

匿名函数与普通函数主要有以下不同：

（1）普通函数需要使用函数名进行标识；匿名函数不需要使用函数名进行标识。

（2）普通函数的函数体中可以有多条语句；匿名函数只能是一个表达式。

（3）普通函数可以实现比较复杂的功能；匿名函数只能实现比较单一的功能。

（4）普通函数可以被其他程序使用；匿名函数不能被其他程序使用。

为了方便使用匿名函数，应使用变量记录这个函数，代码如下：

```
area = lambda a, h:(a*h)*0.5
print(area(3, 4))
```

以上代码使用变量 area 记录匿名函数，并通过变量名 area 调用匿名函数。

程序运行结果：

```
6.0
```

6.4.2　递归函数

递归是一个函数过程在定义中直接或间接调用自身的一种方法，它通常把一个大型的复杂问题层层转化为一个与原问题相似，但规模较小的问题进行求解。如果一个函数中调用了函数本身，这个函数就是递归函数。递归函数只需少量代码就可描述出解题过程所需要的多次重复计算，大幅减少了程序的代码量。

函数递归调用时，需要确定两点：一是递归公式；二是边界条件。递归公式是递归求解过程中的归纳项，用于处理原问题以及与原问题规律相同的子问题；边界条件即终止条件，用于终止递归。

阶乘是可利用递归方式求解的经典问题，定义一个求阶乘的递归函数，代码如下：

```
def factorial(num):
    if num==1:
        return 1
    else:
        return num*factorial(num-1)
```

利用以上函数求 5!，函数的执行过程如图 6-2 所示。

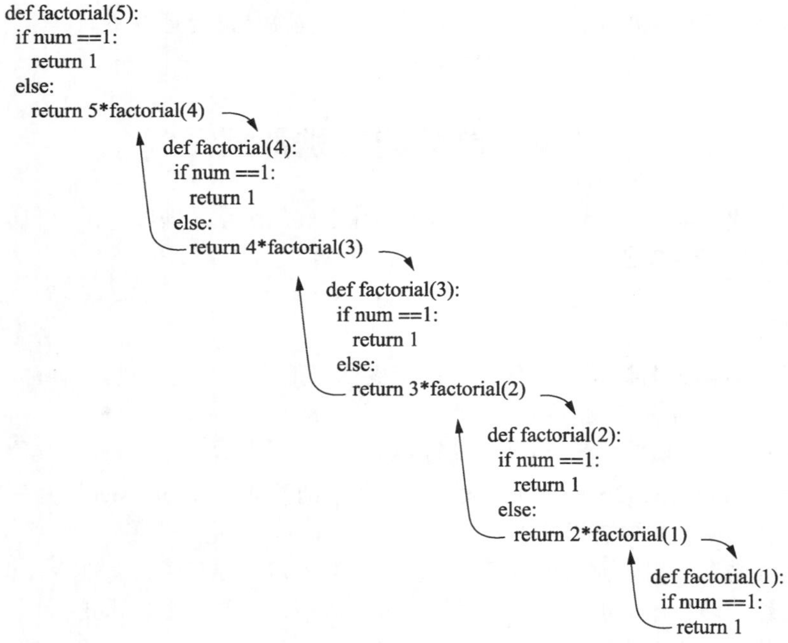

图 6-2　阶乘递归过程

由图 6-2 可知，当求 5 的阶乘时，将此问题分解为求计算 5 乘以 4 的阶乘；求 4 的阶乘问题又分解为求 4 乘以 3 的阶乘，依此类推，直至问题分解到求 1 的阶乘，所得的结果为 1，之后便开始将结果 1 向上一层问题传递，直至解决最初的问题，计算出 5 的阶乘。

6.4.3 实例 3：汉诺塔

汉诺塔是一个可以使用递归解决的经典问题，它源于印度一个古老传说：大梵天创造世界的时候做了三根金刚石柱子，其中一根柱子上从下往上按照从大到小的顺序摆着 64 片黄金圆盘，大梵天命令婆罗门把圆盘从下面开始按照从大到小的顺序重新摆放在另一根柱子上，并规定：小圆盘上不能放大圆盘，三根柱子之间一次只能移动一个圆盘。问一共需要移动多少次，才能按照要求移完这些圆盘？三根金刚柱子与圆盘摆放方式如图 6-3 所示。

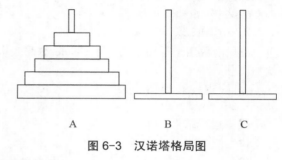

图 6-3 汉诺塔格局图

本实例要求编写程序，实现输出汉诺塔移动过程的功能。

6.4.4 实例 4：斐波那契数列

斐波那契数列又称兔子数列，因数学家列昂纳多·斐波那契以兔子繁殖为例子引入。这个数列中的数据满足以下公式：

$$F(1)=1，F(2)=1，F(n)=F(n-1)+F(n-2) \quad (n>=3，n \in N*)$$

本实例要求编写程序，实现根据用户输入的数字输出斐波那契数列的功能。

6.5 Python 常用内置函数

Python 内置了一些实现特定功能的函数，这些函数无须由 Python 使用者重新定义，可直接使用。常用的 Python 内置函数如表 6-1 所示。

表 6-1 常用的 Python 内置函数

函　数	说　明
abs()	计算绝对值，其参数必须是数字类型
len()	返回序列对象（字符串、列表、元组等）的长度
map()	根据提供的函数对指定的序列做映射
help()	用于查看函数或模块的使用说明
ord()	用于返回 Unicode 字符对应的码值
chr()	与 ord() 功能相反，用于返回码值对应的 Unicode 字符
filter()	用于过滤序列，返回由符合条件的元素组成的新列表

下面演示表 6-1 中部分函数的使用方法。

1. abs() 函数

abs() 函数用于计算绝对值，其参数必须是数字类型。需要说明的是，如果参数是一个复数，那么 abs()函数返回的绝对值是此复数与它的共轭复数乘积的平方根。例如：

```
print(abs(-5))
print(abs(3.14))
print(abs(8 + 3j))
```

程序运行结果：

```
5
3.14
8.54400374531753
```

2. ord()函数

ord()函数用于返回字符在 Unicode 编码表中对应的码值，其参数是一个长度为 1 的字符串。例如：

```
print(ord('a'))
print(ord('A'))
```

程序运行结果：

```
97
65
```

3. chr()函数

chr()函数和 ord()函数的功能相反，可根据码值返回相应的 Unicode 字符，其参数是一个整数，取值范围为 0~255。例如：

```
print(chr(97))
print(chr(65))
```

程序运行结果：

```
a
A
```

小　结

本章主要介绍了 Python 中的函数，包括函数的定义和调用、函数的参数传递、变量的作用域、匿名函数、递归函数，以及 Python 常用的内置函数。通过本章的学习，希望读者能够灵活地定义和使用函数。

习　题

一、填空题

1. Python 中使用关键字_____声明一个函数。

2. 匿名函数使用关键字_____声明。

3. 在函数内部对全局变量进行修改，需要先使用_____关键字声明。

二、判断题

1. 函数可以提高代码的复用性。　　　　　　　　　　　　　　　　　（　　）

2. 全局变量在所有的函数中都可以访问。　　　　　　　　　　　　　（　　）

3. 函数的位置参数有严格的位置关系。　　　　　　　　　　　　　　（　　）

4. 函数中的默认参数不能传递实际参数。　　　　　　　　　　　　　（　　）

5. 函数执行结束后，其内部的局部变量会被回收。 　　　　　　　　　　　　（　　　）

三、选择题

1. 下列关于函数参数的说法中，错误的是（　　　）。

    A. 若无法确定需要传入函数的参数个数，可以为函数设置不定长参数

    B. 当使用关键字参数传递实参时，需要为实参关联形参

    C. 定义函数时可以为参数设置默认值

    D. 不定长参数*args 可传递不定数量的关联形参名的实参

2. 下列关于 Python 函数的说法中，错误的是（　　　）。

    A. 递归函数就是在函数体中调用了自身的函数

    B. 匿名函数没有函数名

    C. 匿名函数与使用关键字 def 定义的函数没有区别

    D. 匿名函数中可以使用 if 语句

3. 阅读下面程序：

```
num_one = 12
def sum(num_two):
    global num_one
    num_one = 90
    return num_one + num_two
print(sum(10))
```

运行代码，输出结果是（　　　）。

    A. 102　　　　　　　B. 100　　　　　　　C. 22　　　　　　　D. 12

4. 阅读下面程序：

```
def many_param(num_one, num_two, *args):
    print(args)
many_param(11, 22, 33, 44, 55)
```

运行代码，输出结果是（　　　）。

    A. (11,22,33)　　　B. (22,33,44)　　　C. (33,44,55)　　　D. (11,22)

5. 阅读下面程序：

```
def fact(num):
    if num == 1:
        return 1
    else:
        return num + fact(num - 1)
print(fact(5))
```

运行代码，输出结果是（　　　）。

    A. 21　　　　　　　B. 15　　　　　　　C. 3　　　　　　　D. 1

四、简答题

1. 简述匿名函数的特点。

2. 简述位置参数、关键字参数、不定长参数的使用方法。

五、编程题

1. 编写函数，输出 1~100 中偶数之和。

2. 编写函数，计算 20×19×18×…×3 的结果。

第 7 章 类与面向对象

学习目标：

◎ 理解面向对象的概念，明确类和对象的含义。

◎ 掌握类的定义与使用方法。

◎ 熟练创建对象、访问对象成员。

◎ 掌握实现成员访问限制的意义，可熟练访问受限成员。

◎ 了解构造方法与析构方法的功能与定义方式。

◎ 熟悉类方法和静态方法的定义与使用。

◎ 掌握类的继承与方法的重写。

◎ 熟悉多态的意义。

面向对象（Object Oriented）是程序开发领域中的重要思想，这种思想模拟了人类认识客观世界的逻辑，是当前计算机软件工程学的主流方法；类是面向对象的实现手段。Python 在设计之初就已经是一门面向对象语言，了解面向对象编程思想对于学习 Python 开发至关重要。本章将针对类与面向对象等知识进行详细介绍。

7.1 面 向 对 象

7.1.1 面向对象概述

提到面向对象，自然会想到面向过程。面向过程编程的基本思想是：分析解决问题的步骤，使用函数实现每步相应的功能，按照步骤的先后顺序依次调用函数。前面章节中所展示的程序都以面向过程的方式实现，面向过程只考虑如何解决当前问题，它着眼于问题本身。

面向对象编程着眼于角色以及角色之间的联系。使用面向对象编程思想解决问题时，开发人员首先会从问题之中提炼出问题涉及的角色，将不同角色各自的特征和关系进行封装，以角色为主体，为不同角度定义不同的属性和方法，以描述角色各自的属性与行为。

下面以五子棋游戏为例说明面向过程和面向对象编程的区别。

1．基于面向过程编程的问题分析

基于面向过程思想分析五子棋游戏，游戏开始后黑子一方先落棋，棋子落在棋盘后棋盘产生变化，棋盘更新并判断输赢：若本轮落棋的一方胜利则输出结果并结束游戏，否则白子一方落棋、棋盘更新、判断输赢，如此往复，直至分出胜负。结合以上分析，五子棋游戏的流程如图 7-1 所示。

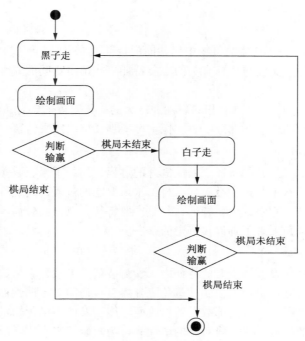

图 7-1　五子棋游戏流程

2．基于面向对象编程的问题模拟

基于面向对象编程思想考虑问题时需首先分析问题中存在的角色。五子棋游戏中的角色分为两个：玩家和棋盘。不同的角色负责不同的功能，例如：

（1）玩家角色负责控制棋子落下的位置。

（2）棋盘角色负责保存棋盘状况、绘制画面、判断输赢。

角色之间互相独立，但相互协作，游戏的流程不再由单一的功能函数实现，而是通过调用与角色相关的方法来完成。

面向对象保证了功能的统一性，基于面向对象实现的代码更容易维护，例如，现在要加入悔棋的功能，如果使用面向过程开发，改动会涉及游戏的整个流程，输入、判断、显示这一系列步骤都需要修改，这显然非常麻烦；但若使用面向对象开发，由于棋盘状况由棋盘角色保存，只需要为棋盘角色添加回溯功能即可。相比较而言，在面向对象程序中功能扩充时改动波及的范围更小。

7.1.2　面向对象的基本概念

在介绍如何实现面向对象之前，这里先普及一些面向对象涉及的概念。

1．对象（Object）

从一般意义上讲，对象是现实世界中可描述的事物，它可以是有形的也可以是无形的，从一本书到一家图书馆，从单个整数到繁杂的序列等都可以称为对象。对象是构成世界的一个独立单位，它由数据（描述事物的属性）和作用于数据的操作（体现事物的行为）构成一个独立整体。从程序设计者的角度看，对象是一个程序模块，从用户来看，对象为他们提供所希望的行为。

对象既可以是具体的物理实体的事物，也可以是人为的概念，如一名员工、一家公司、一辆汽车、一个故事等。

2．类（Class）

俗话说"物以类聚"，从具体的事物中把共同的特征抽取出来，形成一般的概念称为"归类"。忽略事物的非本质特性，关注与目标有关的本质特征，找出事物间的共性，以抽象的手法构造一个概念模型，就是定义一个类。

在面向对象的方法中，类是具有相同属性和行为的一组对象的集合，它提供一个抽象的描述，其内部包括属性和方法两个主要部分。类就像一个模具，可以用来铸造一个个具体的铸件对象。

3．抽象（Abstract）

抽象是抽取特定实例的共同特征，形成概念的过程，例如苹果、香蕉、梨、葡萄等，抽取出它们共同特性就得出"水果"这一类，那么得出水果概念的过程，就是一个抽象的过程。抽象主要是为了使复杂度降低，它强调主要特征，忽略次要特征，以得到较简单的概念，从而让人们能控制其过程或以综合的角度来了解许多特定的事态。

4．封装（Encapsulation）

封装是面向对象程序设计最重要的特征之一。封装就是隐藏，它将数据和数据处理过程封装成一个整体，以实现独立性很强的模块，避免了外界直接访问对象属性而造成耦合度过高及过度依赖，同时也阻止了外界对对象内部数据的修改而可能引发的不可预知错误。

封装是面向对象的核心思想，将对象的属性和行为封装起来，不需要让外界知道具体实现细节，这就是封装思想。例如，人们对计算机进行封装，用户只需要知道通过鼠标和键盘可以使用计算机，但无须知道计算机内部如何工作。

5．继承（Inheritance）

继承描述的是类与类之间的关系，通过继承，新生类可以在无须赘写原有类的情况下，对原有类的功能进行扩展。例如，已有一个汽车类，该类描述了汽车的普通特性和功能，现要定义一个拥有汽车类普通特性，但还具有其他特性和功能的轿车类，可以直接先让轿车类继承汽车类，再为轿车类单独添加轿车的特性即可。

继承不仅增强了代码复用性，提高了开发效率，也为程序的扩充提供了便利。在软件开发中，类的继承性使所建立的软件具有开放性、可扩充性，这是数据组织和分类行之有效的方法，它降低了创建对象、类的工作量。

6．多态（Polymorphism）

多态指同一个属性或行为在父类及其各派生类中具有不同的语义，面向对象的多态特性使得开发更科学、更符合人类的思维习惯，能有效地提高软件开发效率，缩短开发周期，提高软件可靠性。

以交通规则为例：某个十字路口安装了一盏交通信号灯，汽车和行人接收到同一个信号时会有不同的行为，例如红灯亮起时，汽车停车等候，行人穿越马路；绿灯亮起时，汽车直行，行人等候，这就是多态的一种体现。

封装、继承、多态是面向对象程序设计的三大特征。它们的简单关系如图 7-2 所示。

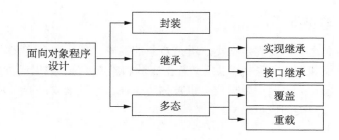

图 7-2　面向对象程序设计特征

这三大特征适用于所有的面向对象语言。深入了解这些特征，是掌握面向对象程序设计思想的关键。

7.2　类　与　对　象

7.2.1　类与对象的关系

面向对象编程思想力求在程序中对事物的描述与该事物在现实中的形态保持一致。为此，面向对象的思想中提出了两个概念：类和对象。类是对多个对象共同特征的抽象描述，是对象的模板；对象用于描述现实中的个体，它是类的实例。下面通过日常生活中的常见场景来解释类和对象的关系。

汽车是人类出行所使用的交通工具之一，厂商在生产汽车之前会先分析用户需求，设计汽车模型，制作设计图样。设计图样描述了汽车的各种属性与功能，例如汽车应该有方向盘、发动机、加速器等部件，也应能执行制动、加速、倒车等操作。设计图通过之后工厂再依照图纸批量生产汽车。汽车的设计图纸和产品之间的关系如图 7-3 所示。

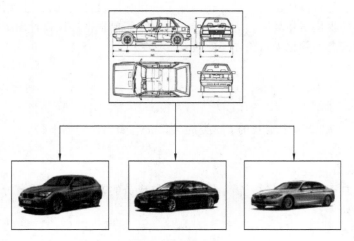

图 7-3　汽车图纸和产品的关系

图 7-3 中的汽车设计图纸可以视为一个类，批量生产的汽车可以视为对象，由于按照同一图纸生产，这些汽车对象具有许多共性。

7.2.2　类的定义与访问

在程序中创建对象之前需要先定义类。类是对象的抽象，是一种自定义数据类型，它用于描述一组对象的共同特征和行为。类中可以定义数据成员和成员函数，数据成员用于描述对象特征，成员函数用于描述对象行为，其中数据成员也被称为属性，成员函数也被称为方法。下面介绍如何定义类，以及如何访问类的成员。

类的定义格式如下：

```
class 类名:                          # 使用 class 定义类
    属性名 = 属性值                   # 定义属性
    def 方法名(self):                 # 定义方法
        方法体
```

以上格式中的 class 是定义类的关键字，其后的类名是类的标识符，类名首字母一般为大写。类名后的冒号（：）必不可少，之后的属性和方法都是类的成员，其中属性类似于前面章节中学习的变量，方法类似于前面章节中学习的函数，但需要注意，方法中有一个指向对象的默认参数 self。

下面定义一个 Car 类，代码如下：

```
class Car:
    wheels = 4                       #属性
    def drive(self):                 #方法
        print('开车方式')
    def stop(self):                  #方法
        print('停车方式')
```

以上代码定义了一个汽车类 Car，该类包含一个描述车轮数量的属性 wheels、一个描述开车方式的方法 drive() 和一个描述停车方式的方法 stop()。

7.2.3　对象的创建与使用

类定义完成后不能直接使用，这就好比画好了一张房屋设计图纸，此图纸只能帮助人们了解房屋的结构，但不能提供居住场所，为满足居住需求，需要根据房屋设计图纸搭建实际的房屋。同理，程序中的类需要实例化为对象才能实现其意义。

1. 对象的创建

创建对象的格式如下：

```
对象名=类名()
```

例如，创建一个 7.2.2 节中定义的 Car 类的对象 my_car，代码如下：

```
my_car = Car()
```

2. 访问对象成员

若想在程序中真正地使用对象，需掌握访问对象成员的方式。对象成员分为属性和方法，它们的访问格式分别如下：

```
对象名.属性                          # 访问对象属性
对象名.方法()                        # 访问对象方法
```

使用以上格式访问 Car 类对象 my_car 的成员，具体代码如下：

```
print(my_car.wheels)                 # 访问并打印 my_car 的属性 wheels
```

```
my_car.drive()                      # 访问 my_car 的方法 drive()
```

程序运行结果：

```
4
开车方式
```

7.2.4 访问限制

类中定义的属性和方法默认为公有属性和方法，该类的对象可以任意访问类的公有成员，但考虑到封装思想，类中的代码不应被外部代码轻易访问。为了契合封装原则，Python 支持将类中的成员设置为私有成员，在一定程度上限制对象对类成员的访问。

1. 定义私有成员

Python 通过在类成员名之前添加双下画线（__）来限制成员的访问权限，语法格式如下：

```
__属性名
__方法名
```

定义一个包含私有属性__weight 和私有方法__info()的类 PersonInfo，代码如下：

```
class PersonInfo:
    __weight = 55                   # 私有属性
    def __info(self):               # 私有方法
        print(f"我的体重是: {__weight}")
```

2. 私有成员的访问

创建 PersonInfo 类的对象 person，通过该对象访问类的私有属性，具体代码如下：

```
person = PersonInfo()
person.__weight
```

运行代码，程序输出以下错误信息：

```
AttributeError: 'PersonInfo' object has no attribute '__weight'
```

注释访问私有属性的代码，在程序中添加如下访问类中私有方法的代码：

```
person.__info()
```

运行代码，程序输出以下错误信息：

```
AttributeError: 'PersonInfo' object has no attribute '__info'
```

由以上展示的错误信息可以判断，对象无法直接访问类的私有成员。下面分别介绍如何在类内部访问私有属性和私有方法。

（1）访问私有属性。私有属性可在公有方法中通过指代类本身的默认参数 self 访问，类外部可通过公有方法间接获取类的私有属性。以类 PersonInfo 为例，在其方法中添加访问私有属性__weight 的代码，具体如下：

```
class PersonInfo:
    __weight = 55                         # 私有属性
    def get_weight(self):
        print(f'体重: {self.__weight}kg')
```

创建 PersonInfo 类的对象 person，访问公有方法 get_weight()，代码如下：

```
person = PersonInfo()
person.get_weight()
```

程序运行结果：

```
体重: 55kg
```

（2）访问私有方法。私有方法同样在公有方法中通过参数 self 访问，修改 PersonInfo 类，在私有方法__info()中通过 self 参数访问私有属性__weight，并在公有方法 get_weight()中通过 self 参数访问私有方法__info()，代码如下：

```
class PersonInfo:
    __weight = 55                      # 私有属性
    def __info(self):                  # 私有方法
        print(f"我的体重是: {self.__weight}")
    def get_weight(self):
        print(f'体重:{self.__weight}kg')
        self.__info()
```

创建 PersonInfo 类的对象 person，访问公有方法 get_weight()，代码如下：

```
person = PersonInfo()
person.get_weight()
```

程序运行结果：

```
体重: 55kg
我的体重是: 55
```

7.3　构造方法与析构方法

类中有两个特殊的方法：构造方法__init__()和析构方法__del__()。这两个方法分别在类创建和销毁时自动调用。

7.3.1　构造方法

每个类都有一个默认的__init__()方法，如果在定义类时显式地定义了__init__()方法，则创建对象时 Python 解释器会调用显式定义的__init__()方法；如果定义类时没有显式定义__init__()方法，那么 Python 解释器会调用默认的__init__()方法。

__init__()方法按照参数的有无（self 除外）可分为有参构造方法和无参构造方法，无参构造方法中可以为属性设置初始值，此时使用该方法创建的所有对象都具有相同的初始值。若希望每次创建的对象都有不同的初始值，则可以使用有参构造方法实现。

例如,定义一个类 Information,在该类中显式地定义一个带有 3 个参数的__init__()方法和 info()方法，代码如下：

```
class Inforamtion(object):
    def __init__(self, name, sex):     # 有参构造方法
        self.name = name               # 添加属性 name
        self.sex = sex                 # 添加属性 sex
    def info(self):
        print(f'姓名: {self.name}')
        print(f'性别: {self.sex}')
```

上述代码中首先定义了一个包含 3 个参数的构造方法的 Information 类，然后通过参数 name 与 sex 为属性 name 和 sex 进行赋值，最后在 info()方法中访问属性 name 和 sex 的值。

因为定义的构造方法中需要接收两个实际参数，所以在实例化 Information 类对象时需要传入两个参数，代码如下：

```
infomation = Inforamtion('李婉', '女')
```

```
infomation.info()
```
程序运行结果：

姓名：李婉

性别：女

> **注意：**
>
> 　　前面在类中定义的属性是类属性，可以通过对象或类进行访问；在构造方法中定义的属性是实例属性，只能通过对象进行访问。

7.3.2　析构方法

在创建对象时，系统自动调用 __init__()方法，在对象被清理时，系统也会自动调用一个 __del__()方法，这个方法就是类的析构方法。

在介绍析构方法之前，先来了解 Python 的垃圾回收机制。Python 中的垃圾回收主要采用的是引用计数。引用计数是一种内存管理技术，它通过引用计数器记录所有对象的引用数量，当对象的引用计数器数值为 0 时，就会将该对象视为垃圾进行回收。getrefcount()函数是 sys 模块中用于统计对象引用数量的函数，其返回结果通常比预期的结果大 1，这是因为 getrefcount()函数也会统计临时对象的引用。

当一个对象的引用计数器数值为 0 时，就会调用 __del__()方法，下面通过一个示例进行演示，代码如下：

```python
import sys
class Destruction:
    def __init__(self):
        print('对象被创建')
    def __del__(self):
        print('对象被释放')
```

上述代码定义了包含构造方法和析构方法的 Destruction 类，其中构造方法在创建 Destruction 类的对象时打印"对象被创建"，析构方法在销毁 Destruction 类的对象时打印"对象被释放"。

创建对象 destruction，调用 getrefcount()函数返回 Destruction 类的对象的引用计数器的值，代码如下：

```python
destruction = Destruction()
print(sys.getrefcount(destruction))
```

程序运行结果：

对象被创建

2

对象被释放

从输出结果中可以看出，对象被创建以后，其引用计数器的值变为 2，由于返回引用计数器的值时会增加一个临时引用，因此对象引用计数器的值实际为 1。

7.4　类方法和静态方法

类中的方法可以有三种定义形式，形似 7.2.2 中直接定义、只比普通函数多一个 self 参数的方法是类最基本的方法,这种方法称为实例方法,它只能通过类实例化的对象调用。除此之外,Python 中的类还可定义使用@classmethod 修饰的类方法和使用@staticmethod 修饰的静态方法,下面分别介绍这两种方法。

7.4.1 类方法

类方法与实例方法有以下不同:

(1)类方法使用装饰器@classmethod 修饰。

(2)类方法的第一个参数为 cls 而非 self,它代表类本身。

(3)类方法即可由对象调用,亦可直接由类调用。

(4)类方法可以修改类属性,实例方法无法修改类属性。

下面分别介绍如何定义类方法,以及如何使用类方法修改类属性。

1. 定义类方法

类方法可以通过类名或对象名进行调用,其语法格式如下:

```
类名.类方法
对象名.类方法
```

定义一个含有类方法 use_classmet()的类 Test,代码如下:

```
class Test:
    @classmethod
    def use_classmet(cls):
        print("我是类方法")
```

创建类 Test 的对象 test,分别使用类 Test 和对象 test 调用类方法 use_classmet(),具体代码如下:

```
test = Test()
test.use_classmet()          # 对象名调用类方法
Test.use_classmet()          # 类名调用类方法
```

程序运行结果:

```
我是类方法
我是类方法
```

从输出结果中可以看出,使用类名或对象名均可调用类方法。

2. 修改类属性

在实例方法中无法修改类属性的值,但在类方法中可以将类属性的值进行修改。例如,定义一个 Apple 类,该类中包含类属性 count、实例方法 add_one()和类方法 add_two(),代码如下:

```
class Apple(object):          # 定义 Apple 类
    count = 0                 # 定义类属性
    def add_one(self):
        self.count = 1        # 对象方法
    @classmethod
    def add_two(cls):
        cls.count = 2         # 类方法
```

创建一个 Apple 类的对象 apple,分别使用对象 apple 和类 Apple 调用实例方法 add_one()和类方法 add_two(),修改类属性 count 的值,并在修改之后访问类属性 count,代码如下:

```
apple = Apple()
apple.add_one()
print(Apple.count)
```

```
Apple.add_two()
print(Apple.count)
```

程序运行结果：

```
0
2
```

从输出结果中可以看出，调用实例方法 add_one() 后访问 count 的值为 0，说明属性 count 的值并没有被修改；调用类方法 add_two() 后再次访问 count 的值为 2，说明类属性 count 的值被修改成功。

可能大家会存在这样的疑惑，在实例方法 add_one() 中明明通过 "self.count = 1" 重新为 count 赋值，为什么 count 的值仍然为 0 呢？这是因为，通过 "self.count = 1" 只是创建了一个与类属性同名的实例属性 count 并将其赋值为 1，而非对类属性重新赋值。通过对象 apple 访问 count 属性进行测试：

```
print(apple.count)
```

程序运行结果：

```
1
```

7.4.2　静态方法

静态方法与实例方法有以下不同：

（1）静态方法没有 self 参数，它需要使用 @staticmethod 修饰。

（2）静态方法中需要以 "类名.方法/属性名" 的形式访问类的成员。

（3）静态方法即可由对象调用，亦可直接由类调用。

定义一个包含属性 num 与静态方法 static_method() 的类 Example，代码如下：

```
class Example:
    num = 10                      # 类属性
    @staticmethod                 # 定义静态方法
    def static_method():
        print(f"类属性的值为: {Example.num}")
        print("---静态方法")
```

创建 Example 类的对象 example，使用对象 example 与类 Example 分别调用静态方法 static_method()，代码如下：

```
example = Example()               # 创建对象
example.static_method()           # 对象可以调用
Example.static_method()           # 类也可以调用
```

程序运行结果：

```
类属性的值为: 10
---静态方法
类属性的值为: 10
---静态方法
```

从输出结果可以看出，类和对象均可以调用静态方法。

🔖 **脚下留心：类方法和静态方法的区别**

类方法和静态方法最主要的区别在于类方法有一个 cls 参数，使用该参数可以在类方法中访问类的成员；静态方法没有任何默认参数（如 cls），它无法使用默认参数访问类的成员。因此，静态方法更适合与类无关的操作。

7.5　实例 1：银行管理系统

从早期的钱庄到现如今的银行，金融行业在不断地变革；随着科技的发展、计算机的普及，计算机技术在金融行业得到了广泛的应用。银行管理系统是一个集开户、查询、取款、存款、转账、锁定、解锁、退出等一系列功能的管理系统。该系统中各功能的介绍如下：

（1）开户功能：用户在 ATM 机上根据提示"请输入姓名："、"请输入身份证号："、"请输入手机号："依次输入姓名、身份证号、手机号、预存金额、密码等信息，如果开户成功，系统随机生成一个不重复的 6 位数字卡号。

（2）查询功能：根据用户输入的卡号、密码查询卡中余额，如果连续 3 次输入错误密码，该卡号会被锁定。

（3）取款功能：首先根据用户输入的卡号、密码显示卡中余额，如果连续 3 次输入错误密码，该卡号会被锁定；然后接收用户输入的取款金额，如果取款金额大于卡中余额或取款金额小于 0，系统进行提示并返回功能页面。

（4）存款功能：首先根据用户输入的卡号、密码显示卡中余额，如果连续 3 次输入错误密码，该卡号会被锁定，然后接收用户输入的取款金额；如果存款金额小于 0，系统进行提示并返回功能页面。

（5）转账功能：用户需要分别输入转出卡号与转入卡号，如果连续 3 次输入错误密码，卡号会被锁定。当输入转账金额后，需要用户再次确认是否执行转账功能；如果确定执行转账功能后，转出卡与转入卡做相应金额计算；如果取消转账功能，则回退之前操作。

（6）锁定功能：根据输入的卡号、密码执行锁定功能，锁定之后该卡不能执行查询、取款、存款、转账等操作。

（7）解锁功能：根据输入的卡号、密码执行解锁功能，解锁后的卡，能够执行查询、取款、存款、转账等操作。

（8）存盘功能：执行存盘功能后，程序执行的数据会写入本地文件中。

（9）退出功能：执行退出功能时，需要输入管理员的账户密码。如果输入的账号密码错误，则返回功能页面；如果输入的账号密码正确，则执行存盘并退出系统。

本实例要求编写程序，实现一个具有上述功能的银行管理系统。

7.6　继　　承

"龙生龙，凤生凤，老鼠的儿子会打洞"，这句话将动物界中的继承关系表现的淋漓尽致。在 Python 中，类与类之间也具有继承关系，其中被继承的类称为父类或基类，派生的类称为子类或派生类。子类在继承父类时，会自动拥有父类中的方法和属性。本节将对 Python 中的单继承、多继承、方法重写进行介绍。

7.6.1　单继承

单继承指的是子类只继承一个父类，其语法格式如下：

```
class 子类(父类):
```

定义一个表示两栖动物的父类 Amphibian 和一个表示青蛙的子类 Frog，代码如下：

```
class Amphibian:
    name = "两栖动物"
    def features(self):
        print("幼年用鳃呼吸")
        print("成年用肺兼皮肤呼吸")
class Frog(Amphibian):                    # Frog 类继承自 Amphibian 类
    def attr(self):
        print(f"青蛙是{self.name}")
        print("我会呱呱叫")
```

上述代码定义的 Amphibian 类中包含类属性 name 与实例方法 features()，Frog 类继承 Amphibian 类并定义了自己的方法 attr()。

创建 Frog 类的对象 frog，使用 frog 对象分别调用 Amphibian 类与 Frog 类中的方法，代码如下：

```
frog = Frog()                         # 创建类的实例化对象
print(frog.name)                      # 访问父类的属性
frog.features()                       # 使用父类的方法
frog.attr()                           # 使用自身的方法
```

程序运行结果：

```
两栖动物
幼年用鳃呼吸
成年用肺兼皮肤呼吸
青蛙是两栖动物
我会呱呱叫
```

从输出结果中可以看出，子类继承父类之后，就拥有从父类继承的属性和方法，它既可以调用自己的方法，又可以调用从父类继承的方法。

多学一招：isinstance()函数与 issubclass()函数

Python 提供了两个和继承相关的函数，分别是 isinstance()函数和 issubclass()函数。

isinstance(o,t)函数用于检查对象的类型，它有 2 个参数，第 1 个参数是要判断类型的对象（o），第二个参数是类型（t），如果 o 是 t 类型的对象，则函数返回 True，否则返回 False。例如：

```
>>> isinstance(frog, Frog)
True
```

函数 issubclass(cls, classinfo)用于检查类的继承关系，它也有 2 个参数：第一个参数是要判断的子类类型（cls）；第二个参数是要判断的父类类型（classinfo）。如果 cls 类型是 classinfo 类型的子类，则函数返回 True，否则返回 False。例如：

```
>>> issubclass(Frog, AmphAnimal)
True
```

7.6.2　多继承

多继承指的是一个子类继承多个父类，其语法格式如下：

```
class 子类（父类 A，父类 B）：
```

多继承的例子随处可见，例如，一个学生接收多个老师传授的知识。定义 English 类、Math 类与 Student 类，使 Student 类继承 English 类与 Math 类，代码如下：

```
class English:
```

```
    def eng_know(self):
        print('具备英语知识')
class Math:
    def math_know(self):
        print('具备数学知识')
class Student(English, Math):
    def study(self):
        print('学生的任务是学习')
```

创建 Student 类的对象 student，使用 student 对象分别调用从父类 English 类、Math 类继承的方法与 Student 类中的方法，代码如下：

```
s = Student()
s.eng_know()
s.math_know()
s.study()
```

程序运行结果：

```
具备英语知识
具备语文知识
学生的任务是学习
```

7.6.3 方法的重写

子类可以继承父类的属性和方法，若父类的方法不能满足子类的要求，子类可以重写父类的方法，以实现理想的功能。

定义 Felines 类与 Cat 类，使 Cat 类继承自 Felines 类，并重写自父类继承的方法 speciality()，代码如下：

```
class Felines:
    def speciality(self):
        print("猫科动物特长是爬树")
class Cat(Felines):
    name = "猫"
    def speciality(self):
        print(f'{self.name}会抓老鼠')
        print(f'{self.name}会爬树')
```

创建 Cat 类的对象 cat，使用 cat 对象调用 Cat 类中的 speciality()方法，代码如下：

```
cat = Cat()
cat.speciality()
```

程序运行结果：

```
猫会抓老鼠
猫会爬树
```

7.6.4 super()函数

如果子类重写了父类的方法，但仍希望调用父类中的方法，该如何实现呢？Python 提供了一个 super()函数，使用该函数可以调用父类中的方法。

super()函数使用方法如下：

```
super().方法名()
```

使用 super()函数在 Cat 类中调用 Felines 类中的 spciality()方法，代码如下：

```
class Cat(Felines):
    name = "猫"
    def speciality(self):
        print(f'{self.name}会抓老鼠')
        print(f'{self.name}会爬树')
        print('-'*20)
        super().speciality()
```

再次使用 cat 对象调用 speciality()方法，代码如下：

```
cat = Cat()
cat.speciality()
```

程序运行结果：

```
猫会抓老鼠
猫会爬树
--------------------
猫科动物特长是爬树
```

从输出结果中可以看出，通过 super()函数可以访问被重写的父类方法。

7.7　实例 2：井字棋

井字棋是一种在 3×3 格子上进行的连珠游戏，又称井字游戏。井字棋游戏有两名玩家，其中一个玩家画圈，另一个玩家画叉，轮流在 3×3 格子上画上自己的符号，最先在横向、纵向、或斜线方向连成一条线的人为胜利方。图 7-4 所示为画圈的一方为胜利者。

图 7-4　井字棋

本实例要求编写程序，实现具有人机交互功能的井字棋。

7.8　多　态

在 Python 中，多态指在不考虑对象类型的情况下使用对象。相比于强类型，Python 更推崇"鸭子类型"。"鸭子类型"是这样推断的：如果一只生物走起路来像鸭子，游起泳来像鸭子，叫起来也像鸭子，那么它就可以被当作鸭子。也就是说，"鸭子类型"不关注对象的类型，而是关注对象具有的行为。

Python 中并不需要显式指定对象的类型，只要对象具有预期的方法和表达式操作符，就可以使用对象。也可以说，只要对象支持所预期的"接口"，就可以使用，从而实现多态。一个体现多态特性的示例如下：

```
class Animal(object):            # 定义父类 Animal
    def move(self):
        pass
class Rabbit(Animal):            # 定义子类 Rabbit
    def move(self):
        print("兔子蹦蹦跳跳")
class Snail(Animal):             # 定义子类 Snail
    def move(self):
        print("蜗牛缓慢爬行")
def test(obj):                   # 在函数 test() 中调用了对象 obj 的 move() 方法
    obj.move()
```

上述代码定义了 Animal 类和它的两个子类 Rabbit 类和 Snail 类，它们都有 move() 方法。定义函数 test()，该函数接收一个参数 obj，并在其中让 obj 调用了 move() 方法。

接下来，分别创建 Rabbit 类和 Snail 类的对象，将这两个对象作为参数传入 test() 函数中，代码如下：

```
rabbit = Rabbit()
test(rabbit)                     # 接收 Rabbit 类的对象
snail = Snail()
test(snail)                      # 接收 Snail 类的对象
```

程序运行结果：

```
兔子蹦蹦跳跳
蜗牛缓慢爬行
```

分析运行结果可知，同一个函数会根据参数的类型去调用不同的方法，从而产生不同的结果。

小　结

本章主要介绍了关于面向对象程序设计的知识，包括面向对象概述、类和对象的关系、类的定义与访问、对象的创建与使用、类成员的访问限制、构造方法与析构方法、类方法和静态方法、继承、多态等知识。通过本章的学习，希望读者理解面向对象的思想，能熟练地定义和使用类，并具备开发面向对象项目的能力。

习　题

一、填空题

1. Python 中使用关键字_____声明一个类。

2. 在__init__()方法中第一个参数永远是_____。

3. 子类中使用_____函数可以调用父类中的方法。

4. Python 中通过在属性名前添加_____方式设置私有属性。

二、判断题

1. 一个类只能创建一个实例化对象。　　　　　　　　　　　　　　　　　　　（　　）

2. 构造方法会在创建对象时自动调用。 (   )

3. 类方法可以使用类名进行访问。 (   )

4. 对象的引用计数器的值为 0 时会调用析构方法。 (   )

三、选择题

1. 下列关于类的说法，错误的是 (   )。

    A. 在类中可以定义私有方法和属性   B. 类方法的第一个参数是 cls

    C. 实例方法的第一个参数是 self   D. 类的实例无法访问类属性

2. 下列关于继承的说法中，错误的是 (   )。

    A. Python 不支持多继承

    B. 如果一个类有多个父类，该类会继承这些父类的成员

    C. 子类会自动拥有父类的属性和方法

    D. 私有属性和私有方法是不能被继承的

3. 下列方法中，用于初始化属性的方法是 (   )。

    A. __del__()   B. __init__()   C. __init()   D. __add__()

4. 阅读下面程序：

```python
class Test:
    count = 21
    def print_num(self):
        count = 20
        self.count += 20
        print(count)
test = Test()
test.print_num()
```

运行程序，输出结果是 (   )。

    A. 20   B. 40   C. 21   D. 41

5. 阅读下面程序：

```python
class Init:
    def __init__(self, addr, tel):
        self.__addr = addr
        self.tel = tel
    def show_info(self):
        print(f"地址: {self.__addr}")
        print(f"手机号: {self.tel}")
init = Init('北京', '12345')
init.show_info()
```

运行程序，输出结果是 (   )。

    A. 程序无法运行   B. 手机号: 12345   C. 地址: 北京   D. 地址: 北京

    手机号: 12345

四、简答题

1. 简述构造方法与析构方法的特点。

2. 简述类方法与静态方法的区别。

3．简述 Python 中的继承机制。

五、编程题

设计一个 Circle（圆）类，该类中包括属性 radius（半径），还包括__init__()、get_perimeter()（求周长）和 get_area()（求面积）等方法。设计完成后，创建 Circle 类的对象并测试求周长和面积的功能。

第 ⑧ 章 模　块

学习目标：

◎ 了解模块的概念及其导入方式。

◎ 掌握常见标准模块的使用。

◎ 了解模块导入的特性。

◎ 掌握自定义模块的使用。

◎ 掌握包的结构及其导入方式。

◎ 了解第三方模块的下载安装。

前面的学习中已经接触过模块，如 time 模块、random 模块。模块（Module）是一个扩展名为.py 的 Python 文件，这个文件中包含许多功能函数或类，多个模块可以通过包组织。本章将针对模块和包进行讲解。

8.1　模　块　概　述

8.1.1　模块的概念

在 Python 程序中，每个.py 文件都可以视为一个模块，通过在当前.py 文件中导入其他.py 文件，可以使用被导入文件中定义的内容，如类、变量、函数等。

Python 中的模块可分为三类，分别是内置模块、第三方模块和自定义模块，相关介绍如下：

（1）内置模块是 Python 内置标准库中的模块，也是 Python 的官方模块，可直接导入程序供开发人员使用。

（2）第三方模块是由非官方制作发布的、供大众使用的 Python 模块，在使用之前需要开发人员先自行安装。

（3）自定义模块是开发人员在程序编写过程中自行编写的、存放功能性代码的.py 文件。

一个完整大型的 Python 程序通常被组织为模块和包的集合。

8.1.2　模块的导入方式

Python 模块的导入方式分为使用 import 导入和使用 from...import...导入两种，具体介绍如下：

1．使用 import 导入

使用 import 导入模块的语法格式如下：

```
import 模块1, 模块2,…
```

import 支持一次导入多个模块，每个模块之间使用逗号分隔。例如：

```
import time                    # 导入一个模块
import random, pygame          # 导入多个模块
```

模块导入之后便可以通过 "." 使用模块中的函数或类，语法格式如下：

```
模块名.函数名()/类名
```

以上面导入的 time 模块为例，使用该模块中的 sleep()函数，具体代码如下：

```
time.sleep(1)
```

如果在开发过程中需要导入一些名称较长的模块，可使用 as 为这些模块起别名，语法格式如下：

```
import 模块名 as 别名
```

后续可直接通过模块的别名使用模块中的内容。

2．使用 from...import...导入

使用 "from...import..." 方式导入模块之后，无须添加前缀，可以像使用当前程序中的内容一样使用模块中的内容。此种方式的语法格式如下：

```
from 模块名 import 函数/类/变量
```

from...import...也支持一次导入多个函数、类或变量，多个函数、类或变量之间使用逗号隔开。例如，导入 time 模块中的 sleep()函数和 time()函数，具体代码如下：

```
from time import sleep, time
```

利用通配符 "*" 可使用 from...import...导入模块中的全部内容，语法格式如下：

```
from 模块名 import *
```

以导入 time 模块中的全部内容为例，具体代码如下：

```
from time import *
```

from...import...也支持为模块或模块中的函数起别名，语法格式如下：

```
from 模块名 import 函数名 as 别名
```

例如，将 time 模块中的 sleep()函数起别名为 sl，具体代码如下：

```
from time import sleep as sl
sl(1)   # sl 为 sleep()函数的别名
```

以上介绍的两种模块的导入方式在使用上大同小异，可根据不同的场景选择合适的导入方式。

> **注意：**
>
> 虽然 "from 模块名 import ..." 方式可简化模块中内容的引用，但可能会出现函数重名的问题。因此，相对而言使用 import 语句导入模块更为安全。

8.1.3 常见的标准模块

Python 内置了许多标准模块，例如 sys、os、random 和 time 模块等，下面介绍几个常用的标准模块。

1. sys 模块

sys 模块中提供了一系列与 Python 解释器交互的函数和变量，用于操控 Python 的运行时环境。sys 模块中常用的变量与函数如表 8-1 所示。

表 8-1　sys 模块中常用的变量与函数

变量/函数	说　明
sys.argv	获取命令行参数列表，该列表中的第一个元素是程序自身所在路径
sys.version	获取 Python 解释器的版本信息
sys.path	获取模块的搜索路径，该变量的初值为环境变量 PYTHONPATH 的值
sys.platform	返回操作系统平台的名称
sys.exit()	退出当前程序。可为该函数传递参数，以设置返回值或退出信息，正常退出返回值为 0

下面通过一些示例来演示 sys 模块中部分变量和函数的用法。

（1）argv 变量。通过 import 语句导入 sys 模块，然后访问 argv 变量获取命令行参数列表。具体代码如下：

```
import sys
print(sys.argv)
```

程序运行结果：

```
['D:/Python项目/模块使用/常用模块.py']
```

（2）exit()函数。sys 模块的 exit()函数的作用是退出当前程序，执行完此函数后，后续的代码将不再执行。例如：

```
import sys
sys.exit("程序退出")
print(sys.argv)
```

程序运行结果：

```
程序退出
```

2. os 模块

os 模块中提供了访问操作系统服务的功能，该模块中常用的函数如表 8-2 所示。

表 8-2　os 模块中常用的函数

函　数	说　明
os.getcwd()	获取当前工作路径，即当前 Python 脚本所在的路径
os.chdir()	改变当前脚本的工作路径
os.remove()	删除指定文件
os._exit()	终止 Python 程序
os.path.abspath(path)	返回 path 规范化的绝对路径
os.path.split(path)	将 path 分隔为形如（目录，文件名）的二元组并返回

下面通过一些示例来演示 os 模块中部分函数的用法。

（1）getcwd()函数。通过 os 模块中的 getcwd()函数获取当前的工作路径。例如：

```
import os
print(os.getcwd())         # 获取当前的工作路径
```

程序运行结果：

```
D:\Python 项目\模块使用
```

（2）exit()函数。os 模块中也有终止程序的函数——_exit()，该函数与 sys 模块中的 exit()函数略有不同。执行 os 模块中的_exit()函数后，程序会立即结束，之后的代码也不会再执行；而执行 sys 模块中的 exit()函数会引发一个 SystemExit 异常，若没有捕获该异常退出程序，后面的代码不再执行；若捕获到该异常，则后续的代码仍然会执行。关于 os 和 sys 模块的终止程序的函数的用法比较如下：

使用 os 模块中的_exit()函数终止程序。例如：

```
import os
print("执行_exit()之前")
try:
    os._exit(0)
    print("执行_exit()之后")
except:
    print("程序结束")
```

程序运行结果：

```
执行_exit()之前
```

由以上结果可知，程序在执行完"os._exit(0)"代码后立即结束，不再执行后续的代码。

使用 sys 模块中的 exit()函数终止程序。例如：

```
import sys
print("执行 exit()之前")
try:
    sys.exit(0)
    print("执行 exit()之后")
except:
    print("程序结束")
```

程序运行结果：

```
执行 exit()之前
程序结束
```

由以上结果可知，程序执行完"sys.exit(0)"代码后没有立即结束。由于 try 子句中捕获了 SystemExit 异常，因此 try 子句后续的代码不再执行，而是继续执行异常处理 except 子句。

（3）chdir ()函数。os 模块中还提供了修改当前工作路径的 chdir()函数。例如：

```
import os
path = r"D:\Python 项目\井字棋 V1.0"
# 查看当前工作目录
current_path = os.getcwd()
print(f"修改前工作目录为{current_path}")
# 修改当前工作目录
os.chdir(path)
# 查看修改后的工作目录
current_path = os.getcwd()
```

```
print(f"修改后工作目录为{current_path}")
```

上述代码首先使用 getcwd()函数获取当前的工作路径,然后通过 chdir()函数修改了当前的工作路径。

程序运行结果:

```
修改前工作目录为 D:\Python 项目\模块使用
修改后工作目录为 D:\Python 项目\井字棋 V1.0
```

3. random 模块

random 模块为随机数模块,该模块中定义了多个可产生各种随机数的函数。random 模块中的常用函数如表 8-3 所示。

表 8-3 random 模块的常用函数

函　　数	说　　明
random.random()	返回(0,1]之间的随机实数
random.randint(x,y)	返回[x,y]之间的随机整数
random.choice(seq)	从序列 seq 中随机返回一个元素
random.uniform(x,y)	返回[x, y]之间的随机浮点数

random 模块在前面的章节中我们已经有所接触,接下来对 random 模块中的其他常用函数进行讲解。在使用 random 模块之前,先使用 import 语句导入该模块,具体代码如下:

```
import random
```

(1) randint()函数。random 模块中的 randint()函数可以随机返回指定区间内的一个整数。具体用法如下:

```
print(random.randint(1, 8))          # 随机生成一个 1-8 之间的整数
```

程序运行结果:

```
7
```

(2) choice()函数。假设需要开发一个随机点名的程序,可使用 random 模块中的 choice()函数。choice()函数会随机返回指定序列中的一个元素,例如:

```
name_li = ["刘坤", "李刚", "王明", "陈晴"]
print(random.choice(name_li))        # 随机输出 name_li 中的一个元素
```

程序运行结果:

```
刘坤
```

4. time 模块

time 模块中提供了一系列处理时间的函数,常用函数的说明如表 8-4 所示。

表 8-4 time 模块的常用函数

函　　数	说　　明
time.time()	获取当前时间,结果为实数,单位为秒
time.sleep(secs)	进入休眠态,时长由参数 secs 指定,单位为秒
time.strptime(string[,format])	将一个时间格式（如 2019-02-25）的字符串解析为时间元组
time.localtime([secs])	以 struct_time 类型输出本地时间
time.asctime([tuple])	获取时间字符串,或将时间元组转换为字符串

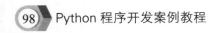

续表

函　　数	说　　明
time.mktime(tuple)	将时间元组转换为秒数
strftime(format[, tuple])	返回字符串表示的当地时间，格式由 format 决定

下面通过一些示例来演示 time 模块中部分函数的用法。

（1）time()函数。通过 time()函数获取当前的时间，利用此特性计算程序的执行时间。例如：

```python
import time
before = time.time()
# 计算 1000 的 10000 次方
result = pow(1000, 10000)
after = time.time()
interval = after-before
print(f"运行时间为{interval}秒")
```

上述代码首先导入了 time 模块，使用 time()函数获取了当前的时间，然后使用 pow()函数计算 1000 的 10000 次方，在计算该结果时会产生一定的计算时间，计算结束后再次使用 time()函数获取当前的时间，最后计算两个时间的差值，以得到程序执行的时间。

程序运行结果：

```
运行时间为 0.0009999275207519531 秒
```

（2）sleep()函数。如果在开发过程中需要对某个功能或某段代码设置执行时间间隔，可以通过 sleep()函数实现。sleep()函数会让程序进入休眠，并可自由设置休眠时间。

下面通过一个示例来演示 sleep()函数的用法，具体代码如下：

```python
import random, time
list_one = ["李飞", "张羽", "赵韦", "王忠", "杜超"]
list_two = []
for i in range(len(list_one)):          # 设置循环次数
    people = random.choice(list_one)    # 随机选择一个元素
    list_one.remove(people)             # 为避免出现重复元素，移除已选择元素
    list_two.append(people)             # 添加到 list_two 列表中
    time.sleep(2)                       # 每隔 2 s 执行一次
    print(f"此时的成员有{list_two}")
```

上述代码首先导入了 random 模块与 time 模块，然后定义了两个列表 list_one 与 list_two，遍历列表 list_one，调用 choice()函数随机选择一个元素，并将随机获取的元素每隔 2 s 添加到列表 list_two 中，直至全部添加。

程序运行结果：

```
此时的成员有['张羽']
此时的成员有['张羽', '赵韦']
此时的成员有['张羽', '赵韦', '杜超']
此时的成员有['张羽', '赵韦', '杜超', '王忠']
此时的成员有['张羽', '赵韦', '杜超', '王忠', '李飞']
```

（3）strptime()函数与 mktime()函数。如果在开发程序的过程中需要自定义时间戳，使用 time 模块的 strptime()函数与 mktime()函数是最好的选择，使用它们可以快速生成时间戳，具体代码如下：

```python
import time
```

```
str_dt = "2019-02-25 17:43:54"
# 转换成时间数组
time_struct = time.strptime(str_dt, "%Y-%m-%d %H:%M:%S")
# 转换成时间戳
timestamp = time.mktime(time_struct)
print(timestamp)
```

程序运行结果:

```
1551087834.0
```

8.2 自定义模块

一般在进行程序开发时,不会将所有代码都放在一个文件中,而是将耦合度较低的多个功能写入不同的文件中,制作成模块,并在其他文件中以导入模块的方式使用自定义模块中的内容。

Python 中每个文件都可以作为一个模块存在,文件名即为模块名。假设现有一名为 module_demo 的 Python 文件,该文件中的内容如下:

```
age = 13
def introduce():
    print(f"my name is itheima,I'm {age} years old this year.")
```

module_demo 文件便可视为一个模块,该模块中定义的 introduce()函数和 age 变量都可在导入该模块的程序中使用。

与标准模块相同,自定义模块也通过 import 语句和 from…import…语句导入。

下面使用 import 语句导入 module_demo 模块,并使用该模块中的 introduce()函数。例如:

```
import module_demo
module_demo.introduce()
print(module_demo.age)
```

程序运行结果:

```
my name is itheima,I'm 13 years old this year.
13
```

若只使用 module_demo 模块中的 introduce()函数,也可使用 from…import…语句导入该函数。例如:

```
from module_demo import introduce
introduce()
```

程序运行结果:

```
my name is itheima,I'm 13 years old this year.
```

在程序开发过程中,如果需要导入其他目录下的模块,可以将被导入模块的目录添加到 Python 模块的搜索路径中,否则程序会因搜索不到模块路径而出现错误。下面以添加 module_demo 模块所在的路径为例,操作步骤如下:

(1)通过 sys.path 查看当前模块的搜索路径,具体代码如下:

```
import sys
print(sys.path)
```

程序运行结果:

```
['D:\\Python 项目\\自定义模块', 'D:\\Python 项目',
'D:\\Python3.7.2\\python37.zip','D:\\Python3.7.2\\DLLs',
```

```
'D:\\Python3.7.2\\lib', 'D:\\Python3.7.2', 'D:\\Python 项目\\venv',
'D:\\Python 项目\\venv\\lib\\site-packages',
'D:\\Python 项目\\venv\\lib\\site-packages\\pip-10.0.1-py3.7.egg']
```

由以上结果可知，sys.path 会返回一个包含多个搜索路径的列表。

（2）将 module_demo 模块所在的路径添加到 sys.path 中，具体代码如下：

```
sys.path.append("D:\Python 项目\模块使用")
```

再次查看 sys.path，可看到刚刚添加的路径：

```
['D:\\Python 项目\\自定义模块', 'D:\\Python 项目',
'D:\\Python3.7.2\\python37.zip','D:\\Python3.7.2\\DLLs',
'D:\\Python3.7.2\\lib', 'D:\\Python3.7.2', 'D:\\Python 项目\\venv',
'D:\\Python 项目\\venv\\lib\\site-packages',
'D:\\Python 项目\\venv\\lib\\site-packages\\pip-10.0.1-py3.7.egg',
'D:\Python 项目\模块使用']
```

（3）使用"模块使用"目录下的 module_demo 模块，具体代码如下：

```
import module_demo
module_demo.introduce()
```

程序运行结果：

```
my name is itheima,I'm 13 years old this year.
```

8.3　模块的导入特性

8.3.1　__all__属性

Python 模块的开头通常会定义一个__all__属性，该属性实际上是一个列表，该列表中包含的元素决定了在使用"from...import *"语句导入模块内容时通配符"*"所包含的内容。如果__all__中只包含模块的部分内容，那么"from...import *"语句只会将__all__中包含的部分内容导入程序。

假设当前有一个自定义模块 calc.py，该模块中包含计算两个数的四则运算函数。具体代码如下：

```
def add(a, b):
    return a + b
def subtract(a, b):
    return a - b
def multiply(a, b):
    return a * b
def divide(a,b):
    if (b):
        return a / b
    else:
        print("error")
```

在 calc 模块中设置__all__属性为["add", "subtract"]，此时其他 Python 文件导入 calc 模块后，只能使用 calc 模块中的 add()与 subtract()函数，代码如下：

```
__all__ = ["add", "subtract"]
```

通过"from ...import *"方式导入 calc 模块，然后使用该模块中的 add()函数与 subtract()函数，具体代码如下：

```
from calc import *
print(add(2, 3))
print(subtract(2, 3))
```

程序运行结果：

```
5
-1
```

下面尝试使用 calc 模块的 multipty()和 divide()函数，具体代码如下：

```
print(multipty(2, 3))
print(divide(2, 3))
```

程序运行结果：

```
NameError: name 'multiply' is not defined
```

8.3.2 __name__属性

在较大型的项目开发中，一个项目通常由多名开发人员共同开发，每名开发人员负责不同的模块。为了保证自己编写的程序在整合后可以正常运行，开发人员通常需要在整合前额外编写测试代码，对自己负责的模块进行测试。然而，对整个项目而言，这些测试代码是无用的。为了避免项目运行时执行这些测试代码，Python 中增加了__name__属性。

__name__属性通常与 if 条件语句一起使用，若当前模块是启动模块，则其__name__的值为"__main__"；若该模块被其他程序导入，则__name__的值为文件名。

下面以 8.3.1 节中自定义的 calc 模块为例，演示__name__属性的用法。在 calc 模块中增加如下代码：

```
if __name__ == "__main__":
    print(add(3, 4))      # 执行 calc 模块中的 add()函数
    print(subtract(3, 4))
    print(multiply(3, 4))
    print(divide(3, 4))
else:
    print(__name__)
```

运行 calc.py 文件的结果如下：

```
7
-1
12
0.75
```

8.4 Python 中的包

8.4.1 包的结构

为了更好地组织 Python 代码，开发人员通常会根据不同业务将模块进行归类划分，并将功能相近的模块放到同一目录下。如果想要导入该目录下的模块，就需要先导入包。

Python 中的包是一个包含__init__.py 文件的目录，该目录下还包含一些模块和子包。下面是一个简单的包的结构。

```
package
├── __init__.py
├── module_a1.py
├── module_a2.py
└── package_b
    ├── __init__.py
    └── module_b.py
```

包的存在使整个项目更富有层次，也可在一定程度上避免合作开发中模块重名的问题。包中的__init__.py 文件可以为空，但必须存在，否则包将退化为一个普通目录。

值得一提的是，__init__.py 文件有两个作用，第一个作用是标识当前目录是一个 Python 包；第二个作用是模糊导入。如果__init__.py 文件中没有声明__all__属性，那么使用"from ... import *"导入的内容为空。

8.4.2　包的导入

包的导入与模块的导入方法大致相同，亦可使用 import 或 from..import...实现。

假设现有一个包 package_demo，该包中包含模块 module_demo，模块 module_demo 中有一个 add()函数，该函数用于计算两个数的和，其实现代码如下：

```
def add(num1, num2):
    print(num1 + num2)
```

下面分别使用不同的方式演示导入包和使用包内容。

1. 使用 import 导入

使用 import 导入包中的模块时，需要在模块名的前面加上包名，格式为 "包名.模块名"。若要使用已导入模块中的函数，需要通过"包名.模块名.函数名"实现。

例如，使用 import 方式导入包 package_demo，并使用 module_demo 模块中的 add()函数，具体代码如下：

```
import package_demo.module_demo
package_demo.module_demo.add(1, 3)
```

程序运行结果：

```
4
```

2. 使用 from...import...导入

通过 from...import...导入包中模块包含的内容时，若需要使用导入模块中的函数，需要通过"模块.函数"实现。

使用 from...import...导入包 package_demo 的示例代码如下：

```
from package_demo import operation_demo
operation_demo.add(2, 3)
```

程序运行结果：

```
5
```

8.5　第三方模块的下载与安装

程序开发中不仅需要使用大量的标准模块，而且还会根据业务需求使用第三方模块。在使用第三方模块之前,需要使用包管理工具——pip 下载和安装第三方模块,由于本书使用的 Python 3.7版本中已经自带了 Python 包管理工具 pip,因此无须再另行下载 pip。

在 PyCharm 或 Windows 中的命令提示符中都可以使用 pip 命令。下面以网络访问的 requests模块为例,演示如何使用 pip 命令下载安装第三方模块。

1. 命令提示符中下载和安装第三方模块

打开 Windows 的命令提示符工具,输入 pip install requests 即可下载并安装第三方模块requests, 安装成功后如图 8-1 所示。

图 8-1　第三方模块 requests 安装成功

2. PyCharm 中下载和安装第三方模块

打开 PyCharm, 选择 View→Tool Windows→Terminal 命令打开 Terminal 工具, 输入 pip installrequests 命令, 按下【Enter】键后开始下载并安装 requests 模块。当在 Terminal 窗口的末尾看到Successfully installed requests 时, 表明 requests 模块安装成功, 如图 8-2 所示。

图 8-2　PyCharm 安装第三方模块

8.6　实例 1:随机生成验证码

很多网站的注册登录业务都加入了验证码技术,以区分用户是人还是计算机,有效地防止刷票、论坛灌水、恶意注册等行为。目前,验证码的种类层出不穷,其生成方式也越来越复杂,常见的验证码是由大写字母、小写字母、数字组成的六位验证码。

本实例要求编写程序,实现随机生成 6 位验证码的功能。

8.7 实例2：绘制多角星

如果你喜欢作画，一定要尝试一下 Python 内置模块——turtle 模块，turtle 是一个专门的绘图模块，可以利用该模块通过程序绘制一些简单图形。

本实例要求编写程序，使用 turtle 模块绘制一个如图 8-3 所示的多角星。

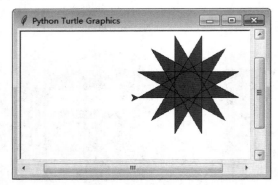

图 8-3　多角星示例图

小　　结

本章主要讲解了与 Python 模块相关的知识，包括模块的定义、模块的导入方式、常见的标准模块、自定义模块、模块的导入特性、包以及下载与安装第三方模块。模块和包不仅能提高开发效率，而且使代码具有清晰的结构。通过本章的学习，希望读者能熟练地定义和使用模块、包。

习　　题

一、填空题

1. Python 中模块分为内置模块、_____和_____。

2. 通过_____和_____可导入模块。

3. Python 中的包是一个包含_____文件的目录。

二、判断题

1. 使用第三方模块时需要提前安装。　　　　　　　　　　　　　　　　　（　　　）

2. 一个 py 文件就是一个模块。　　　　　　　　　　　　　　　　　　　（　　　）

3. 包结构中的__init__.py 文件不能为空。　　　　　　　　　　　　　　（　　　）

4. os 模块提供系统级别的操作。　　　　　　　　　　　　　　　　　　（　　　）

5. random 模块中 random()函数只能生成随机整数。　　　　　　　　　（　　　）

三、选择题

1. 下列关于 Python 中模块的说法中，正确的是（　　　）。

　　A. 程序中只能使用 Python 内置的标准模块

　　B. 只有标准模块才支持 import 导入

　　C. 使用 import 语句只能导入一个模块

D. 只有导入模块后，才可以使用模块中的变量、函数和类

2. 下列关于标准模块的说法中，错误的是（　　　　）。

A. 标准模块无须导入就可以使用 　　　　B. random 模块属于标准模块

C. 标准模块可通过 import 导入 　　　　D. 标准模块也是一个 .py 文件

3. 下列导入模块的方式中，错误的是（　　　　）。

A. import random 　　　　B. from random import random

C. from random import * 　　　　D. from random

4. 下列选项中，能够随机生成指定范围的整数的是（　　　　）。

A. random.random() 　　　　B. random.randint()

C. random.choice() 　　　　D. random.uniform()

5. 下列关于包的说法中，错误的是（　　　　）。

A. 包可以使用 import 语句导入 　　　　B. 包中必须含有 __init__.py 文件

C. 功能相近的模块可以放在同一包中 　　　　D. 包不能使用 from..import...方式导入

四、简答题

1. 简述包中 __init__.py 文件的作用。

2. 简述 __name__ 属性的用法。

第 ⑨ 章　文件与文件路径操作

学习目标：

◎ 掌握文件的打开与关闭操作。

◎ 掌握文件读取的相关方法。

◎ 掌握文件写入的相关方法。

◎ 熟悉文件的复制与重命名。

◎ 了解文件夹的创建、删除等操作。

◎ 掌握与文件路径相关的操作。

　　程序中使用变量保存运行时产生的临时数据，但当程序结束后，所产生的数据也会随之消失。那么，有没有一种方法能够持久保存数据呢？答案是肯定的。计算机中的文件能够持久保存程序运行时产生的数据。

　　用于保存数据的文件可能存储在不同的位置，在操作文件时，需要准确地找出文件的位置，也就是文件的路径。本章将对文件的常规操作，包括打开、关闭、写入、读取、获取路径、路径的拼接等进行介绍。

9.1　文件的打开和关闭

　　想要将数据写入到文件中，需要先打开文件；数据写入完毕后，需要将文件关闭以释放计算机内存。下面对文件的打开与关闭操作进行介绍。

9.1.1　打开文件

　　Python 内置的 open()函数用于打开文件，该函数调用成功会返回一个文件对象，其语法格式如下：

```
open(file, mode='r', encoding=None)
```

　　open()函数中的参数 file 接收待打开文件的文件名；参数 encoding 表示文件的编码格式；参数 mode 设置文件的打开模式。其常用模式有 r、w、a，这些模式的含义分别如下：

　　（1）r：以只读的方式打开文件，默认值。

（2）w：以只写的方式打开文件。

（3）a：以追加的方式打开文件。

假设当前有文件 txt_file.txt，其中内容如图 9-1 所示。

图 9-1　txt_file.txt 文件内容

以只读的方式打开文件 txt_file.txt，具体代码如下：

```
txt_data = open('txt_file.txt', 'r')    # 使用 open() 函数以只读方式打开文件
```

文件打开模式可搭配 b、+使用，表 9-1 所示为常用的文件搭配模式。

表 9-1　文件打开搭配模式

打 开 模 式	名　　称	描　　述
r/rb	只读模式	以只读的形式打开文本文件/二进制文件，若文件不存在或无法找到，open()函数将调用失败
w/wb	只写模式	以只写的形式打开文本文件/二进制文件，若文件已存在，则重写文件，否则创建文件
a/ab	追加模式	以只写的形式打开文本文件/二进制文件，只允许在该文件末尾追加数据，若文件不存在，则创建新文件
r+/rb+	读取（更新）模式	以读/写的形式打开文本文件/二进制文件，如果文件不存在，open()函数调用失败
w+/wb+	写入（更新）模式	以读/写的形式创建文本文件/二进制文件，若文件已存在，则重写文件
a+/ab+	追加（更新）模式	以读/写的形式打开文本/二进制文件，但只允许在文件末尾添加数据，若文件不存在，则创建新文件

9.1.2　关闭文件

Python 内置的 close()方法用于关闭文件，该方法没有参数，直接调用即可。以关闭 9.1.1 节中打开的文件 txt_file.txt 为例，具体代码如下：

```
txt_data.close()
```

程序执行完毕后，系统会自动关闭由该程序打开的文件，但计算机中可打开的文件数量是有限的，每打开一个文件，可打开文件数量就减一；打开的文件占用系统资源，若打开的文件过多，会降低系统性能。因此，编写程序时应使用 close()方法主动关闭不再使用的文件。

9.2　从文件中读取数据

9.2.1　文件的读取

Python 中与文件读取相关的方法有 3 种：read()、readline()、readlines()。下面逐一对这 3 种方法的使用进行详细介绍。

1. read()方法

read()方法可以从指定文件中读取指定数据，其语法格式如下：

```
txt_data.read([size])
```

在上述格式中，txt_data 表示文件对象，参数 size 用于设置读取数据的字节数，若参数 size 缺省，则一次读取指定文件中的所有数据。

以文件 txt_file.txt 为例，读取该文件中指定长度的数据，代码如下：

```
txt_data = open('txt_file.txt', mode = 'r', encoding = 'utf-8')
print("读取两个字节数据: ")
print(txt_data.read(2))            # 读取两个字节的数据
txt_data.close()
txt_data = open('txt_file.txt', mode = 'r', encoding = 'utf-8')
print("读取全部数据: ")
print(txt_data.read())            # 读取全部数据
txt_data.close()
```

上述代码首先使用 open()函数以只读模式打开文件 txt_file.txt，然后通过 read()方法从该文件中读取两个字节的数据，读取完毕后关闭文件。之后，使用同样的方式再次打开文件 txt_file.txt，通过 read()方法读取该文件中的所有内容，最后在读取完毕后关闭文件。

程序运行结果：

```
读取两个字节数据:
Li
读取全部数据:
Life is short, use Python.
Hello Python.
```

2. readline()方法

readline()方法可以从指定文件中读取一行数据，其语法格式如下：

```
txt_data.readline()
```

在上述格式中，txt_data 表示文件对象，readline()方法每执行一次只会读取文件中的一行数据。

下面以文件 txt_file.txt 为例，使用 readline()方法读取一行数据，代码如下：

```
text_data = open('txt_file.txt', mode = 'r', encoding = 'utf-8')
print(text_data.readline())
text_data.close()
```

程序运行结果：

```
Life is short, use Python.
```

3. readlines()方法

readlines()方法可以一次读取文件中的所有数据，其语法格式如下：

```
txt_data.readlines()
```

在上述格式中，txt_data 表示文件对象，readlines()方法在读取数据后会返回一个列表，文件中的每一行对应列表中的一个元素。

以文件 txt_file.txt 为例，使用 readlines()方法读取该文件中的全部数据，具体代码如下：

```
txt_data = open('txt_file.txt', mode = 'r', encoding = 'utf-8')
print(txt_data.readlines())        # 使用 readlines()方法读取数据
txt_data.close()                   # 关闭文件
```

程序运行结果：

```
['Life is short, use Python.\n', 'Hello Python.']
```

以上介绍的三个方法通常用于遍历文件，其中 read()（参数缺省时）和 readlines()方法都可一次读取文件中的全部数据，但这两种操作都不够安全。因为计算机的内存是有限的，若文件较大，

read()和 readlines()的一次读取便会耗尽系统内存,这显然是不可取的。为了保证读取安全,通常多次调用 read()方法,每次读取 size 字节的数据。

9.2.2　实例 1:身份证归属地查询

居民身份证是用于证明持有人身份的一种特定证件,该证件记录了国民身份的唯一标识——身份证号码。在我国身份证号码由十七位数字本体码和一位数字校验码组成,其中前六位数字表示地址码。地址码标识编码对象常住户口所在地的行政区域代码,通过身份证号码的前六位便可以确定持有人的常住户口所在地。

本实例要求编写程序,实现根据地址码对照表和身份证号码查询居民常住户口所在地的功能。

9.3　向文件写入数据

想要持久地存储 Python 程序中产生的临时数据,需要先使用数据写入方法将数据写入文件。Python 提供了 write()方法和 writelines()方法以向文件中写入数据,本节将对这两个方法进行介绍。

9.3.1　数据写入

1. write()方法

使用 write()方法向文件中写入数据,其语法格式如下:

```
txt_data.write(str)
```

在上述格式中,参数 txt_data 表示文件对象,str 表示要写入的字符串。若字符串写入成功,write()返回本次写入文件的长度。

例如,向文件 txt_file.txt 中写入一段话,具体代码如下:

```
txt_data = open('txt_file.txt',encoding='utf-8',mode='a+')
print(txt_data.write('Hello world'))
```

程序运行结果:

```
11
```

程序运行完毕,打开 txt_file.txt 文件,文件中的内容如图 9-2 所示。

2. writelines()方法

writelines()方法用于向文件中写入字符串序列,其语法格式如下:

```
txt_data.writelines([str])
```

使用 writelines()方法向文件 txt_file.txt 中写入数据,具体代码如下:

```
txt_data = open('txt_file.txt', encoding = 'utf-8', mode = 'a+')
txt_data.writelines(["\n"+'python', '程序开发'])
```

程序运行完毕,打开 txt_file.txt 文件,文件中的内容如图 9-3 所示。

图 9-2　打开 txt_file.txt 文件

图 9-3　向 txt_file.txt 文件中写入数据

9.3.2　实例 2：通讯录

通讯录是存储联系人信息的名录。本实例要求编写通讯录程序，该程序可接收用户输入的姓名、电话、QQ 号码、邮箱等信息，将这些信息保存到"通讯录.txt"文件中，实现新建联系人功能；可根据用户输入的联系人姓名查找联系人，展示联系人的姓名、电话、QQ 号码、邮箱等信息，实现查询联系人功能。

9.4　文件的定位读取

在文件的一次打开与关闭之间进行的读/写操作都是连续的，程序总是从上次读/写的位置继续向下进行读/写操作。实际上，每个文件对象都有一个称为"文件读/写位置"的属性，该属性用于记录文件当前读/写的位置。

Python 提供用于获取文件读/写位置以及修改文件读/写位置的方法 tell()与 seek()。下面对这两个方法的使用进行介绍。

1. tell()方法

tell()方法用于获取当前文件读/写的位置，其语法格式如下：

```
txt_data.tell()
```

以文件 txt_file.txt 中的内容为例，使用 tell()方法获取当前文件读取的位置，代码如下：

```
file = open('txt_file.txt', mode = 'r', encoding='utf-8')
print(file.read(7))              # 读取 7 个字节
print(file.tell())               # 输出文件读取位置
```

上述代码使用 read()方法读取 7 个字节的数据，然后通过 tell()方法查看当前文件的读/写位置。程序运行结果：

```
Life is
7
```

2. seek()方法

seek()方法用于设置当前文件读/写位置，其语法格式如下：

```
txt_data.seek(offset, from)
```

seek()方法的参数 offset 表示偏移量，即读/写位置需要移动的字节数；参数 from 用于指定文件的读/写位置，该参数的取值有 0、1、2，它们代表的含义分别如下：

（1）0：表示在开始位置读/写。

（2）1：表示在当前位置读/写。

（3）2：表示在末尾位置读/写。

以读取文件 txt_file.txt 的内容为例，使用 seek()方法修改读/写位置，代码如下：

```
file = open('txt_file.txt', mode='r',encoding='utf-8')
file.seek(15, 0)
print(file.read())
file.close()
```

上述代码使用 seek()方法将文件读取位置移动至开始位置偏移 15 个字节，并使用 read()方法读取 txt_file.txt 中的数据。

程序运行结果：

```
use Python.
Hello Python.Hello world
python 程序开发
```

9.5　文件的复制与重命名

Python 还支持对文件进行一些其他操作，如文件复制、文件重命名，下面将对这两种操作进行介绍。

9.5.1　文件的复制

文件复制即创建文件的副本，此项操作的本质仍是文件的打开、关闭与读/写。以复制当前目录下的文件 txt_file.txt 为例，其基本逻辑如下：

（1）打开文件 txt_file.txt。

（2）读取文件内容。

（3）创建新文件，将数据写入到新文件中。

（4）关闭文件，保存数据。

根据以上逻辑编写代码，具体如下：

```
file_name = "txt_file.txt"
source_file = open(file_name, 'r', encoding='utf-8')            # 打开文件
all_data = source_file.read(4096)          # 读取文件
flag = file_name.split('.')
new_file = open(flag[0]+"备份"+".txt", 'w', encoding='utf-8')  # 创建新文件
new_file.write(all_data)                   # 写入数据
source_file.close()                        # 关闭 txt_file 文件
new_file.close()                           # 关闭创建的新文件
```

上述代码首先使用 open()函数打开 txt_file.txt 文件，并使用 read()方法读取该文件中的数据。读取原文件数据后，使用 open()函数创建新文件，这里新文件的文件名为 "原文件名+备份+扩展名"，打开该文件后使用 write()方法将数据写入到新文件中，最后使用 close()方法关闭这两个文件。

程序执行完成之后，可以看到在当前目录下生成的备份文件，对比备份文件与原文件的内容，这两份文件内容相同，说明文件备份成功。

9.5.2　文件的重命名

Python 提供了用于更改文件名的函数——rename()，该函数存在于 os 模块中，其语法格式如下：

```
rename(原文件名, 新文件名)
```

使用 rename()函数将文件 txt_file.txt 重命名为 new_file.txt，代码如下：

```
import os
os.rename("txt_file.txt", "new_file.txt")
```

经以上操作后，当前路径下的文件 txt_file.txt 被重命名为 new_file.txt。

> 注意：
> 待重命名的文件必须已存在，否则解释器会报错。

对操作系统而言，文件和文件夹都是文件，因此 rename()函数亦可用于文件夹的重命名。

9.6 目录操作

os 模块中定义了一些用于处理文件夹操作的函数，例如创建目录、获取文件列表等函数；除 os 模块外，Python 中的 shutil 模块也提供了一些文件夹操作。本节将对 os 模块和 shutil 模块中的一些文件夹操作函数进行介绍。

9.6.1 创建目录

os 模块中的 mkdir()函数用于创建目录，其语法格式如下：

```
os.mkdir(path, mode)
```

上述格式中，参数 path 表示要创建的目录，参数 mode 表示目录的数字权限，该参数在 Windows 系统下可忽略。

假设当前需要设计一个功能用于判断目录是否存在，如果目录不存在，执行创建目录操作，同时在该目录下创建一个 dir_demo.txt 文件并写入数据；如果目录存在，提示用户"目录已存在"。具体代码如下：

```
import os
dir_path = input('请输入目录: ')
# 判断目录是否存在
yes_or_no = os.path.exists(dir_path)
if yes_or_no is False:
    os.mkdir(dir_path)
    new_file = open(os.getcwd()+'\\' + dir_path+"\\"+
                "dir_demo.txt", 'w', encoding='utf-8')
    new_file.write("itcast")
    print("写入成功")
    new_file.close()
else:
    print("该目录已存在")
```

上述代码使用 input()函数接收用户输入的目录，通过 exists()函数判断目录是否存在，如果目录不存在，创建目录和文件 dir_demo.txt，并使用 write()方法向该文件中写入数据；如果目录存在，提示用户"该目录已存在"。

运行代码，输入一个不存在的目录，结果如下：

```
请输入目录: test_dir
写入成功
```

再次运行代码，检测 test_dir 目录是否存在，结果如下：

```
请输入文件夹名: test_dir
该文件夹已存在
```

9.6.2 删除目录

使用 Python 内置模块 shutil 中的 rmtree()函数可以删除目录，其语法格式如下：

```
rmtree(path)
```

上述格式中，参数 path 表示要删除的目录。

当前有一个名为 test_dir 的文件夹，使用 rmtree()函数删除 test_dir 目录，代码如下：

```
import os
import shutil
print(os.path.exists("test_dir"))      # 第 1 次判断目录是否存在
shutil.rmtree("test_dir")              # 执行删除操作
print(os.path.exists("test_dir"))      # 第 2 次判断目录是否存在
```

上述代码首先使用 exists() 函数判断 test_dir 目录是否存在，如果存在返回 True，否则返回 False，然后使用 rmtree() 函数执行删除操作，最后使用 exists() 函数再次进行判断。

程序运行结果：

```
True
False
```

对运行结果进行分析：第一次执行 exists() 函数返回的结果为 True，表明文件夹存在；执行 rmtree() 函数后，再次执行 exists() 函数后返回结果为 False，表明该文件夹删除成功。

9.6.3　获取目录的文件列表

os 模块中的 listdir() 函数用于获取文件夹下文件或文件夹名的列表，该列表以字母顺序排序，其语法格式如下：

```
listdir(path)
```

上述格式中，参数 path 表示要获取的目录列表。

使用 listdir() 函数获取指定目录下文件列表，代码如下：

```
import os
current_path = r"D:\Python 项目"
print(os.listdir(current_path))
```

程序运行结果：

```
['身份证归属地查询.py', '验证码.py']
```

9.7　文件路径操作

项目除了程序文件，还可能包含一些资源文件，程序文件与资源文件相互协调，方可实现完整程序。但若程序中使用了错误的资源路径，项目可能无法正常运行，甚至可能崩溃，所以文件路径是开发程序时需要关注的问题。下面将对 Python 中与路径相关的知识进行讲解。

9.7.1　相对路径与绝对路径

文件相对路径指某文件（或文件夹）所在的路径与其他文件（或文件夹）的路径关系，绝对路径指盘符开始到当前位置的路径。os 模块提供了用于检测目标路径是否是绝对路径的 isabs() 函数和将相对路径规范化为绝对路径的 abspath() 函数，下面分别讲解这两个函数。

1. isabs() 函数

当目标路径为绝对路径时，isabs() 函数会返回 True，否则返回 False。下面使用 isabs() 函数判断提供的路径是否为绝对路径。具体代码如下：

```
import os
print(os.path.isabs("new_file.txt"))
print(os.path.isabs("D:\Python 项目\new_file.txt"))
```

程序运行结果：

```
False
True
```

2. abspath()函数

当目标路径为相对路径时，使用 abspath()函数可以将目标路径规范化为绝对路径，具体代码如下：

```
import os
print(os.path.abspath("new_file.txt"))
```

程序运行结果：

```
D:\Python 项目\new_file.txt
```

9.7.2　获取当前路径

当前路径即文件、程序或目录当前所处的路径。os 模块中的 getcwd()函数用于获取当前路径，其使用方法如下：

```
import os
current_path = os.getcwd()
print(current_path)
```

上述代码首先通过 os 模块中的 getcwd()函数获取到当前路径，然后赋值给变量 current_path，最后使用 print()函数输出当前路径。

程序运行结果：

```
D:\Python 项目
```

9.7.3　检测路径的有效性

os 模块中的 exists()函数用于判断路径是否存在，如果当前路径存在，exitsts()函数返回 True，否则返回 False。exists()函数的使用方法如下：

```
import os
current_path = "D:\Python 项目"
current_path_file = "D:\Python 项目\new_file.txt"
print(os.path.exists(current_path))
print(os.path.exists(current_path_file))
```

上述代码将两个路径分别赋值给变量 current_path 和 current_path_file，然后使用 exists()函数判断提供的路径是否存在。

程序运行结果：

```
True
True
```

9.7.4　路径的拼接

os.path 模块中的 join()函数用于拼接路径，其语法格式如下：

```
os.path.join(path1[,path2[,…]])
```

上述格式中，参数 path1、path2 表示要拼接的路径。

使用 join()函数将路径 "Python 项目" 与 "python_path" 进行拼接，具体代码如下：

```
import os
path_one = 'Python 项目'
```

```
path_two = 'python_path'
# Windows 系统下使用 "\" 分隔路径
splici_path = os.path.join(path_one, path_two)
print(splici_path)
```

上述代码将第一个路径"Python 项目"赋值给 path_one，将第二个路径"python_path"赋值给 path_two，然后通过 join()函数将这两个路径进行拼接。

程序运行结果：

```
Python 项目\python_path
```

若最后一个路径为空，则生成的路径将以一个"\"结尾，具体代码如下：

```
import os
path_one = 'D:\Python 项目'
path_two = ''
splicing_path = os.path.join(path_one, path_two)
print(splicing_path)
```

程序运行结果：

```
D:\Python 项目\
```

9.8　实例 3：用户登录

登录系统通常分为普通用户与管理员权限，在用户登录系统时，可以根据自身权限进行选择登录。本实例要求实现一个用户登录的程序，该程序分为管理员用户与普通用户，其中管理员账号密码在程序中设置，普通用户的账号与密码通过注册功能添加。

小　　结

本章主要讲解了 Python 中文件和路径的操作，包括文件的打开与关闭、文件的读/写、文件的定位读取、文件的复制与重命名、获取当前路径、检测路径有效性等。通过本章的学习，读者应具备文件与路径操作的基础知识，能在实际开发中熟练地操作文件。

习　　题

一、填空题

1. 使用_____方法可以关闭一个文件对象。

2. os.path 模块中使用_____函数拼接路径。

3. os 模块中使用_____函数可以获取文件列表。

二、判断题

1. 文件打开后不需要关闭。　　　　　　　　　　　　　　　　　（　　）

2. 文件默认访问方式为可读。　　　　　　　　　　　　　　　　（　　）

3. 使用 a+模式打开文件，文件不存在则会创建一个新文件。　　（　　）

4. read()方法可以设置读取的字符长度。　　　　　　　　　　　（　　）

5. readlines()方法可以读取文件中的所有内容。　　　　　　　　（　　）

三、选择题

1. 下列关于文件读取的说法，错误的是（　　　）。

　　A. read()方法可以一次读取文件中所有的内容

　　B. readline()方法一次只能读取一行内容

　　C. readlines()以元组形式返回读取的数据

　　D. readlines()一次可以读取文件中所有内容

2. 下列关于文件写入的说法，正确的是（　　　）。

　　A. 如果向一个已有文件写数据，在写入之前会先清空文件数据

　　B. 每执行一次 write()方法，写入的内容都会追加到文件末尾

　　C. writelines()方法用于向文件中写入多行数据

　　D. 文件写入时不能使用 "r" 模式

3. 下列关于文件操作的说法，错误的是（　　　）。

　　A. os 模块中的 mkdir()函数可创建目录

　　B. shutil 模块中 rmtree()函数可删除目录

　　C. os 模块中的 getcwd()函数获取的是相对路径

　　D. rename()函数可修改文件名

4. 下列选项中，用于获取当前读/写位置的是（　　　）。

　　A. open()　　　　　　B. close()　　　　　　C. tell()　　　　　　D. seek()

5. 已知 txt_demo.txt 文件中的内容为 "live with smile,we will have harvest!"，执行下面程序：

```
txt_file = open('txt_demo.txt', 'r',encoding='utf-8')
txt_file.seek(16, 0)
print(txt_file.read())
```

输出结果是（　　　）。

　　A. we will have harvest!　　　　　　　　B. live with smile,we will have harvest!

　　C. live with smile　　　　　　　　　　　D. live with smile,we

四、简答题

1. 简述什么是相对路径与绝对路径。

2. 简述文件读/写位置的作用。

五、编程题

打开一个文本文件 words_file.txt，读取该文件中的所有内容，将这些文件内容中的英文字母按照一定的方法加密后写入到一个新文件new_file.txt中。加密的方法是：将A变成B，B变成C，…，Y变成Z，Z变成A；a变成b，b变成c，…，y变成z，z变成a，其他字符不变化。

第 ⑩ 章　错误和异常

学习目标：

◎　理解异常的概念。

◎　掌握捕获并处理异常的方式。

◎　掌握 raise 和 assert 语句。

◎　掌握自定义异常。

◎　掌握 with 语句的使用。

◎　了解上下文管理器。

现实生活并不是一帆风顺的，总会遇到各种突发情况，例如，飞机延误、火车晚点、公交车堵车等，这些情况可能会导致上班迟到、会议错过、约会赶不上。在程序中也会遇到各种各样的问题，例如，访问一个格式损坏的文件、连接一个断开的网络等。此时，Python 会检测到程序出现错误，无法继续执行。

为避免因各种异常状况导致程序崩溃，程序开发中引入了异常处理机制，以处理或修复程序中可能出现的错误，提供诊断信息，帮助开发人员尽快解决问题，恢复程序的正常运行。

10.1　错误和异常概述

Python 程序中最常见的错误为语法错误。语法错误又称解析错误，是指开发人员编写了不符合 Python 语法格式的代码所引起的错误。含有语法错误的程序无法被解释器解释，必须经过修正后程序才能正常运行。以下为一段包含语法问题的代码：

```
while True
    print("语法格式错误")
```

上述示例代码中的循环语句后少了冒号（:），不符合 Python 的语法格式。因此，语法分析器会检测到错误。

在 PyCharm 中运行上述代码后，错误信息会在结果输出区进行显示，具体如下：

```
 File " D:/Python项目/异常.py ", line 1
    while True
             ^
SyntaxError: invalid syntax
```

以上错误信息中包含了错误所在的行号、错误类型和具体信息，错误信息中使用小箭头（^）指出语法错误的具体位置，方便开发人员快速地定位并进行修正。产生语法错误时引发的异常类型为 SyntaxError。

一段语法格式正确的 Python 代码运行后产生的错误是逻辑错误。逻辑错误可能是由于外界条件（如网络断开、文件格式损坏等）引起的，也有可能是程序本身设计不严谨导致的。例如：

```
for i in 3:
    print(i)
```

程序运行结果：

```
Traceback (most recent call last):
  File "D:/Python项目/异常.py", line 7, in <module>
    for i in 3:
TypeError: 'int' object is not iterable
```

以上示例代码没有任何语法格式错误，但执行后仍然出现 TypeError 异常，这是因为代码中使用 for 循环遍历整数 3，而 for 循环不支持遍历整型数据。

无论是哪种错误，都会导致程序无法正常运行。我们将程序运行期间检测到的错误称为异常。如果异常不被处理，程序默认的处理方式是直接崩溃。

Python 中所有的异常均由类实现，所有的异常类都继承自基类 BaseException。BaseException 类中包含 4 个子类，其中子类 Exception 是大多数常见异常类（如 SyntaxError、ZeroDivisionError 等）的父类。图 10-1 所示为 Python 中异常类的继承关系。

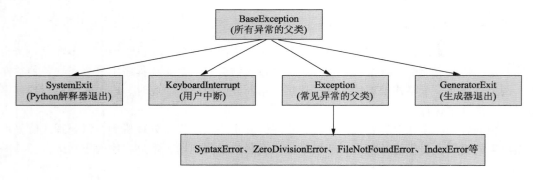

图 10-1　Python 中异常类的继承关系

因为 SyntaxError、FileNotFoundError、IndexError 等常见异常均继承自 Exception 类，所以本章主要对 Exception 类及其子类进行介绍。Exception 中常见的子类及描述如表 10-1 所示。

表 10-1　Exception 中常见的子类及描述

类　名	描　述
SyntaxError	发生语法错误时引发
FileNotFoundError	未找到指定文件或目录时引发
NameError	找不到指定名称的变量时引发
ZeroDivisionError	除数为 0 时引发
IndexError	当使用超出列表范围的索引时引发
KeyError	当使用字典不存在的键时引发
AttributeError	当尝试访问未知对象属性时引发
TypeError	当试图在使用 a 类型的场合使用 b 类型时引发

10.2　捕　获　异　常

Python 程序在运行时出现的异常会导致程序崩溃，因此开发人员需要用一种友好的方式处理程序运行时的异常。在 Python 中可使用 try...except 语句捕获异常，try...except 还可以与 else、finally 组合使用实现更强大的异常处理功能。本节将对 try...except、try...excepy...else、try...except...finally 语句的用法进行介绍。

10.2.1　try...except 语句

try...except 语句用于捕获程序运行时的异常，其语法格式如下：

```
try:
    可能出错的代码
    ...
except [异常类型]:
    错误处理语句
    ...
```

上述格式中，try 子句后面是可能出错的代码，except 子句后面是捕获的异常类型及捕获到异常后的处理语句。

try...except 语句的执行过程如下：

（1）先执行 try 子句，即 try 与 except 之间的代码。

（2）若 try 子句中没有产生异常，则忽略 except 子句中的代码。

（3）若 try 子句产生异常，则忽略 try 子句的剩余代码，执行 except 子句的代码。

使用 try...except 语句捕获程序运行时的异常。例如：

```
try:
    for i in 2:
        print(i)
except:
    print('int 类型不支持迭代操作')
```

上述代码对整数进行迭代操作，由于整数不支持迭代操作，因此上述代码在执行过程中必定会产生异常。运行上述代码程序并不会崩溃，这是因为 except 语句捕获到程序中的异常，并告诉 Python 解释器如何处理该异常——忽略异常之后的代码，执行 except 语句后的异常处理代码。

程序运行结果：

```
int 类型不支持迭代操作
```

10.2.2　捕获异常信息

try...except 语句可以捕获和处理程序运行时的单个异常、多个异常、所有异常，也可以在 except 子句中使用关键字 as 获取系统反馈的异常的具体信息。

1. 捕获程序运行时的单个异常

使用 try...except 语句捕获和处理单个异常时，需要在 except 子句的后面指定具体的异常类。例如：

```
try:
    for i in 2:
        print(i)
```

```
except TypeError as e:
    print(f"异常原因: {e}")
```

以上代码的 try 子句中使用 for 循环遍历了整数 2，导致程序捕获到 TypeError 异常，转而执行 except 子句的代码。因为 except 子句指定处理异常 TypeError，且获取了异常信息 e，所以程序会执行 except 子句中的输出语句，而不会出现崩溃。

程序运行结果：

```
异常原因: 'int' object is not iterable
```

> **注意：**
> 　如果指定的异常与程序产生的异常不一致，程序运行时仍会崩溃。

2. 捕获程序运行时的多个异常

一段代码中可能会产生多个异常，此时可以将多个具体的异常类组成元组放在 except 语句后处理，也可以联合使用多个 except 语句。例如：

```
try:
    print(count)
    demo_list = ["Python", "Java", "C", "C++"]
    print(demo_list[5])
except (NameError, IndexError) as error:
    print(f"异常原因: {error}")
```

上述代码首先在 try 子句中使用 print()输出一个没有定义过的变量，这会引发 NameError 异常；然后又使用 print()访问列表 demo_li 中的第 5 个元素，而 demo_list 中只有 4 个元素，这会产生异常 IndexError。

程序运行结果：

```
异常原因: name 'count' is not defined
```

在处理多个异常时，还可以将 except 子句拆开，每个 except 子句对应一种异常。将上述代码修改为多个 except 子句。代码如下：

```
try:
    print(count)
    demo_list = ["Python", "Java", "C", "C++"]
    print(demo_list[5])
except NameError as error:
    print(f"异常原因: {error}")
except IndexError as error:
    print(f"异常原因: {error}")
```

程序运行结果：

```
异常原因: name 'count' is not defined
```

3. 捕获程序运行时的所有异常

在 Python 中，使用 try...except 语句捕获所有异常有两种方式：指定异常类为 Exception 类和省略异常类。

（1）指定异常类为 Exception 类。在 except 子句的后面指定具体的异常类为 Exception，由于 Exception 类是常见异常类的父类，因此它可以指代所有常见的异常。例如：

```
try:
```

```
    print(count)
    demo_list = ["Python", "Java", "C", "C++"]
    print(demo_list[5])
except Exception as error:
    print(f"异常原因: {error}")
```

上述示例的 try 子句中首先访问了未声明的变量 count，然后创建了一个包含 4 个元素的数组 demo_list，并访问该数组中索引为 5 的元素，导致程序可捕获到 NameError 和 IndexError，转而执行 except 子句的代码。因为 except 子句指定了处理异常类 Exception，而 IndexError 类是 Exception 的子类，所以程序会执行 except 子句中的输出语句，而不会出现崩溃。

程序运行结果：

```
异常原因: name 'count' is not defined
```

（2）省略异常类。在 except 子句的后面省略异常类，表明处理所有捕获到的异常，示例如下：

```
try:
    print(count)
    demo_list=["Python", "Java", "C", "C++"]
    print(demo_list[5])
except:
    print("程序出现异常，原因未知")
```

程序运行结果：

```
程序出现异常，原因未知
```

虽然使用省略异常类的方式也能捕获所有常见的异常，但这种方式不能获取异常的具体信息。

10.2.3　else 子句

异常处理的主要目的是防止因外部环境的变化导致程序产生无法控制的错误，而不是处理程序的设计错误。因此，将所有的代码都用 try 子句包含起来的做法是不推荐的，try 子句应尽量只包含可能产生异常的代码。Python 中 try...except 语句还可以与 else 子句联合使用，该子句放在 except 语句之后，当 try 子句没有出现错误时应执行 else 语句中的代码。其格式如下：

```
try:
    可能出错的语句
    ...
except:
    出错后的执行语句
else:
    未出错时的执行语句
```

例如，某程序的分页显示数据功能可以根据用户输入控制每页显示多少条数据，但要求用户输入的数据为整型数据，如果输入的数据符合输入要求，每页显示用户指定条数的数据；如果输入的数据不符合要求，则显示默认条数的数据。例如：

```
num = input("请输入每页显示多少条数据:")          # 用户输入为字符串
try:
    page_size = int(num)                        # 将字符串转化为数字
except Exception as e:
    page_size = 20                              # 若转化出错，则使用预设的数据量
    print(f"当前页显示{page_size}条数据")
else:
    print(f"当前页显示{num}条数据")               # 加载数据
```

如果用户输入的数据符合要求，结果如下：

```
请输入每页显示多少条数据: 15
当前页显示 15 条数据
```

如果用户输入的数据不符合要求，结果如下：

```
请输入每页显示多少条数据: test
当前页显示 20 条数据
```

由以上两次输出结果可知，若用户输入的数据符合要求，程序未产生任何异常，并执行 else 子句中的代码；若用户输入的数据不符合要求，程序产生异常，并执行 except 子句中的代码。

10.2.4　finally 子句

finally 子句与 try…except 语句连用时，无论 try…except 是否捕获到异常，finally 子句后的代码都要执行，其语法格式如下：

```
try:
    可能出错的语句
    ...
except:
    出错后的执行语句
    ...
finally:
    无论是否出错都会执行的语句
    ...
```

Python 在处理文件时，为避免打开的文件占用过多的系统资源，在完成对文件的操作后需要使用 close() 方法关闭文件。为了确保文件一定会被关闭，可以将文件关闭操作放在 finally 子句中。例如：

```
try:
    file = open('异常.txt', 'r')
    file.write("人生苦短, 我用 Python")
except Exception as error:
    print("写入文件失败", error)
finally:
    file.close()
    print('文件已关闭')
```

若以上示例中没有 finally 语句，以上程序会因出现 UnsupportedOperation 异常而无法保证打开的文件会被关闭；但使用 finally 语句后，无论程序是否崩溃，"f.close()" 语句一定被执行，文件必定会被关闭。

10.3　抛 出 异 常

Python 程序中的异常不仅可以由系统抛出，还可以由开发人员使用关键字 raise 主动抛出。只要异常没有被处理，异常就会向上传递，直至最顶级也未处理，则会使用系统默认的方式处理（程序崩溃）。另外，程序开发阶段还可以使用 assert 语句检测一个表达式是否符合要求，不符合要求则抛出异常。接下来，本节将针对 raise 语句、异常的传递、assert 断言语句进行介绍。

10.3.1　raise 语句

raise 语句用于引发特定的异常，其使用方式大致可分为 3 种：

（1）由异常类名引发异常。

（2）由异常对象引发异常。

（3）由程序中出现过的异常引发异常。

下面通过示例演示 raise 语句的使用方法。

1．使用类名引发异常

在 raise 语句后添加具体的异常类，使用类名引发异常，语法格式如下：

```
raise 异常类名
```

当 raise 语句指定了异常的类名时，Python 解释器会自动创建该异常类的对象，进而引发异常。例如：

```
raise NameError
```

程序运行结果：

```
Traceback (most recent call last):
  File "D:/Python 项目/异常.py", line 1, in <module>
    raise NameError
NameError
```

2．使用异常对象引发异常

使用异常对象引发相应异常，其语法格式如下：

```
raise 异常对象
```

例如：

```
name_error = NameError()
raise name_error
```

上述代码创建了一个 NameError 类的对象 name_error，然后使用 raise 语句通过对象 name_error 引发异常 NameError。

程序运行结果：

```
Traceback (most recent call last):
  File "D:/Python 项目/异常.py", line 2, in <module>
    raise name_error
NameError
```

3．由异常引发异常

仅使用 raise 关键字可重新引发刚才发生的异常，其语法格式如下：

```
raise
```

例如：

```
try:
    num
except NameError as e:
    raise
```

上述代码中，try 子句中声明了未赋值的变量 num，导致程序会捕获到 NameError 异常，转而执行 except 子句的代码。由于 except 子句指定处理异常 NameError，因此程序会执行 except 子句中的代码，再次使用 raise 语句引发刚才捕获的异常 NameError。

程序运行结果：

```
Traceback (most recent call last):
  File " D:/Python 项目/异常.py", line 2, in <module>
    num
NameError: name 'num' is not defined
```

10.3.2　异常的传递

如果程序中的异常没有被处理，默认情况下会将该异常传递给上一级，如果上一级仍然没有处理，会继续向上传递，直至异常被处理或程序崩溃。

下面通过一个计算正方形面积的示例演示异常的传递，该示例中共包含 3 个函数：get_width()、calc_area()、show_area()，其中 get_width()函数用于计算正方形边长，calc_area()函数用于计算正方形面积，show_area()函数用于展示计算的正方形面积，具体代码如下：

```
def get_width():                         # 计算边长
    print("get_width 开始执行")
    num = int(input("请输入除数: "))
    width_len = 10/num                   # 发生异常
    print("get_width 执行结果")
    return width_len
def calc_area():                         # 计算正方形面积
    print("calc_area 开始执行")
    width_len = get_width()
    print("calc_area 执行结果")
    return width_len * width_len
def show_area():                         # 数据展示
    try:
        print("show_area 开始执行")
        area_val = calc_area()
        print(f"正方形的面积是: {area_val}")
        print("show_area 执行结束")
    except ZeroDivisionError as e:
        print(f"捕捉到异常:{e}")
if __name__ == '__main__':
    show_area()
```

上述代码中的函数 show_area()为程序入口，该函数调用函数 calc_area()，函数 calc_area()调用函数 get_width()。

get_width()函数使用变量 num 接收用户输入的除数，通过语句 width_len = 10 /num 计算正方形的边长，如果用户输入的 num 值为 0，程序会引发 ZeroDivisionError 异常。因为 get_width()函数中并没有捕获异常的语句，所以 get_width()函数中的异常向上传递到 calc_area()函数，而 calc_area()函数中也没有捕获异常信息的语句，只能将异常信息继续向上传递给 show_area()函数。

show_area()函数中设置了异常捕获语句 try...except，当它接收到由 calc_area()函数传递来的异常后，会通过 try...except 捕获到异常信息。

运行程序，根据提示输入 0，结果如下：

```
show_area 开始执行
calc_area 开始执行
get_width 开始执行
请输入除数: 0
捕捉到异常:division by zero
```

10.3.3 assert 断言语句

assert 断言语句用于判定一个表达式是否为真，如果表达式为 True，不做任何操作，否则引发 AssertionError 异常。

assert 断言语句格式如下：

```
assert 表达式[,参数]
```

在以上格式中，表达式是 assert 语句的判定对象，参数通常是一个自定义的描述异常具体信息的字符串。

例如，一个会员管理系统要求会员的年龄必须大于 18 岁，则可以对年龄进行断言，代码如下：

```
age = 17
assert age >= 18,"年龄必须大于 18 岁"
```

以上示例中的 age >= 18 就是 assert 语句要断言的表达式，"年龄必须大于 18 岁"是断言的异常参数。程序运行时，由于 age=17，断言表达式的值为 False，所以系统抛出了 AssertionError 异常，并在异常后显示了自定义的异常信息。

程序运行结果：

```
Traceback (most recent call last):
  File "D:/Python 项目/异常.py", line 2, in <module>
    assert age >= 18,"年龄必须大于 18 岁"
AssertionError: 年龄必须大于 18 岁
```

assert 断言语句多用于程序开发测试阶段，其主要目的是确保代码的正确性。如果开发人员能确保程序正确执行，那么不建议再使用 assert 语句抛出异常。

10.4 自定义异常

Python 中定义了大量的异常类，虽然这些异常类可以描述编程时出现的绝大部分情况，但仍难以涵盖所有可能出现的异常。Python 允许程序开发人员自定义异常。自定义的异常类方法很简单，只需创建一个类，让它继承 Exception 类或其他异常类即可。

定义一个继承自异常类 Exception 的类 CustomError。例如：

```
class CustomError(Exception):
    pass      # pass 表示空语句，是为了保证程序结构的完整性
```

接下来，演示自定义异常类 CustomError 的用法。例如：

```
try:
    pass
    raise CustomError("出现错误")
except CustomError as error:
    print(error)
```

上述代码在 try 语句中通过 raise 语句引发自定义异常类，同时还为异常指定提示信息。

自定义的异常类与普通类一样，也可以包含属性和方法，但一般情况下不添加或者只为其添加几个用于描述异常的详细信息的属性即可。

定义一个检测用户上传图片格式的异常类 FileTypeError，在 FileTypeError 类的构造方法中调用父类的 __init__()方法并将异常信息作为参数，代码如下：

```
class FileTypeError(Exception):
```

```
    def __init__(self, err="仅支持 jpg/png/bmp 格式"):
        super().__init__(err)
file_name = input("请输入上传图片的名称 (包含格式): ")
try:
    if file_name.split(".")[1] in ["jpg", "png", "bmp"]:
        print("上传成功")
    else:
        raise FileTypeError()
except Exception as error:
    print(error)
```

上述代码中，首先定义了一个继承自 Exception 类的 FileTypeError 类，然后根据用户输入的文件信息，检测上传的图片是否符合要求。如果符合图片格式要求，则输出"上传成功"提示，否则使用 raise 语句抛出 FileTypeError。由于在使用 raise 语句抛出 FileTypeError 异常类时未传入任何参数，因此程序在捕获到 FileTypeError 异常后，会返回默认的异常详细信息"仅支持 jpg/png/bmp 格式"提示用户。

运行程序，输入符合图片格式要求的文件名，结果如下：

```
请输入上传图片的名称 (包含格式): flower.jpg
上传成功
```

运行程序，输入不符合图片格式要求的文件名，结果如下：

```
请输入上传图片的名称 (包含格式): flower.gif
仅支持 jpg/png/bmp 格式
```

10.5　with 语句与上下文管理器

使用 finally 子句虽然能处理关闭文件的操作，但这种方式过于烦琐，每次都需要编写调用 close()方法的代码。因此，Python 引入了 with 语句替代 finally 子句中调用 close()方法释放资源的操作。with 语句支持创建资源、抛出异常、释放资源等操作，并且可以简化代码。本节将对 with 语句的使用、上下文管理、自定上下文管理进行介绍。

10.5.1　with 语句

with 语句适用于对资源进行访问的场合，无论资源在使用过程中是否发生异常，都可以使用 with 语句保证执行释放资源操作。

with 语句的语法格式如下：

```
with 上下文表达式 [as 资源对象]:
    语句体
```

以上语法中的上下文表达式返回一个上下文管理器对象，如果指定了 as 子句，将上下文管理器对象的__enter__()方法的返回值赋值给资源对象。资源对象可以是单个变量，也可以是元组。

使用 with 语句操作文件对象的示例如下：

```
with open('with_sence.txt') as file:
    for aline in file:
        print(aline)
```

上述代码使用 with 语句打开文件 with_sence.txt，如果文件能够顺利打开则会将文件对象赋值给 file 对象，然后通过 for 循环对 file 进行遍历输出，当对文件遍历之后，with 语句会关闭文件；如果文件不能顺利打开，with 语句也会将文件 with_sence.txt 关闭。

> 注意：
>
>   不是所有对象都可以使用 with 语句，只有支持上下文管理协议的对象才可以使用，目前支持该协议的对象如下：file、decimal.Context、thread.LockType、threading.BoundedSemaphore、threading.Condition、threading.Lock、threading.RLock、threading.Semaphore。

10.5.2 上下文管理器

with 语句之所以能够自动关闭资源，是因为它使用了一种名为上下文管理的技术管理资源。下面对上下文管理器的知识进行介绍。

1. 上下文管理协议（Context Manager Protocol）

上下文管理协议包括__enter__()和__exit__()方法，支持该协议的对象均需要实现这两个方法。__enter__()和__exit__()方法的含义与用途如下：

（1）__enter__(self)：进入上下文管理器时调用此方法，它的返回值被放入 with...as 语句的 as 说明符指定的变量中。

（2）__exit__(self, type, value, traceback)：离开上下文管理器时调用此方法。在__exit__()方法中，参数 type、value、traceback 的含义分别为异常的类型、异常值、异常回溯追踪。如果__exit__()方法内部引发异常，该异常会覆盖掉其执行体中引发的异常。处理异常时不需要重新抛出异常，只需要返回 False。

2. 上下文管理器（Context Manager）

支持上下文管理协议的对象就是上下文管理器，这种对象实现了__enter__()和__exit__()方法。通过 with 语句即可调用上下文管理器，它负责建立运行时的上下文。

3. 上下文表达式（Context Expression）

with 语句中关键字 with 之后的表达式返回一个支持上下文管理协议的对象，也就是返回一个上下文管理器。

4. 运行时上下文

由上下文管理器创建，通过上下文管理器的__enter__()和__exit__()方法实现。__enter__()方法在语句体执行之前执行，__exit__()方法在语句体执行之后执行。

10.5.3 自定义上下文管理器

在开发中可以根据实际情况设计自定义上下文管理器，只需要让定义的类支持上下文管理协议，并实现__enter__()与__exit__()方法即可。

接下来，构建自定义的上下文管理器，代码如下：

```
class OpenOperation:
    def __init__(self, path, mode):
        # 记录要操作的文件路径和模式
        self.__path = path
        self.__mode = mode
    def __enter__(self):
        print('代码执行到__enter__')
        self.__handle = open(self.__path, self.__mode)
        return self.__handle
```

```
    def __exit__(self, exc_type, exc_val, exc_tb):
        print("代码执行到__exit__")
        self.__handle.close()
with OpenOperation('自定义上下文管理.txt', 'a+') as file:
    # 创建写入文件
    file.write("Custom Context Manage")
    print("文件写入成功")
```

上述代码自定义了上下文管理器 OpenOperation 类，在该类的__enter__()方法中打开文件，__exit__()方法中关闭文件。

程序运行结果：

```
代码执行到__enter__
文件写入成功
代码执行到__exit__
```

从输出结果中可以看出，使用 with 语句生成上下文管理器之后，程序先调用了__enter__()方法，其次执行该方法中的语句体，然后执行 with 语句块中的代码，最后在文件写入完成之后执行__exit__()方法关闭资源。

10.6 实例：身份归属地查询添加异常

在第 9 章实例 1 中，用户通过输入身份证前 6 位数字可以查询到身份证归属地，此案例只实现了归属地查询的功能，如果用户未按照指定的提示输入合法数据，程序不会给出任何提示。

本实例要求通过添加异常处理功能，完善第 9 章的身份归属地查询程序。

小 结

本章主要讲解 Python 中与异常相关的知识，包括异常概述、异常的捕获、异常的抛出、自定义异常以及如何使用 with 语句处理异常。通过本章的学习，希望读者能够掌握 Python 中异常的使用方法。

习 题

一、填空题

1. Python 中所有异常的父类是_____。

2. 无论 try...except...finally 语句是否捕获到异常，_____子句中的代码一定会执行。

3. with 语句通过_____技术管理 Python 中的资源。

二、判断题

1. 访问超出列表范围的索引时会出现 IndexError 异常。   （   ）

2. 使用 raise 语句可以引发特定异常。   （   ）

3. assert 语句用于判定一个表达式是否为真。   （   ）

4. with 语句可以自动关闭资源。   （   ）

三、选择题

1. 下列关于异常的说法，正确的是（   ）。

A. 程序一旦遇到异常便会停止运行

B. 只要代码的语法格式正确，就不会出现异常

C. try 语句用于捕获异常

D. 如果 except 子句没有指明异常，可以捕获和处理所有的异常

2. 下列关于 try...except 的说法，错误的是（　　　）。

A. try 子句中若没有发生异常，则忽略 except 子句中的代码

B. 程序捕获到异常会先执行 except 语句，再执行 try 语句

C. 若在执行 try 子句中的代码时引发异常，则会执行 except 子句中的代码

D. except 可以指定错误的异常类

3. 阅读下面代码：

```
num_one = 9
num_two = 0
print(num_one/num_two)
```

运行代码，Python 解释器抛出的异常是（　　　）。

A. ZeroDivisionError　　　　　　　　B. SyntaxError

C. FloatingPointError　　　　　　　　D. OverflowError

4. 下列语句中，不能捕获和处理异常的是（　　　）。

A.

```
try:
    9/0
```

B.

```
try:
    9/0
except:
    print("除数不能为 0")
```

C.

```
try:
    9/0
except Exception as e:
    print(e)
```

D.

```
try:
    9/0
except ZeroDivisionError as e:
    print(e)
```

5. 下面描述中，错误的是（　　　）。

A. 一条 try 子句只能对应一个 except 子句

B. 一条 except 子句可以处理捕获的多个异常

C. 使用关键字 as 可以获取异常的具体信息

D. 程序发生异常后默认返回的信息包括异常类、原因和异常发生的行号

四、简单题

1. 简述 try...except 的用法与作用。

2. 简述 with 语句如何实现资源的释放。

第 ⑪ 章　正则表达式

学习目标:

◎ 熟悉正则表达式的基础知识，包括字符和匹配规则。

◎ 掌握如何利用 re 模块实现预编译、匹配与搜索。

◎ 熟练使用 Match 对象的方法。

◎ 掌握实现全文匹配的方法。

◎ 熟悉如何使用 re 模块实现检索替换、文本分割、贪婪匹配。

　　用户在某一网站进行注册时，需要在注册页面中提交诸如手机号、用户名、邮箱号码等信息。网站开发人员为保证注册者提供的信息符合规则，需要对提交的信息进行判断。但由于这些内容遵循的规则繁多复杂，如果仅使用条件语句判断，无疑会增加工作量，而正则表达式的出现完美地解决了这一问题。

　　正则表达式是一种描述字符串结构的语法规则，在字符串的查找、匹配、替换等方面具有很强的能力，并且支持大多数编程语言，包括 Python。本章将对 Python 中正则表达式的使用进行讲解。

11.1　正则表达式基础知识

　　正则表示"规则的""极好的"，正则表达式实际上就是规定了一组文本模式匹配规则的符号语言，一条正则表达式也称为一个模式，使用这些模式可以匹配指定文本中与表达式模式相同的字符串。元字符和预定义字符集是学习正则表达式使用方法的基础知识，本节将对正则表达式中的元字符和预定义字符集进行介绍。

11.1.1　元字符

　　元字符指在正则表达式中具有特殊含义的专用字符，可以用来规定其前导字符（位于元字符之前的字符）在目标对象中出现的模式。正则表达式中的元字符一般由特殊字符和符号组成，常用的元字符如表 11-1 所示。

表 11-1 常用的元字符及其功能

元 字 符	说 明
.	匹配任何一个字符（除换行符外）
^	脱字符，匹配行的开始
$	美元符，匹配行的结束
|	连接多个可选元素，匹配表达式中出现的任意子项
[]	字符组，匹配其中出现的任意一个字符
–	连字符，表示范围，如 "1-5" 等价于 "1、2、3、4、5"
?	匹配其前导元素 0 次或 1 次
*	匹配其前导元素 0 次或多次
+	匹配其前导元素 1 次或多次
{n}/{m,n}	匹配其前导元素 n 次/匹配其前导元素 m~n 次
()	在模式中划分出子模式，并保存子模式的匹配结果

对于表 11-1 所提供的元字符，其详细用法如下：

1．点字符 "."

点字符 "." 可匹配包括字母、数字、下画线、空白符（除换行符\n）等任意的单个字符，其用法示例如下：

（1）J.m：匹配以字母 J 开头，字母 m 结尾，中间为任意一个字符的字符串，匹配结果可以是 Jam、Jom、J#m、Jim、J2m 等。

（2）..：匹配任意两个字符，匹配结果可以是 12、2n、@#等。

（3）.m：匹配以任意字符开头，以 m 结尾的字符串，匹配结果可以是 1m、@m、xm、_m、\tm 等。

2．脱字符 "^" 和美元符 "$"

脱字符 "^" 和美元符 "$" 分别用于匹配行头和行尾。例如，若想匹配处于串开头的 "cat"，可使用表达式 "^cat"；若想匹配处于串结尾的 "cat"，可使用表达式 "cat$"。表达式及其可匹配到的内容示例如下：

（1）^cat：只能匹配行首出现的 cat，例如 category。

（2）cat$：只能匹配行尾出现的 cat，例如 concat。

（3）^cat$：匹配只有 cat 的行。

（4）cat：可匹配到行中任意位置出现的 cat。

（5）^$：匹配空行。

需要说明的是，以（1）中的模式 "^cat" 为例，虽然该模式会匹配到以字符串 "cat" 为首的行，但在理解时，应理解为 "匹配以字符 c 开头，第二、第三个字符依次为 a 和 t 的行"。

3．连接符 "|"

"|" 可将多个不同的子表达式进行逻辑连接，可简单地将 "|" 理解为逻辑运算符中的 "或" 运算符，匹配结果为与任意一个子表达式模式相同的字符串。例如：

（1）a|b|c|d：匹配字符 a、b、c、d 中的任意一个。

（2）cat|dog：匹配 cat 或 dog。

（3）c|itheima：匹配字符 c 或字符串 itheima。

4．字符组"[]"

正则表达式中使用一对中括号"[]"标记字符组，字符组的功能是匹配其中的任意一个字符。它也有"或"的含义，但与"|"不同，"|"既能匹配单个字符，也能匹配字符串，但"[]"只能匹配单个字符。字符组的用法如下：

（1）arg[vs]：匹配以字符串 arg 开头，以字符 v 或 s 结尾的字符串，匹配结果可能是 argv 或 args。

（2）[cC]hina：匹配以字符 c 或 C 开头，以 hina 结尾的字符串，匹配结果可以是 china 或 China。

（3）[z!*?]：匹配 z、!、*、?中的任意一个。

字符组外的字符从前到后依次匹配，如在表达式"arg[vs]"中，字符组外的字符 a、r、g 的匹配方式是：先匹配 a，再匹配 r，之后匹配 g；而字符组中所有字符都是同级的，没有先后顺序，匹配结果至多会选择字符组中的一个字符。

5．连字符"-"

连字符"-"一般在字符组中使用，表示一个范围，如字符组"[0-9]"表示匹配 0 ~ 9 之间的的一位数字，字符组"[A-Z]"表示匹配一位大写字母，字符组"[a-z]"表示匹配一位小写字母。

6．匹配符"?"

元字符"?"表示匹配其前导元素 0 次或 1 次，例如：

（1）June?：匹配元字符"?"前的字符"e"0 次或 1 次，匹配到的结果可以是 Jun 或 June。

（2）July?：匹配元字符"?"前的字符"y"0 次或 1 次，匹配到的结果可以是 jul 或 july。

7．重复模式

正则表达式中使用"*"、"+"和"{}"符号来限定其前导元素的重复模式。例如：

（1）ht*p：匹配字符"t"零次或多次，匹配结果可以是 hp、htp、http、htttp 等。

（2）ht+p：匹配字符"t"一次或多次，匹配结果可以是 htp、http、htttp，但不可能是 hp。

（3）ht{2}p：匹配字符"t"2 次，匹配结果为 http。

（4）ht{2,4}p：匹配字符"t"2~4 次，匹配结果可以是 http、htttp 与 httttp。

8．子组

在正则表达式中，使用"()"可以对一组字符串中的某些字符进行分组。例如：

（1）Jan(uary)?：匹配子组"uary"0 次或 1 次，匹配结果可以是 Jan 或 January。

（2）Feb(ruary)?：匹配子组"ruary"0 次或 1 次，匹配结果可以是 Feb 或 February。

11.1.2　预定义字符集

正则表达式中预定义了一些字符集，字符集能以简洁的方式表示一些由元字符和普通字符定义的匹配规则。常见的预定义字符集如表 11-2 所示。

表 11-2　预定义字符集

预定义字符	说　　明
\w	匹配下画线 "_" 或任何字母（a~z、A~Z）与数字（0~9）
\s	匹配任意的空白字符，等价于[<空格>\t\r\n\f\v]
\d	匹配任意数字，等价于[0-9]
\b	匹配单词的边界
\W	与\w 相反，匹配特殊字符
\S	与\s 相反，匹配任意非空白字符的字符，等价于[^\s]
\D	与\d 相反，匹配任意非数字的字符，等价于[^\d]
\B	与\b 相反，匹配不出现在单词边界的元素
\A	仅匹配字符串开头，等价于^
\Z	仅匹配字符串结尾，等价于$

例如，使用 "\d" 匹配字符串 "Python123" 中的任一数字，这里通过在线正则表达式测试工具进行演示，如图 11-1 所示。

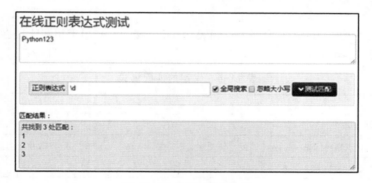

图 11-1　"\d" 匹配结果

由图 11-1 可知，使用元字符 "\d" 可将字符串中的数字匹配出。

11.2　re 模　块

Python 中的 re 模块是正则表达式模块，该模块提供了文本匹配查找、文本替换、文本分割等功能。re 模块中常用的函数及方法如表 11-3 所示。

表 11-3　re 模块函数及方法

函数/方法	说　　明
compile()	对正则表达式进行预编译，并返回一个 Pattern 对象
match()	从头匹配，匹配成功返回匹配对象，失败返回 None
search()	从任意位置开始匹配，匹配成功返回匹配对象，否则返回 None
split()	将目标对象使用正则对象分割，成功返回匹配对象（是一个列表），可指定最大分割次数
findall()	在目标对象中从左至右查找与正则对象匹配的所有非重叠子串，将这些子串组成一个列表并返回

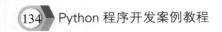

续表

函数/方法	说　明
finditer()	功能与 findall()相同，但返回的是迭代器对象 iterator
sub()	搜索目标对象中与正则对象匹配的子串，使用指定字符串替换，并返回替换后的对象
subn()	搜索目标对象中与正则对象匹配的子串，使用指定字符串替换，返回替换后的对象和替换次数
group()	返回全部匹配对象
groups()	返回一个包含全部匹配的子组的元组，若匹配失败，则返回空元组

其中，compile()是 re 模块的函数，返回值为一个正则对象；group()和 groups()是匹配对象的方法；其余的是正则对象的方法，这些方法大多在 re 模块中也有对应的函数实现，因此用户可通过"正则对象.方法"的方式或"re.函数"的方式使用模块功能。

11.3　预　编　译

如果需要对一个正则表达式重复使用，可以使用 compile()函数对其进行预编译，以避免每次编译正则表达式的开销。complie()函数语法格式如下：

```
compile(pattern, flags = 0)
```

上述格式中的参数 pattern 表示一个正则表达式，参数 flags 用于指定正则匹配的模式，该参数的常用取值如表 11-4 所示。

表 11-4　常用的匹配模式

flags	说　明
re.I	忽略大小写
re.L	做本地化识别（locale-aware）匹配，使预定义字符集\w、\W、\b、\B、\s、\S 取决于当前区域设置
re.M	多行匹配，影响^和$
re.S	使.匹配所有字符，包括换行符
re.U	根据 Unicode 字符集解析字符
re.A	根据 ASCII 字符集解析字符
re.X	允许使用更灵活的格式（可以是多行、忽略空白字符、可加入注释）书写正则表达式，以便表达式更易理解

complie()函数的用法如下：

```
import re
regex_obj = re.compile(r'\d')
```

在第 2 行代码中，通过 compile()函数将正则的匹配模式"\d"预编译为正则对象 regex_obj。

假设当前有一组字符串"Today is March 28, 2019."，通过正则对象 regex_obj 的 findall()方法就可以查找到所有的匹配结果，代码如下：

```
words = 'Today is March 28, 2019.'
print(regex_obj.findall(words))
```

以上示例中的 findall()函数用于获取目标文本中所有符合条件的内容。

程序运行结果：

```
['2', '8', '2', '0', '1', '9']
```

如果想要匹配一组字符串中所有的英文字母，可通过设置 flags 参数忽略英文字母的大小写，具体代码如下：

```
import re
regex_one = re.compile(r'[a-z]+', re.I)
words = 'Today is March 28, 2019.'
print(regex_one.findall(words))
```

上述代码中的匹配模式 "[a-z]+" 表示最少匹配一次小写英文字母，当设置 flags 参数为 re.I 后该匹配模式便会忽略英文字母的大小写，匹配结果将会包含字符串 words 中的所有英文字母。

程序运行结果：

```
['Today', 'is', 'March']
```

11.4　匹配与搜索

re 模块中的 match()函数和 search()函数都可以匹配和搜索目标文本中与正则表达式匹配的内容，但两者在功能上略有区别。本节将对 match()函数与 search()函数进行介绍。

11.4.1　使用 match()函数进行匹配

match()函数检测目标文本的开始位置是否符合指定模式，若匹配成功返回一个匹配对象，否则返回 None。

match()函数语法格式如下：

```
match(pattern, string, flags=0)
```

参数的具体含义如下：

（1）pattern：表示需要传入的正则表达式。

（2）string：表示待匹配的目标文本。

（3）flags：表示使用的匹配模式。

使用 match()函数对指定的字符串进行匹配搜索。例如：

```
import re
date_one = "Today is March 28, 2019."
date_two = "28 March 2019"
print(re.match(r"\d", date_one))
print(re.match(r"\d", date_two))
```

上述代码中，首先定义了两个字符串 date_one 与 date_two，其中字符串 date_one 以英文字母开头，字符串 date_two 以数字开头，然后使用正则表达式 "\d" 分别匹配 date_one 和 date_two 中的首字符，最后通过 print()函数输出匹配后的结果。

程序运行结果：

```
None
<_sre.SRE_Match object; span=(0, 1), match='2'>
```

通过程序的输出结果可以看出，match()函数匹配成功后会返回一个 Match 对象，该对象包括匹配信息 span 和 match，其中 span 表示匹配对象在目标文本中出现的位置，match 表示匹配对象本身内容。

11.4.2　使用 search() 函数进行匹配

虽然也有需要匹配文本开头内容的情况，但大部分情况下，需要匹配的是出现在文本任意位置的字符串，这项功能由 re 模块中的 search() 函数实现，若调用 search() 函数匹配成功会返回一个匹配对象，否则返回 None。

search() 函数语法格式如下：

```
search(pattern, string, flags = 0)
```

search() 函数中参数的功能与 match() 函数相同，此处不再赘述。

使用 search() 函数对指定的字符串进行匹配搜索，代码如下：

```
import re
info_one = "I was born in 2000."
info_two = "20000505"
print(re.search(r"\d", info_one))
print(re.search(r"\D", info_two))
```

上述代码首先定义了两个字符串 info_one 与 info_two，其中字符串 info_one 以英文字母开头，info_two 以数字开头，然后使用正则表达式"\d"和"\D"分别匹配字符串 info_one 与 info_two 中的数字，最后通过 print() 函数输出匹配后的结果。

程序运行结果：

```
<_sre.SRE_Match object; span = (14, 15), match = '2'>
None
```

11.4.3　实例 1：判断手机号所属运营商

说到手机号大家并不陌生，一个手机号码由 11 位数字组成，前 3 位表示网络识别号，第 4~7 位表示地区编号，第 8~11 位表示用户编号。因此，我们可以通过手机号前 3 位的网络识别号辨别手机号所属运营商。在我国手机号运营商有移动、联通、电信，各大运营商的网络识别号分别如表 11-5 所示。

表 11-5　运营商和网络识别号

运　营　商	号　码　段
移动	134、135、136、137、138、139、147、148、150、151、152、157、158、159、165、178、182、183、184、187、188、198
联通	130、131、132、140、145、146、155、156、166、185、186、175、176
电信	133、149、153、180、181、189、177、173、174、191、199

本实例要求编写程序，实现判断输入的手机号码是否合法以及判断其所属的运营商的功能。

11.5　匹　配　对　象

使用 match() 函数和 search() 函数进行正则匹配时，返回的不是单一的匹配结果，而是如下形式的字符串：

```
<_sre.SRE_Match object; span = (2, 4), match = 'ow'>   # search() 函数匹配结果
```

该字符串表明返回结果是一个 Match 对象，其中主要包含两项内容，分别为 span 和 match，

span 表示本次获取的匹配对象在原目标文本中所处的位置，目标文本的下标从 0 开始；match 表示匹配对象的内容。

span 属性是一个元组，元组中有两个元素，第一个元素表示匹配对象在目标文本中的开始位置，第二个元素表示匹配对象在目标文本中的结束位置。如上所示的字符串中，匹配对象 "ow" 在原目标文本中的起始位置为 2，结束位置为 4。

re 模块中提供了一些与 Match 对象相关的方法，用于获取匹配结果中的各项数据，具体如表 11-6 所示。

表 11-6　匹配对象常用方法

函　　数	说　　明
group([num])	获取匹配的字符串，或获取第 num 个子组的匹配结果
start()	获取匹配对象的开始位置
end()	获取匹配对象的结束位置
span()	获取表示匹配对象位置的元组

以 search()函数的匹配结果为例，表 11-6 中各方法的用法如下：

```
import re
word = 'hello itheima'
match_result = re.search(r'\whe\w', word)
print(match_result)               # 输出匹配结果
print(match_result.group())       # 匹配对象
print(match_result.start())       # 起始位置
print(match_result.end())         # 结束位置
print(match_result.span())        # （起始位置，结束位置）
```

程序运行结果：

```
<_sre.SRE_Match object; span=(7, 11), match='thei'>
thei
7
11
(7, 11)
```

当正则表达式中包含子组时，Python 解释器会将每个子组的匹配结果临时存储到缓冲区中，若用户想获取子组的匹配结果，可使用 Match 对象的 group()方法。例如：

```
words = re.search("(h)(e)", 'hello heooo')
print(words.group(1))             # 获取第 1 个子组的匹配结果
```

程序运行结果：

```
h
```

此外，Match 对象还有一个 groups()方法，使用该方法可以获取一个包含所有子组匹配结果的元组。例如：

```
words = re.search("(h)(e)", 'hello heooo')
print(words.groups())
```

程序运行结果：

```
('h', 'e')
```

若正则表达式中不包含子组，则 groups()方法返回一个空元组。

11.6 全文匹配

match()函数只检测文本开头的内容是否符合指定模式，search()函数只会返回文本中第一个符合指定模式的匹配对象。如果需要将文本中所有符合匹配的字符串返回，可以使用 re 模块中的 findall()与 finditer()函数。本节将对 findall()与 findliter()函数的使用进行介绍。

11.6.1 findall()函数

findall()函数可以获取目标文本中所有与正则表达式匹配的内容，并将所有匹配的内容以列表的形式返回。findall()函数的语法格式如下：

```
findall(pattern, string, flags = 0)
```

以字符串"狗的英文：Dog，猫的英文：Cat。"为例，使用 findall()函数匹配该字符串中所有的中文。代码如下：

```
import re
string = "狗的英文: Dog, 猫的英文: Cat。"
reg_zhn = re.compile(r"[\u4e00-\u9fa5]+")
print(re.findall(reg_zhn, string))
```

上述代码对字符串 string 中所有的中文进行匹配（"\u4e00-\u9fa5"为中文的 unicode 编码范围），使用 compile()函数进行预编译并赋值给 reg_zhn，通过 findall()函数查找所有符合匹配规则的子串，并使用 print()函数输出。

程序运行结果：

```
['狗的英文', '猫的英文']
```

11.6.2 finditer()函数

finditer()函数同样可以获取目标文本中所有与正则表达式匹配的内容，但该函数会将匹配到的子串以迭代器的形式返回。finditer()函数的语法格式如下：

```
finditer(pattern, string, flags=0)
```

以字符串"狗的英文：Dog，猫的英文：Cat。"为例，使用 finditer()函数匹配该字符串中所有的英文，代码如下：

```
import re
string = "狗的英文: Dog, 猫的英文: Cat。"
reg_eng = re.compile(r"[a-zA-Z]+")   # 匹配所有英文
result_info = re.finditer(reg_eng, string)
print(result_info)
print(type(result_info))
```

上述代码用于匹配字符串 string 中所有的英文，此代码首先使用 compile()函数进行预编译以创建正则对象 reg_eng，然后通过 finditer()函数查找所有符合匹配规则的内容，赋值给变量 result_info，最后使用 print()函数分别输出变量 result_info 的值、变量 result_infode 的类型。

程序运行结果：

```
<callable_iterator object at 0x0000000002136278>
<class 'callable_iterator'>
```

通过输出结果可以看出，变量 result_info 为一个迭代对象，因此可以使用__next__()方法获取其中元素，代码如下：

```
print(result_info.__next__())
```

以上代码的输出结果如下：

```
<re.Match object; span=(5, 8), match='Dog'>
```

11.7　检索替换

re 模块中提供的 sub()、subn()函数用于替换目标文本中的匹配项，这两个函数的声明分别如下：

```
sub(pattern, repl, string, count=0, flags=0)
subn(pattern, repl, string, count=0, flags=0)
```

参数的具体含义如下：

（1）pattern：表示需要传入的正则表达式。

（2）repl：表示用于替换的字符串。

（3）string：表示待匹配的目标文本。

（4）count：表示替换的次数，默认值 0 表示替换所有的匹配项。

（5）flags：表示使用的匹配模式。

sub()函数与 subn()函数的参数及功能相同，不同的是若调用成功，sub()函数会返回替换后的字符串，subn()函数会返回包含替换结果和替换次数的元组。这两个函数的用法如下：

```
import re
words = 'And slowly read,and dream of the soft look'
result_one = re.sub(r'\s', '-', words)          # sub()函数的用法
print(result_one)
result_two = re.subn(r'\s', '-', words)          # subn()函数的用法
print(result_two)
```

程序运行结果：

```
And-slowly-read,and-dream-of-the-soft-look
('And-slowly-read,and-dream-of-the-soft-look', 7)
```

11.8　实例 2：电影信息提取

在"电影.txt"文件中，包含电影排名、电影名称、评分、类别、演员等信息。虽然该文件中数据杂乱，不能很清晰地了解全部数据信息，但是每种数据都有相对应的标签，例如 title 标签对应着电影名称、rating 标签对应着电影评分、rank 标签对应着电影排名，为了能够提取指定的数据信息，可以使用正则表达式。图 11-2 所示为"电影.txt"文件中数据。

图 11-2　电影数据

本实例要求编写程序，实现提取排名前 20 的电影名称与评分信息的功能。

11.9　文 本 分 割

re 模块中提供的 split()函数可使用与正则表达式模式相同的字符串分割指定文本。split()函数

的语法格式如下：

```
split(pattern, string, maxsplit=0, flags=0)
```

参数的具体含义如下：

（1）pattern：表示需要传入的正则表达式。

（2）string：表示待匹配的目标文本。

（3）maxsplit：用于指定分隔的次数，默认值为 0，表示匹配指定模式并全部进行分割。

（4）flags：表示可选标识符。

split() 函数调用成功后，分割出的子项会被保存到列表中并返回。以字符串"And slowly read,and dream of the soft look"为例，split() 函数的用法如下：

```
import re
words = 'And slowly read,and dream of the soft look'
result = re.split(r'\s', words)      # 以 "\s" 分割字符串 words
print(result)                        # 分割结果
```

程序运行结果：

```
['And', 'slowly', 'read,and', 'dream', 'of', 'the', 'soft', 'look']
```

观察分割结果可知，字符串 words 中符合匹配模式的子项被存储到了列表之中。

11.10　贪婪匹配

正则表达式中有两种匹配方式：贪婪匹配和非贪婪匹配。所谓贪婪匹配，即在条件满足的情况下，尽量多地进行匹配；反之若尽量少地进行匹配，则为非贪婪匹配。Python 中正则表达式的默认匹配方式为贪婪匹配。

以字符串"And slowly read,and dream of the soft look"为例，假设使用正则表达式"and\s.* "对该字符串进行匹配，代码如下：

```
import re
words = 'And slowly read,and dream of the soft look'
result = re.search(r'and\s.*', words)
print(result.group())
```

程序运行结果：

```
and dream of the soft look
```

正则表达式 "and\s.*" 的含义为：匹配以字符串 and 开头，之后紧接一个空格，空格后有零个或多个字符的字符串。观察匹配结果，正则表达式中的 ".*" 匹配了从 "and" 到字符串 words 结尾的所有字符，这样的匹配便是贪婪匹配。

贪婪匹配方式也称为匹配优先，即在可匹配可不匹配时，优先尝试匹配；非贪婪匹配方式也称忽略优先，即在可匹配可不匹配时，优先尝试忽略。这两种匹配方式总是体现在重复匹配中，重复匹配中使用的元字符（"?"、"*"、"+"、"{}"）默认为匹配优先，但当其与 "?" 搭配，即以 "??"、"*?"、"+?"、"{}?" 这些形式出现时，则为忽略优先。

若使用非贪婪方式，即使用正则表达式 "and\s.*?" 进行匹配。例如：

```
import re
words = 'And slowly read,and dream of the soft look'
result = re.search(r'and\s.*?', words)
print(result.group())
```

程序运行结果：

```
and
```

观察匹配结果，正则表达式中的 ".*" 匹配了零个字符。

类似地，若使用 "and\s.+" 与 "and\s.+?" 匹配字符串 s，则匹配结果分别如下：

```
print(re.search(r'and\s.+', words).group())        # 贪婪匹配
print(re.search(r'and\s.+?', words).group())       # 非贪婪匹配
```

程序运行结果：

```
and dream of the soft look
and d
```

观察以上匹配结果，可知在贪婪匹配方式中，表达式匹配了尽量多的字符；在非贪婪匹配方式中，表达式仅匹配了一个字符。

11.11　实例 3：用户注册验证

很多网站都有注册功能，用户在使用注册功能时，需要遵守网站的注册规则。例如，一个网站的用户注册页面中包含用户名、密码、手机号等信息，其中用户名规则为：长度为 6~10 个字符、以汉字、字母或下画线开头；密码规则为：长度为 6~10 个字符、必须以字母开头、包含字母数字下画线；手机号规则为：中国大陆手机号码。若用户输入的注册信息格式有误，系统会对用户进行提示。

本实例要求编写程序，模拟实现用户注册功能。

小　　结

本章主要介绍了正则表达式的基础知识以及 Python 中正则表达式的 re 模块，其中正则表达式的基础知识包括元字符和预定义字符集；re 模块包括预编译、匹配搜索、匹配对象、全文匹配、检索替换、文本分割、贪婪匹配等知识。通过本章的学习，希望读者能够在程序中熟练运用正则表达式。

习　　题

一、填空题

1. Python 中_____模块为正则表达式模块。

2. 在 Python 正则模块中_____和_____用于替换目标文本中的匹配项。

3. 正则表达式中有两种匹配方式，分别是贪婪匹配和_____匹配。

二、判断题

1. 在 Python 正则表达式中，\d 等价于 [0-9]。　　　　　　　　　　　（　　　）

2. 使用 complie() 函数进行预编译会后生成一个 Pattern 对象。　　　　（　　　）

3. 贪婪匹配会尽量多地进行匹配。　　　　　　　　　　　　　　　　　（　　　）

4. match() 函数会将所有符合匹配模式的结果返回。　　　　　　　　　（　　　）

5. split() 函数分割的子项会保存到元组中。　　　　　　　　　　　　　（　　　）

三、选择题

1. 下列关于正则表达式的说法，错误的是（　　）。

    A. 正则表达式由丰富的符号组成

    B. re 模块中的 compile()函数会返回一个 Pattern 对象

    C. 预编译可以减少编译正则表达式的资源开销

    D. 只有通过预编译的字符串才能使用正则表达式

2. 下列关于元字符功能的说法，错误的是（　　）。

    A. "." 字符可以匹配任何一个字符，除换行符外

    B. "^" 字符可以匹配字符串的开始

    C. "?" 字符表示匹配 0 次或多次

    D. "*" 字符表示匹配 1 次或多次

3. 下列选项中，说法错误的是（　　）。

    A. match()函数从字符串开始位置检测

    B. search()函数从字符串任意位置检测

    C. findall()函数会以列表形式将匹配结果返回

    D. finditer()函数会以列表形式将匹配结果返回

4. 阅读下面代码：

```python
import re
str_data = '90python _-2'
reg = r'[A-Za-z_](\w|_)*'
obj_pattern = re.compile(reg)
match_res = re.search(obj_pattern, str_data)
print(match_res.group())
```

运行代码，正则表达式的匹配结果是（　　）。

    A. python   B. 90python   C. 90python _-2   D. _-2

5. 下列函数中，用于文本分割的是（　　）。

    A. split()   B. sub()   C. subn()   D. compile()

四、编程题

1. 请编写用于匹配 URL 的正则表达式。

2. 请编写用于匹配电子邮箱的正则表达式。

第 ⑫ 章 图形用户界面编程

学习目标：

◎ 了解图形用户界面与 Python 图形用户界面开发工具。

◎ 熟练使用 tkinter 基本组件，掌握如何更改 GUI 样式。

◎ 熟悉几何布局管理器。

◎ 掌握事件处理方式，熟练使用菜单和消息对话框组件。

图形用户界面（Graphical User Interface，GUI）又称图形用户接口，是指采用图形方式显示的计算机操作系统用户界面。与早期计算机使用的命令行界面相比，图形用户界面更加直观，也更加友好，目前计算机中使用的各类软件应用基本都配有图形用户界面。

Python 作为编程语言中的后起之秀，自诞生之日起便结合了诸多优秀的 GUI 工具，为图形用户界面开发提供了良好的支撑。Python 中常用的 GUI 有 tkinter、wxPython、PyGTK 和 PyQt，其中 tkinter 是 Python 默认的 GUI。与其他常用 GUI 相比，tkinter 使用简单、可移植性优异，非常适合初次涉及 GUI 领域，或想了解 Python 如何实现 GUI 的开发者。本章将以 tkinter 为主对 Python 图形用户界面编程知识进行讲解。

12.1　tkinter 概述

tkinter 是基于 Tk 工具集发展而来的 Python 默认 GUI 库，Tk 最初为工具命令语言 Tcl 设计，后逐渐流行并被移植到包括 Perl（Perl/Tk）、Ruby（Ruby/Tk）和 Python（tkinter）在内的诸多脚本语言之中。tkinter 简单易用、可移植性良好，常被应用于小型图形界面应用程序的快速开发。下面简单介绍 tkinter，并通过构建一个简单的 GUI，带领大家了解 tkinter 的基础用法。

12.1.1　认识 tkinter

tkinter 可用于创建窗口、菜单、按钮、文本框等组件，进行 GUI 开发之前需先导入 tkinter 模块。tkinter 是 Python 的内置模块，可以使用以下两种方式导入：

方式一：

```
import tkinter
```

方式二：

```
from tkinter import *
```

本章主要使用方式二导入 tkinter 模块。

搭建图形界面之前，需要先创建一个根窗口（也称为主窗口）。使用 tkinter 模块中 TK 类的构造函数可以创建根窗口对象，代码如下：

```
root = Tk()
```

为保证能随时接收用户消息，根窗口应进入消息循环，使 GUI 程序应总是处于运行状态，具体代码如下：

```
root.mainloop()
```

在 Python 解释器中执行导入 tkinter 模块和创建根窗口的代码，此时创建的根窗口是一个空窗口，如图 12-1 所示。

可以通过如下方法设置根窗口：

（1）title()：修改窗口框体的名字。

（2）resizable()：设置窗口框体可调性。

（3）geometry()：设置主窗体大小，可接收一个"宽×高+水平偏移量+竖直偏移量"格式的字符串。

（4）quit()：退出。

（5）update()：刷新页面。

图 12-1　根窗口

图形界面程序中的根窗口类似绘图时所需的画纸，每个程序只能有一个根窗口，但可以有多个利用 Toplevel 创建的窗口。

12.1.2　构建简单的 GUI

GUI 编程的主要步骤是向根窗口中添加"元素"。图形界面窗口中含有各种各样的元素，如文本信息、按钮、文本框等，GUI 编程中通过添加组件的方式在根窗口中呈现这些元素。下面将构建简单的 GUI，演示如何在窗口中呈现元素。

1. 创建带有 Label 的窗口

tkinter 中最简单的组件是 Label，它用于显示一小段文本。使用 tkinter 中 Label 的构造方法 Label()可以创建 Label 组件，创建 Label 组件时首先需要为其指定父组件，即指定该组件从属于哪个组件；其次需要通过 text 属性为其提供要被显示的文本。创建 GUI 窗口并显示文本信息"hello world"，示例代码如下：

```
from tkinter import *
root = Tk()                              # 创建根窗口
label = Label(root,text='hello world')   # 创建标签 label
label.pack()                             # 将标签 label 置入其父组
root.mainloop()
```

> **注意：**
> 组件可以是独立的，也可以作为容器存在。若一个组件"包含"其他组件，那么这个组件称为父组件，其他被该组件包含的组件称为子组件。组件创建后需先指定它与其他组件的从属关系，以确定组件摆放的位置，再将其添加到主窗口之中。

以上示例的第 4 行代码调用了标签对象 label 的 pack()方法，该方法是 tkinter 模块中其他组件的通用方法，用于将组件置入其父组件之中，并告知父组件根据实际情况调整其大小。pack()方法非常重要，若创建组件后未调用该方法，组件将无法显示。

在 Python 解释器中逐行执行以上代码，可观察到根窗口的创建、文本的显示以及根窗口的变化。最终创建的显示文本"hello world"的 GUI 如图 12-2 所示。

图 12-2　带有一个 Label 的 GUI

2. 变化的 Label 信息

Label 通常用于显示不会改变的静态文本，如版本号、版权信息等。但应用程序中经常需要显示一些动态信息，如一些动态内容的说明信息、当前时间等。这里以 Label()为例，介绍如何使显示的信息产生动态变化。

（1）通过 config()方法更改 Label 信息。实现此功能最简单的方式是通过 Label 的 config()方法，利用关键字参数直接更新 Label 的 text 属性，代码如下：

```
from tkinter import *
root = Tk()
label = Label(root, text='hello world')
label.pack()
label.config(text='hello itheima')
root.mainloop()
```

在 Python 解释器中逐行执行以上代码，可观察到 GUI 中文本信息的变化。

若程序中只有一处需显示某个文本信息，那么"通过 config()方法更改 Label 信息"算得上是一种实现信息动态变化的合理方式。但若程序中有多处显示同样的文本信息，文本信息的每次变动都需要多次调用 config()方法。在此操作中很容易遗漏对某个 Label 组件文本信息的更改，那么是否能实现这种情境：多个组件使用同一个变量设置显示信息，若该变量改变，组件显示的信息是否同步变化？答案是肯定的。

（2）可变的变量。Python 中的字符串、整型、浮点型以及布尔类型都是不可变类型，为了实现组件内容的自动更新，tkinter 定义了一些可变类型，它们与 Python 不可变类型的对应关系如表 12-1 所示。

表 12-1　tkinter 类型对照表

Python 不可变类型	tkinter 可变类型
string	StringVar
int	InVar
double	BooleanVar
bool	DoubleVar

tkinter 中可变类型数据的值通过 set()方法和 get()方法来设置和获取。可变类型数据可以就地更新，并在其值发生变化时通知相关组件以实现 GUI 的同步更新。下面以 Label 组件为例，演示可变类型变量的用法，具体代码如下：

```
from tkinter import *
root = Tk()
data = StringVar()                          # 创建可变类型数据
data.set('hello world')                     # 设置可变数据 data 的值
label = Label(root, textvariable=data)      # 使用可变数据创建 Label 组件
```

```
label.pack()
root.mainloop()
```

> **注意:**
>
> 以上代码中创建 Label 组件时设置的是 Label 的 textvariable 属性而非 text 属性。使用以上代码创建 Label 组件后，只要使用 set() 方法修改可变数据 data 的值，Label 组件显示的内容便会随之自动更新。

3. 框架 Frame

图形用户界面中的组件比较丰富，为方便组织组件，通常将相关组件放在一个容器中，以创建一个拥有多个插件的 GUI。此时，会用到框架（Frame）。

Frame 默认是一个不可见组件，它用于组织其他组件不在屏幕上显示。创建一个容纳三个标签的 Frame，具体代码如下：

```
from tkinter import *
root = Tk()
frame = Frame(root)                              # 创建框架
frame.pack()
first_label = Label(frame,text = 'first label')   # 创建标签并添加到框架中
first_label.pack()
second_label = Label(frame,text = 'second label') # 创建标签并添加到框架中
second_label.pack()
third_label = Label(frame,text = 'third label')   # 创建标签并添加到框架中
third_label.pack()
root.mainloop()
```

以上程序使用一个 Frame 容纳三个标签，再将 Frame 置入根窗口 root 中。需要注意，程序中创建的每个组件都需要通过 pack() 方法置入根窗口，否则将无法正常显示。

程序运行结果如图 12-3 所示。

图 12-3 中的界面包含一个根窗口、一个框架和三个标签，界面的架构如图 12-4 所示。

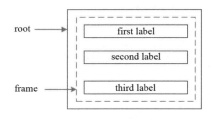

图 12-3　程序运行结果　　　　图 12-4　GUI 架构图

当然，这里与直接将三个标签放入根窗口有同样的效果，实际中一般会利用多个 Frame 对组件进行分组排布。例如，使用两个 Frame 分别容纳这三个标签，并为 Frame 添加边框，具体代码如下：

```
from tkinter import *
root = Tk()
# 创建第一个框架
frame = Frame(root)
frame.pack()
```

```
# 创建第 2 个框架，并设置框架边框与样式
frame2 = Frame(root,borderwidth = 4,relief=GROOVE)
frame2.pack()
first_label = Label(frame,text = 'first label')
first_label.pack()
second_label = Label(frame2,text = 'second label')
second_label.pack()
third_label = Label(frame2,text = 'third label')
third_label.pack()
root.mainloop()
```

以上代码添加了第 2 个框架 frame2，设置其边框宽度为 4，样式为 GROOVE，并将标签 second_label、third_label 添加到该框架中。

程序运行结果如图 12-5 所示。

图 12-5　带有两个 Frame 的 GUI

4. 文本框

除显示文本信息的 Label 外，接收用户输入的文本框 Entry 也是 tkinter 模块中十分常用的组件。Entry 组件可接收用户输入的单行文本，若该组件与可变数据关联，程序将能根据用户的输入自动更新数据；若同时可变数据又与 Label 组件关联，用户便可主动修改 Label 显示的信息。下面将实现一个具有以上功能的程序，具体代码如下：

```
from tkinter import *
root = Tk()
frame = Frame(root)
frame.pack()
data = StringVar()                            # 定义可变数据 data
label = Label(frame,textvariable=data)        # 创建 Label 组件，并将其与 data 关联
label.pack()
entry = Entry(frame,textvariable=data)        # 创建 Entry 组件，并将其与 data 关联
entry.pack()
root.mainloop()
```

执行以上程序，程序将生成如图 12-6（a）所示的图形用户界面。

在图 12-6(a)所示界面的文本框中输入信息，界面的 Label 组件将实时显示文本框中的信息，具体如图 12-6（b）所示。

（a）程序执行结果　　　　（b）实时更新效果

图 12-6　带有 Label、Entry 且与 data 关联的 GUI

多学一招：MVC 设计模式

12.1 节中实现的带有 Label、Entry 组件的 GUI 程序是一个符合 MVC 设计模式的程序。MVC 全称为 Model-View-Controller，即模型-视图-控制器，按照此种设计模式设计程序时会将应用程序的输入、处理和输出分开，把程序分成三个核心部分：模型、视图和控制器，如此开发人员可

使每个核心处理自己的任务。MVC 设计模式中这三个核心部分的具体任务分别如下：

（1）模型：应用程序核心，用于处理应用程序数据逻辑的部分。

（2）视图：应用程序中显示数据的部分，通常根据模型数据创建。

（3）控制器：应用程序中处理用户交互的部分。通常负责从视图读取数据，根据用户输入修改数据并将数据发送给模型。

MVC 设计模式的框架如图 12-7 所示。

显然 12.1 节实现的 Entry 示例程序中的 data 对应程序的模型部分，Label 组件与 Entry 对应程序的视图，而控制器则依托于 tkinter 模块中 StringVar() 函数创建的可变数据的内部逻辑。

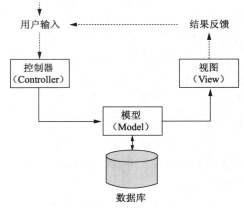

图 12-7　MVC 设计模式框架示意

12.2　tkinter 组件概述

窗口用于承载程序中的各个组件，组件则是构成图形用户界面的基础元素，本节将对 tkinter 组件的相关知识进行简单讲解。

12.2.1　tkinter 核心组件

tkinter 模块提供了许多组件，其中最核心的 15 个核心组件及其描述如表 12-2 所示。

表 12-2　tkinter 核心组件

组　　件	描　　述
Button	按钮。类似标签，但支持额外的功能，如鼠标掠过、按下、释放以及键盘操作
Canvas	画布。其中可绘制图形
Checkbutton	复选框。一组方框，支持选择多个选项
Entry	文本框。单行文字区域，用来接收显示键盘输入
Frame	框架。用于组织其他组件，将多个组件组成一组
Label	标签。可以显示文本或图片
Listbox	列表框。一个选项列表
Menu	菜单。点下后弹出一个选项列表
Menubutton	菜单按钮。可以用 Menu 替代
Message	消息框。类似 Label，但可根据自身大小将文本换行
Radiobutton	单选按钮。包含一组按钮，仅支持单项选择
Scale	滑块。可设置起始值和结束值，会显示当前位置的精确值
Scrollbar	滚动条。配合 Canvas、Entry、Listbox 和 Text 窗口部件使用的标准滚动条
Toplevel	窗口组件。用来创建子窗口
Text	文本域。多行文字区域，用来接收显示键盘输入

表 12-2 中的组件都由其同名类定义，使用类的构造方法可以创建相应的组件对象。这些类

的构造方法都有相同的语法格式，以 Button 为例，其构造方法的语法格式如下：

```
Button(master=None, cnf={}, **kw)
```

以上语法格式中的 Button 为组件名，参数 master 用于指定该组件对象所属的组件，即指定其父组件；参数 cnf 是一个字典，以"键=值"的形式设置组件对象的属性，属性之间以逗号分隔。调用组件类的构造方法，可以创建一个从属于组件 master 的组件。

12.2.2　组件的通用属性

tkinter 组件具有一些通用属性，如与组件大小相关的宽（width）和高（height），与组件外观相关的颜色、字体、样式，以及与位置相关的锚点等。为帮助读者理解后续内容，这里先对与组件通用属性相关的知识进行说明。

1．组件大小

组件的大小默认由组件的内容决定，但开发人员可通过组件的 width 和 height 属性设置组件的尺寸。

2．组件颜色

程序中通常使用十六进制数字表示颜色，例如"#FFF"表示白色、"#FFFF00"表示黄色、"#00FFFF"表示青色。

3．组件字体

组件的字体通过属性 font 设置，该属性是一个三元组，组内元素依次为表示字体名称的字符串、表示字体大小的数字和表示字体附加信息（如样式）的字符串。例如，设置字体为 italic、字体大小为 12、使用下画线样式的 font 属性，具体示例如下：

```
font = ('italic', 12, 'italic underline')
```

4．锚点

锚点是用来定义组件中文本相对位置的参考点，组件的 anchor 属性用于设置锚点，即设置组件的停靠位置。常用的锚点常量及其对应的方位如图 12-8 所示。

5．组件样式

组件的样式指其立体表现形式，通过 relief 属性设置，该属性的取值为常量，常用取值有 FLAT、RAISED、SUNKEN、GROOVE、RIDGE 和 SOLID。以 Button 为例，定义六个从属于根窗口 root，但具有不同样式的按钮，具体代码如下：

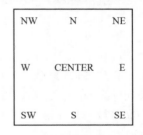

图 12-8　锚点常量对应方位

```
button_one = Button(root, text = "Button1", relief = FLAT)
button_two = Button(root, text = "Button2", relief = RAISED)
button_three = Button(root,text = "Button3", relief = SUNKEN)
button_four = Button(root,text = "Button4", relief = GROOVE)
button_five = Button(root, text = "Button5", relief = RIDGE)
button_six = Button(root, text = "Button6", relief = SOLID)
```

以上按钮在窗口中的效果如图 12-9 所示。

6．位图

tkinter 内置了一些位图，通过 bitmap 属性可以在组件中显示位图。bitmap 属性取值及该值对应的位图如表 12-3 所示。

表 12-3　bitmap 属性取值及对应位图

bitmap 值	位　图
error	
gray75	
gray50	
gray25	
gray12	
hourglass	
info	
questhead	
question	
warning	

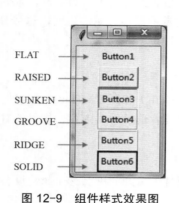

图 12-9　组件样式效果图

tkinter 模块支持以下三种方式设置组件属性：

（1）在创建组件对象时，通过构造方法的参数设置属性，代码如下：

```
button = Button(top, text = "clock")
```

（2）组件对象创建后，使用字典索引的方式设置属性，代码如下：

```
button["text"] = "unclock"
```

（3）使用组件对象的 config() 方法一次更新多个属性，代码如下：

```
button.config(text = "unclock", relief = FLAT)
```

12.3　基础组件介绍

搭建图形用户界面的主要步骤即向窗口中添加组件，tkinter 中常用的基础组件有标签（Label）、按钮（Button）、复选框（Checkbutton）、文本框（Entry）、单选按钮（Radiobutton）、列表框（Listbox）和文本域（Text），组件构造方法的语法格式此处不再赘述，本节主要介绍基础组件的常用属性。

12.3.1　标签 Label

Label 组件用于显示信息。使用 Label 类的构造方法 Label() 可创建标签。Label 组件的常用属性及说明如表 12-4 所示。

表 12-4　Label 组件的常用属性及说明

属　性	说　明
background	标签背景颜色
borderwidth	标签边框宽度（像素），默认是 2
foreground	正常前景（文字）颜色
height	标签的高度
width	标签的宽度

属　　性	说　　明
image	要显示在标签上的图像
padx	文本左侧和右侧的附加填充
pady	文本上方和下方的附加填充
state	标签状态，其值可以是 NORMAL、ACTIVE、DISABLED

12.3.2　按钮 Button

Button 组件是 tkinter 的标准控件，该控件可展示文本或图片并与用户交互。Button 组件通过 Python 函数实现与用户的交互，按钮在被创建时可与函数绑定，如此若用户对按钮进行操作，如点击按钮，相应操作将被启动。

使用 Button 类的构造方法 Button() 可创建按钮对象，Button 组件的常用属性及其说明如表 12-5 所示。

表 12-5　Button 组件常用属性

属　　性	说　　明
activebackground	鼠标放上去时按钮的背景色
activeforeground	鼠标放上去时按钮的前景色
background	背景颜色
borderwidth	边框宽度（像素），默认为 2 个像素
foreground	正常前景（文字）颜色
height	高度（用于文本按钮）或像素（用于图像）
width	宽度（用于文本按钮）或像素（用于图像）
image	要显示在标签上的图像
padx	文字左侧和右侧的附加填充
pady	文本上方和下方的附加填充
text	按钮要显示的内容
command	点击按钮时触发的动作

若希望点击按钮后执行一定的功能，可以使用 command 属性设置回调函数。例如：

```
from tkinter import *
root = Tk()
def callback():
    print('学 Python，来黑马程序员')
button = Button(root,text = '人生苦短，我用 Python',command = callback)
button.pack()
root.mainloop()
```

以上代码创建了一个按钮组件，通过 text 属性设置了按钮显示的文字，通过 command 属性指定了按钮的回调函数 callback()。按钮被单击后将会调用 callback() 函数打印"学 Python，来黑马程序员"。

运行代码，效果如图 12-10 所示。

单击图 12-10 中的按钮，命令行中打印了"学 Python，来黑马程序员"。

图 12-10　按钮示例效果

12.3.3　复选框 Checkbutton

使用 tkinter 中的构造方法 Checkbutton()可以创建复选框组件 Checkbutton，复选框组件中包含多个选项，支持多选。Checkbutton 组件的常用属性及说明如表 12-6 所示。

表 12-6　Checkbutton 组件的常用属性及说明

属　　性	说　　明
background	复选框背景颜色
foreground	文字颜色，值为颜色或者颜色代码，如'red'、'#ff000 '
activebackground	鼠标滑过时复选框的背景颜色
activeforeground	鼠标滑过时复选框的前景颜色
borderwidth	边框的宽度，默认是 2 像素
command	点击复选框时触发的动作
image	复选框文本图形图像显示
highlightcolor	复选框高亮边框颜色，当复选框获取焦点时显示
justify	如果文本包含多行，此选项可控制文本居中（CENTER，默认）、靠左（LEFT）或靠右（RIGHT）
padx	复选框与文本内容的左边距或右边距，默认值是 1
pady	复选框与文本内容的上边距或下边距，默认值是 1
state	指定复选框的状态
text	单选按钮旁边的文本。多行文本可以用"\n"来换行
variable	指定复选框选中时设置的变量名，这个必须是全局的变量名
width	字符中的标签宽度，若未设置此选项，则标签将按内容进行大小调整
height	文本占的行高度，默认是 1 行的高度

Checkbutton 组件示例如下：

```python
from tkinter import *
top = Tk()
label = Label(top, text = '请选择您喜欢的球类运动: ')
label.pack()
check_one = Checkbutton(top, text = "足球", height = 2, width = 20)
check_two = Checkbutton(top, text = "篮球", height = 2, width = 20)
check_three = Checkbutton(top, text = "排球", height = 2, width = 20)
check_one.pack()
check_two.pack()
check_three.pack()
top.mainloop()
```

程序运行结果如图 12-11 所示。

图 12-11　复选框示例效果

12.3.4　文本框 Entry

Entry 用于接收单行文本信息，使用 Entry 类的构造方法 Entry()可创建文本框对象。Entry 组件的常用属性及说明如表 12-7 所示。

表 12-7　Entry 组件的常用属性及说明

属　　　性	说　　　明
background	文本框背景颜色
borderwidth	文本框边框宽度
foreground	文字颜色，值为颜色或者颜色代码，如'red '、'#ff000 '
highlightthickness	文本框高亮边框的宽度
highlightbackground	文本框高亮边框颜色，当文本框未获取焦点时显示，只有设置了 highlightthickness 属性，设置该属性才会有效
highlightcolor	文本框高亮边框颜色，当文本框获取焦点时显示。只有设置了 highlightthickness 属性，设置该属性才会有效
selectbackground	选中文字的背景颜色
show	可在需隐藏文本时设置文本显示为其他字符，例如显示为星号，则设置 show='*'
textvariable	文本框的值，是一个 StringVar()对象
width	文本框宽度
xscrollcommand	文本框水平滚动。设置这个选项为水平滚动条的方法是 set()

需要注意，Entry 组件只有 width 属性，没有 height 属性。

Label 和 Entry 组件常被用于搭建登录界面的身份认证部分。例如：

```
from tkinter import *
root = Tk()
# 用户名
frame_usname = Frame(root)
frame_usname.pack()
label_usname = Label(frame_usname,text = '用户名：')
label_usname.pack(side = LEFT)
entry_usname = Entry(frame_usname,bd=5)
entry_usname.pack(side = RIGHT)
# 密码
frame_passwd = Frame(root)
```

```
frame_passwd.pack()
label_passwd = Label(frame_passwd,text = '密    码: ')
label_passwd.pack(side = LEFT)
entry_passwd = Entry(frame_passwd,bd = 5,show = '*')
entry_passwd.pack(side = RIGHT)
root.mainloop()
```

运行程序，在 Entry 中输入用户名和密码，效果如图 12-12 所示。

图 12-12　身份认证

12.3.5　单选按钮 Radiobutton

Python 中的 Radiobutton 为单选按钮，该组件包含一组选项，仅支持单选。Radiobutton 的常用属性及说明如表 12-8 所示。

表 12-8　Radiobutton 的常用属性及说明

属　　性	说　　明
background	按钮背景颜色
foreground	文字颜色，值为颜色或者颜色代码，如'red'、 '#ff000'
activebackground	当鼠标在按钮上的背景颜色
activeforeground	当鼠标在按钮上的前景颜色
borderwidth	边框的宽度，默认是 2 像素
command	点击该按钮时触发的动作
image	单选按钮文本图形图像显示
highlightbackground	文本框高亮背景颜色
highlightcolor	文本框高亮边框颜色
justify	如果文本包含多行，此选项将控制文本在 CENTER（默认）、LEFT、RIGHT
padx	单选按钮与文本内容的左边距或右边距，默认值是 1
pady	单选按钮与文本内容的上边距或下边距，默认值是 1
state	默认值为 NORMAL，表示响应鼠标或键盘事件；鼠标悬停时值变为 ACTIVE；若设置为 DISABLED，则文本域不再响应鼠标或键盘事件
text	单选按钮旁边的文本。多行文本可以用 "\n" 来换行
value	指定单选按钮关联的值
variable	指定单选按钮选中时设置的变量名，这个必须是全局的变量名，使用 get()函数可以获取
width	字符中的标签宽度。若未设置此选项，则标签将按其内容进行大小调整

下面看一个 Radiobutton 组件的使用案例，具体代码如下：

```
from tkinter import *
def sel():
    selection = "You selected the option " + str(var.get())
    label.config(text=selection)
root = Tk()
var = IntVar()
radio_button_one = Radiobutton(root, text="Option 1", variable=var,
                               value=1, command=sel)
radio_button_one.pack()
radio_button_two = Radiobutton(root, text="Option 2", variable=var,
                               value=2, command=sel)
radio_button_two.pack()
radio_button_three = Radiobutton(root, text="Option 3", variable=var,
                                 value=3, command=sel)
radio_button_three.pack()
label = Label(root)
label.pack()
root.mainloop()
```

程序运行结果如图 12-13 所示。

 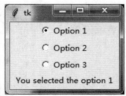 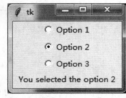 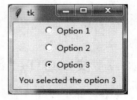

图 12-13　Radiobutton 示例

12.3.6　列表框 List

List 组件用于显示一个项目列表，使用 tkinter 中的构造方法 List() 可以创建列表框组件。List 组件的常用属性及说明如表 12-9 所示。

表 12-9　Listbox 组件的常用属性及说明

属　　性	说　　明
background	列表框背景颜色
foreground	文字颜色，值为颜色或者颜色代码，如'red'、'#ff000'
height	列表框中的高度，单位是行的高度，而不是像素
highlightcolor	当组件突出重点时，重点显示的颜色
selectbackground	显示选定文本的背景颜色
width	字符中的组件的宽度，默认值为 20
xscrollcommand	如果允许用户水平滚动列表框，可以把列表框组件链接到一个水平滚动条
yscrollcommand	如果允许用户垂直滚动列表框，可以把列表框组件链接到一个垂直滚动条

下面看一个 Listbox 组件的使用案例。

```
from tkinter import *
top = Tk()
```

```
list_box=Listbox(top)
list_box.insert(1, "Python")
list_box.insert(2, "Perl")
list_box.insert(3, "C")
list_box.insert(4, "PHP")
list_box.insert(5, "JSP")
list_box.insert(6, "Ruby")
list_box.pack()
top.mainloop()
```

程序运行结果如图 12-14 所示。

图 12-14　列表框示例

12.3.7　文本域 Text

Text 组件主要用于显示和处理多行文本，也常被用作简单的文本编辑器和网页浏览器。使用 Text 类的构造方法 Text()可创建多行文本框对象。Text 组件的常用属性及说明如表 12-10 所示。

表 12-10　Text 组件的常用属性及说明

属　　性	说　　明
background	文本框背景颜色
borderwidth	多行文本框边框宽度
foreground	文字颜色，值为颜色或者颜色代码，如'red'、'#ff000'
highlightthickness	多行文本框高亮边框的宽度
highlightbackground	多行文本框高亮边框颜色，当文本框未获取焦点时显示，只有设置了 highlightthickness 属性，设置该属性才会有效
highlightcolor	多行文本框高亮边框颜色，当文本框获取焦点时显示，只有设置了 highlightthickness 属性，设置该属性才会有效
selectbackground	选中文字的背景颜色
state	默认值为 NORMAL，表示响应鼠标或键盘事件；鼠标悬停时值变为 ACTIVE；若设置为 DISABLED，则文本域不再响应鼠标或键盘事件
show	可在需隐藏文本时设置文本显示为其他字符，例如显示为星号，则设置 show='*'
width	文本框宽度
xscrollcommand	文本框口水平滚动
yscrollcommand	文本框口竖直滚动

使用 Text()方法创建文本框，并设置其尺寸和背景颜色，具体代码如下：

```
from tkinter import *
root = Tk()
label = Label(root, text = '意见栏')
label.pack()
text = Text(root, width = 30, height = 5)
text.pack()
root.mainloop()
```

运行程序，在 Text 组件中输入信息，效果如图 12-15 所示。

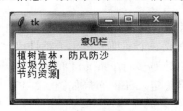

图 12-15　Text 示例

12.4　几何布局管理器

为了构造友好的图形用户界面,图形窗口中的组件需要通过几何布局管理器合理布局。tkinter 支持三种几何布局管理器，分别是 pack、grid 和 place。在同一个父窗口中只能使用一种几何布局管理器，下面将对这几种布局管理器进行介绍。

12.4.1　pack 布局管理器

前面内容的学习涉及 pack，pack 可视为一个容器，调用 pack()方法的组件将被添加到指定的父组件中。pack()方法可接收参数，以调整组件的布局属性。pack()方法常用的布局属性如下：

（1）expand：设置组件填充方式，如果设置为 True，组件进行扩展填充。

（2）fill：设置组件是否填充额外空间，取值可以为 none、x、y 或者 both。

（3）side：设置组件的分布方式，取值可以为 TOP（默认）、BOTTOM、LEFT 或 RIGHT。

下面通过示例演示 pack()的使用方法，具体代码如下：

```
from tkinter import *
root = Tk()
button_one = Button(text = '按钮 1')
button_one.pack(side=LEFT)
button_two = Button(text = '按钮 2')
button_two.pack(side=RIGHT)
button_three = Button(text = '按钮 3')
button_three.pack(side=TOP)
button_four = Button(text = '按钮 4')
button_four.pack(side = BOTTOM)
root.mainloop()
```

程序运行结果如图 12-16 所示。

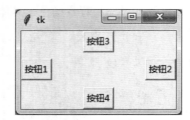

图 12-16   pack 布局管理器示例

12.4.2   grid 布局管理器

grid 布局管理器将父组件分割成一个二维表格，子组件放置在由行/列确定的单元格中，可以跨越多行/列；grid 布局管理器中的列宽由本列中最宽的单元格确定。grid 布局如图 12-17 所示。

Label-01	Entry-01	Button
Label-02	Entry-02	

图 12-17   grid 布局示例

图 12-17 的 grid 是一个 2 行 3 列的表格，其中包含以下 5 个组件：

（1）Label-01：位于 0 行 0 列，占据一个单元格。

（2）Label-02：位于 1 行 0 列，占据一个单元格。

（3）Entry-01：位于 0 行 1 列，占据一个单元格。

（4）Entry-02：位于 1 行 1 列，占据一个单元格。

（5）Button：位于 0 行 2 列，高度为 2，占据两个单元格。

使用组件属性的 grid() 方法可以实现 grid 布局，该方法具有以下属性：

（1）row：表示组件所在行。

（2）column：表示组件所在列。

（3）rowspan：表示组件占据的行数。

在程序中实现以上布局，具体代码如下：

```
from tkinter import *
root = Tk()
Label(root, text = "First").grid(row = 0)          # 位于第 1 行的标签组件
Label(root, text = "Second").grid(row = 1)         # 位于第 2 行的标签组件
entry_one = Entry(root)
entry_two = Entry(root)
button = Button(root, text = '计算', height = 2)    # 按钮的高度占据两行
button.grid(row = 0, column=2, rowspan = 2)        # 按钮位于第 1 行第 2 列，且跨 2 行
entry_one.grid(row = 0, column = 1) # 位于第 1 行，第 2 列的文本框
entry_two.grid(row = 1, column = 1) # 位于第 2 行，第 2 列的文本框
root.mainloop()
```

程序运行结果如图 12-18 所示。

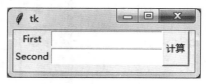

图 12-18   grid 布局示例

12.4.3　place 布局管理器

place 布局管理器可以将组件放在一个特定位置，它分为绝对布局和相对布局，与 pack 和 grid 相比，place 更加灵活。通过组件的 plcae() 方法可以实现 place 布局管理，该方法的常用属性如下：

（1）anchor：组件其他选项的确切位置。

（2）relx,rely：相对窗口宽度和高度的位置，取值范围是[0,1.0]。例如，relx=0，rely=0 位置为左上角，relx=0.5，rely=0.5 位置为屏幕中心。

（3）x,y：绝对布局的坐标，单位为像素。

下面演示 place() 的使用方法，具体代码如下：

```python
from tkinter import *
from tkinter.messagebox import *
root = Tk()
def hello_call_back():
    showinfo( "Hello Python", "Hello World")
button = Button(root, text = "Hello", command = hello_call_back)
button.pack()
button.place(relx = 0.5, rely = 0.5, anchor = CENTER)
root.mainloop()
```

以上代码创建了一个按钮，并使用 place() 方法将按钮置于窗口中心。程序运行结果如图 12-19 所示。

图 12-19　place 布局示例

12.5　事 件 处 理

使用组件搭建的界面是静态界面，创建界面的目的是为用户与程序交互提供便利，因此界面应能接收用户操作，并根据不同操作展示出程序对操作的不同反馈。tkinter 中将用户操作称为事件，例如单击鼠标、移动鼠标、通过键盘输入数据等，若希望应用可以根据不同的操作执行不同的功能，就需要在程序中对事件进行处理。tkinter 支持两种事件处理方式，下面分别对这两种方式进行讲解。

12.5.1　command 事件处理方式

程序对事件的处理通常在函数或方法中实现，简单的事件可通过组件的 command 选项绑定，当有事件产生时,相应组件 command 选项绑定的函数或方法就会被触发。以 Button 为例演示如何使用 command 选项处理事件,具体代码如下:

```python
from tkinter import *
def change(label):
    label['text'] = 'hello world'
root = Tk()
lb = Label(root,text = '事件处理示例')
lb.pack()
bt = Button(root,text = '更改',command = lambda:change(lb))
bt.pack()
root.mainloop()
```

以上代码中创建了一个包含 Label 组件和 Button 组件 GUI,Button 组件的 command 属性接收回调函数 change(),该函数的功能是修改 Label 组件中显示的文本。当用户点击按钮时,change()函数将被调用,Label 中的文本被修改为 "hello world"。

运行代码,程序初始界面和点击后的界面分别如图 12-20(a)和 12-20(b)所示。

　　（a）程序运行结果　　　　　　　（b）事件处理结果

图 12-20　command 绑定事件示例

12.5.2　bind 事件处理方式

command 方式简单易用,但它存在以下局限:

（1）无法为具体事件绑定事件处理方法。

（2）无法获取事件的相关信息。

为了解决以上问题,tkinter 提供了更加灵活的事件处理方式——bind 绑定事件处理方式,此种方式通过组件的 bind()方法实现,该方法的语法格式如下:

```
bind(event, handler)
```

若组件通过 bind()方法绑定了某个事件,该事件发生后程序将调用 handler 处理事件。在学习 bind()的用法之前,先介绍 tkinter 中的事件。

tkinter 中的事件使用字符串描述,其基本格式如下:

```
<modifier-type-detail>
```

以上格式中的 type 是事件字符串的关键部分,用于描述事件的种类(鼠标事件、键盘事件等);modifer 代表事件的修饰部分,如单击、双击等;detail 代表事件的详情,如鼠标左键、右键、滚轮等。

事件各项取值如表 12-11 和表 12-12 所示。

表 12-11　type 与 detail 取值

type	含　义
Activate	组件从 "未激活" 到 "激活" 触发的事件

type	含　义
Button	点击鼠标触发的事件，detail 可以指定具体的哪个按键： <Button-1>鼠标左键 <Button-2>鼠标中键 <Button-3>鼠标右键 <Button-4>滚轮上滚 <Button-5>滚轮下滚
ButtonRelease	用户释放鼠标按键触发的事件
KeyPress	用户按下键盘按键触发的事件
Configure	组件尺寸发生变化时触发的事件，detail 可指定哪个按键
Enter	鼠标进入组件触发的事件。注意，这里指的不是用户按下【Enter】键
Motion	鼠标在组件内移动的整个过程都会触发的事件

表 12-12　modifer 取值

modifier	含　义
Alt	当按下【Alt】键时
Any	表示任何类型的按钮被按下时
Control	当按下【Ctrl】键时
Double	当后续两个事件被连续触发的时候。例如，<Double-Button-1>表示鼠标左键的双击事件
Shift	当按下【Shift】按键时
Triple	跟 Double 类似，它表示的是三个事件被连续触发

下面罗列一些 tkinter 事件中常用的组合键：

（1）<Any-Key-x>：任何一个按键+X。

（2）<Alt-Key-x>：Alt+X。

（3）<Control-Key-x>：Ctrl+X。

（4）<Shift-Key-x>：Shift+X。

（5）<Alt-Button-1>：Alt+鼠标左键。

（6）<Control-Button-1>：Ctrl+鼠标左键。

（7）<Shift-Button-1>：Shift+鼠标左键。

bind 事件处理方式的示例代码具体如下：

```
from tkinter import *
from tkinter.messagebox import *
def handler(event):
    showinfo("点到了",'你好！')
root = Tk()
button = Button(root, text = '点我呀')
button.bind('<Button-1>', handler)
button.pack()
root.mainloop()
```

以上代码的运行结果与事件处理结果分别如图 12-21（a）和图 12-21（b）所示。

（a）程序运行结果　　　　　　（b）事件处理结果

图 12-21　bind 事件处理示例

tkinter 还允许将事件绑定在类上，如此这个类的任何一个实例都会触发事件，格式如下：

```
widget.bind_class('widget', event, handler)
```

如果希望将一个事件绑定在程序的所有组件上，可以使用 bind_all() 函数，具体代码如下：

```
widget.bind_all('widget', event, handler)
```

多学一招：事件对象及属性

事件对象是一个标准的 Python 对象，拥有大量的属性去描述事件。事件对象的常用属性如表 12-13 所示。

表 12-13　事件对象的常用属性

属　　性	含　　义
widget	触发事件的组件
x,y	当前的鼠标位置，单位：像素
x_root,y_root	当前鼠标位置相对于屏幕左上角的位置，单位：像素
char	字符代码（仅键盘事件）字符串的格式
keysym	按键符合（仅键盘事件）
keycode	按键代码（仅键盘事件）
num	按钮数字（仅鼠标按键事件）
width/height	组件的新形状（仅 configure 事件）
type	事件类型

当事件为 <Key>、<KeyPress>、<KeyRelease> 时，detail 可以通过设置具体的按键名 (keysym) 来筛选，例如，<Key-H> 表示按下键盘上的大写字母 H 时触发事件。表 12-14 所示为键盘的按键名和按键码。

表 12-14　键盘的按键名和按键码

按　键　名	按　键　码	代表的按键
Alt_L	64	左边的【Alt】按键
Alt_R	113	右边的【Alt】按键
BackSpace	22	【BackSpace】（退格）按键
Control_L	37	左边的【Ctrl】按键

按 键 名	按 键 码	代表的按键
Control_R	109	右边的【Ctrl】按键
Delete	107	【Delete】按键
End	103	【End】按键
Cancel	110	【Break】按键

12.5.3　实例 1：秒表计时器

秒表计时器是一种测时仪器，常用于体育比赛或一些科研项目中的时间测量。图 12-22 所示为一个简易秒表计时器，该计时器包含时间显示和 4 个功能按钮：开始、停止、重置、退出。若单击"开始"按钮，秒表计时器开始计时；若单击"停止"按钮，秒表计时器暂停计时；若单击"重置"按钮，秒表计时器计时归零；若单击"退出"按钮，关闭秒表计时器。

图 12-22　秒表计时器

本案例要求使用 tkinter，实现如图 12-22 所示的秒表计时器。

12.6　菜　　单

菜单是图形化窗口中各项功能的快速入口，是窗口的基础组件之一。图形窗口中的菜单分为顶级菜单、下拉菜单和弹出菜单三种，下面分别对这三种菜单的创建方式进行讲解。

12.6.1　顶级菜单

顶级菜单是图形窗口中最基础的菜单，此种菜单一般包含多个选项，并固定显示于窗口顶部。Python 使用 tkinter 模块中 Menu 类的 Menu() 方法创建顶级菜单对象，使用菜单对象的 add_command() 方法为其添加选项，并使用窗口组件的 menu 属性将菜单添加到窗口。

下面创建一个包含四个选项的顶级菜单，代码如下：

```
from tkinter import *
root = Tk()                              # 创建窗口
menu = Menu(root)                        # 创建菜单
def callback():
    print('this is menu')
for item in ['文件','编辑','视图','格式']:      # 为菜单添加选项
    menu.add_command(label = item,command = callback)
root['menu'] = menu
root.mainloop()
```

以上代码在创建窗口组件 root 后首先使用 Menu() 方法新建菜单组件 menu，然后在 for 循环中用 add_command() 方法来为其添加选项，同时利用 add_command() 方法的参数 label 和 command 分别为菜单项指定名称和回调方法，最后使用 menu 属性将菜单 menu 指定为窗口 root 的菜单。

程序运行结果如图 12-23 所示。

图 12-23　顶级菜单示例

12.6.2　下拉菜单

顶级菜单的每个选项可以拥有子菜单，使用菜单对象的 add_cascade()方法，可以将一个菜单与另一个菜单的选项级联，为菜单的选项创建子菜单（也称为下拉菜单）。

下面创建一个包含顶级菜单的窗口，并为顶级菜单的每个选项添加下拉菜单，代码如下：

```python
from tkinter import *
root = Tk()                                      # 创建主窗口
menu = Menu(root)                                # 创建顶级菜单
fmenu = Menu(menu)                               # 子菜单 1
for item in ['新建', '保存', '另存为', '关闭']:   # 为子菜单 1 添加选项
    fmenu.add_command(label = item)
emenu = Menu(menu)                               # 子菜单 2
for item in ['复制', '粘贴', '全选', '清除']:
    emenu.add_command(label = item)
vmenu = Menu(menu)                               # 子菜单 3
for item in ['大纲', '侧栏', '工具栏', '功能区']:
    vmenu.add_command(label = item)
gmenu = Menu(menu)                               # 子菜单 4
for item in ['字体', '段落', '项目符号', '表格']:
    gmenu.add_command(label = item)
menu.add_cascade(label = '文件', menu = fmenu)   # 将子菜单 1 与 "文件" 选项级联
menu.add_cascade(label = '编辑', menu = emenu)   # 将子菜单 2 与 "编辑" 选项级联
menu.add_cascade(label = '视图', menu = vmenu)   # 将子菜单 3 与 "视图" 选项级联
menu.add_cascade(label = '格式', menu = gmenu)   # 将子菜单 4 与 "格式" 选项级联
root['menu'] = menu                              # 将顶级菜单添加到主窗口
root.mainloop()
```

以上代码首先创建了主窗口 root 与顶级菜单 menu，其次创建了 4 个子菜单 fmenu、emenu、vmenu 和 gmenu，之后将子菜单与顶级菜单的 4 个选项分别级联，最后将顶级菜单添加到主窗口。

程序运行结果如图 12-24 所示。

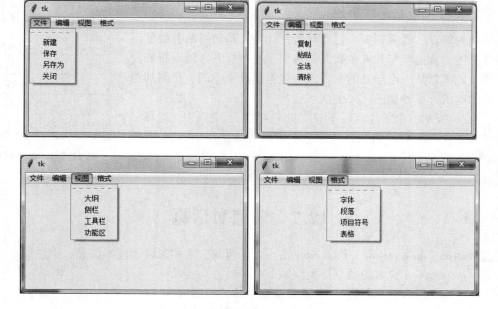

图 12-24　下拉菜单示例

12.6.3　弹出菜单

　　若将菜单与鼠标右键绑定，那么这个菜单就是在鼠标右击时才显示的弹出菜单。创建弹出菜单的方式与创建顶级菜单、下拉菜单的方式相同，区别在于弹出菜单通过 post()方法与鼠标右键绑定。

　　创建一个弹出菜单，具体代码如下：

```python
from tkinter import *
root = Tk()
menu=Menu(root)
for item in ['复制', '粘贴']:
    menu.add_command(label = item)
def pop(event):
    menu.post(event.x_root, event.y_root)
root.bind('<Button-3>', pop)                    #绑定鼠标右键
root.mainloop()
```

运行代码，在窗口中右击，结果如图 12-25 所示。

图 12-25　弹出菜单示例

12.6.4 实例 2：电子计算器

从早期的算盘、算筹到如今的计算器，计算工具的不断升级使得人类的计算能力从速度与计算位数上都得到了质的提升。随着智能设备的发展，计算器从一个独立的机器成为了电子设备中的一个附加功能，常规的电子计算器如图 12-26 所示。

图 12-26 所示的电子计算器不仅支持"+""-""*""/"运算，还支持"回退""清空""退出"功能。本实例要求使用 tkinter 实现图 12-26 所示的电子计算器。

图 12-26　电子计算器

12.7　消息对话框

消息对话框（messagebox）是 tkinter 的一个子模块，它用来显示文本信息、提供警告信息或错误信息。messagebox 包含的消息框类型如下：

（1）showinfo：弹出一则信息，单击"确定"按钮返回 ok。

（2）showwarning：弹出一则警告信息，单击"确定"按钮返回 ok。

（3）showerror：弹出一则错误信息，单击"确定"按钮返回 ok。

（4）askquestion：询问是否进行操作，单击"是"按钮返回 yes，单击"否"按钮返回 no。

（5）askokcancel：询问是否进行操作，单击"确认"按钮返回 True，单击"取消"或关闭按钮返回 False。

（6）askyesno：询问是否进行操作，单击"是"按钮返回 True，单击"否"按钮返回 False。

（7）askretrycancel：询问是否重试，单击"重试"按钮返回 True，单击"取消"或关闭按钮返回 False。

（8）askyesnocancel：询问是否重试，单击"是"按钮返回 True，单击"否"按钮返回 False，单击"取消"或关闭按钮返回 None。

使用以上消息框的同名方法可以创建相应消息框，这些消息框方法有相同的语法格式，具体如下：

```
messagebox.FunctionName(title, message [, options])
```

以上语法中各参数的含义分别如下：

（1）title：string 类型，指定消息对话框的标题。

（2）message：消息框的文本消息。

（3）options：可以调整外观的选项。

以消息对话框 showinfo 为例，将其绑定为按钮触发的事件，代码如下：

```
from tkinter.messagebox import *
from tkinter import *
top = Tk()
def hello():
    showinfo("Say Hello", "Hello World")
button = Button(top, text="Say Hello", command = hello)
button.pack()
```

```
top.mainloop()
```

运行程序，单击图形窗口中的按钮，效果如图 12-27 所示。

图 12-27 消息对话框示例

12.8 实例3：图书管理系统登录界面

登录与注册是程序中最基本的模块。用户只有登录成功后，才可以使用应用系统中的全部功能。若用户没有登录账号，可通过注册界面设置登录账号信息。某图书管理系统的登录界面如图 12-28 所示。

图 12-28 所示的窗口中包含用户名、密码、验证码、登录、注册、退出。当用户输入正确的登录信息，单击"登录"按钮后，程序会弹出一个欢迎用户的对话框，如图 12-29 所示。

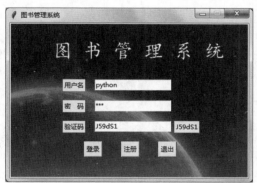

图 12-28 图书管理系统登录界面

图 12-29 欢迎对话框

用户单击"注册"按钮后，会弹出注册用户的窗口，如图 12-30 所示。

用户填写完个人信息后，单击"确认注册"按钮，会记录用户的信息，并弹出注册成功对话框，如图 12-31 所示。

图 12-30 注册窗口

图 12-31 注册成功对话框

本实例要求使用 tkinter，实现包含以上所示登录功能与注册功能的图形窗口。

小　　结

本章对 Python 中用于搭建图形用户界面的 tkinter 模块的相关知识进行了讲解，包括如何利用 tkinter 构建简单 GUI、tkinter 组件通用属性、tkinter 基础组件、几何布局管理器、事件处理方式、菜单以及消息对话框。通过本章的学习，希望读者能够掌握 tkinter 模块的基础知识，并能熟练利用 tkinter 搭建图形用户界面。

习　　题

一、填空题

1. tkinter 模块中使用＿＿＿＿＿＿＿＿组件显示错误信息或提供警告。

2. Label 组件中的＿＿＿＿＿＿＿＿属性可提供文本显示。

3. 使用 tkinter 中＿＿＿＿＿＿＿＿可以创建文本框。

4. tkinter 中使用＿＿＿＿＿＿＿＿创建菜单。

二、判断题

1. label 组件中只能显示文本信息。　　　　　　　　　　　　　　　　　　　　（　　　）

2. tkinter 中的组件可以独立存在。　　　　　　　　　　　　　　　　　　　　（　　　）

3. 在 tkinter 中同一个父窗口只能使用一种几何管理器。　　　　　　　　　　（　　　）

4. tkinter 中可变类型数据的值可通过 get() 方法获取。　　　　　　　　　　　（　　　）

5. command 可以为具体的事件进行绑定处理方法。　　　　　　　　　　　　　（　　　）

三、选择题

1. 下列选项中，可以创建一个窗口的是（　　　　）。

　　A. root = Tk()　　　　　　B. root = Window()　　　C. root = Tkinter()　　　D. root = Frame()

2. 下列组件中，用于创建文本域的是（　　　　）。

　　A. Listbox　　　　　　　　B. Text　　　　　　　　C. Button　　　　　　D. Lable

3. 已知 data = StringVar()，下列选项中可以将 data 设置为 Python 的是（　　　　）。

　　A. data.set('Python')　　　　　　　　　　　B. data = 'Python'

　　C. data.value('Python')　　　　　　　　　　D. data.setvalue('Python')

4. 下列关于几何布局管理器的使用，说法错误的是（　　　　）。

　　A. 在同一个父窗口中可以使用多个几何管理器

　　B. pack 可视为一个容器

　　C. grid 管理器可以将父组件分隔为一个二维表格

　　D. place 布局管理器分为绝对布局和相对布局

5. 下列选项中，用于实现弹出菜单的方法是（　　　　）。

　　A. post()　　　　　　　　B. alert()　　　　　　　C. add_cascade()　　　D. jump()

第 ⑬ 章　进程和线程

学习目标：

◎ 了解什么是进程和线程。

◎ 掌握创建进程的几种方式。

◎ 掌握进程通信的原理，会使用 Queue 类实现进程间通信。

◎ 掌握线程的基本操作。

◎ 掌握线程中锁的使用。

◎ 理解同步机制，会使用 Condition 和 Queue 实现线程同步。

在计算机多核的环境下，为了能充分地利用 CPU 以提高程序执行的效率，Python 提供了两种常见的多任务编程的方式，分别为进程和线程。本章将针对 Python 中与进程和线程相关的内容进行详细讲解。

13.1　进程的概念

程序是一个没有生命的实体，它包含许多由程序设计语言编写的、但未被执行的指令，这些指令经过编译和执行才能完成指定动作。

程序被执行后成为了一个活动的实体，这个实体就是进程。换言之，操作系统调度并执行程序，这个"执行中的程序"称为进程。进程是操作系统进行资源分配和调度的基本单位。

在 Windows 操作系统下使用【Ctrl+Alt+Delete】组合键打开任务管理器，单击任务管理器窗口中的"进程"选项卡查看计算机中所有的进程，如图 13-1 所示。

每个应用程序都有一个自己的进程，每个进程都在内存中占据一定空间。一般情况下，进程占据的内存空间由控制块、程序段和数据段三部分组成，各部分介绍如下：

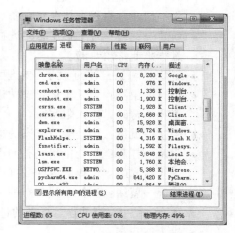

图 13-1　任务管理器中的进程

（1）控制块（Proscessing Control Block，PCB）：系统为管理进程专门设置的数据结构，常驻于内存中，用于记录进程的外部特征与进程的运动变化过程。控制块是进程存在的唯一标志。

（2）程序段：用于存放程序执行代码的一块内存区域。

（3）数据段：存储变量和进程执行期间产生中间或最终数据的一块内存区域。

随着外界条件的变化，进程的状态会发生变化。在五态模型中，进程有新建态、就绪态、运行态、阻塞态和终止态这五个状态。关于这些状态的介绍如下：

（1）新建态：创建进程，申请一个空白的控制块，向该控制块中填写控制和管理进程的信息，完成资源分配。

（2）就绪态：进程具备运行条件，等待系统分配处理器资源以便运行。

（3）运行态：进程占用处理器资源正在运行。

（4）阻塞态：进程不具备运行条件，正在等待某个事件（如 I/O 操作或进程同步）的完成，否则无法继续运行。

（5）终止态：进程因出现错误或被系统终止而运行结束。

除了以上五种状态之外，进程还有一个挂起态。挂起态是一种主动行为，它是在计算机内存资源不足、处理器空闲、用户主动挂起、系统检查资源使用情况等条件下将进程暂时调离出内存形成的，在条件允许时可再次被调回内存。与挂起态相比，阻塞态是一种被动行为，它是在等待事件或者获取不到资源而引发的等待表现。

为了帮助大家理解，下面通过一张图来描述进程状态间的转换关系，具体如图 13-2 所示。

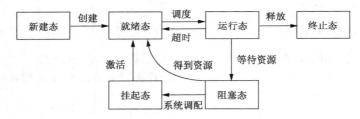

图 13-2　进程状态的切换

图 13-2 中描述的切换过程如下：

- 无→新建：当程序从存储设备加载到内存中时，进程进入新建态。
- 新建→就绪：处于新建态的进程会被调度器自动转换为就绪态，获得了所需的资源，这个过程是非常短暂的。
- 就绪→运行：当处于就绪态的进程获取 CPU 后进入运行态，CPU 开始执行这个进程的命令。
- 运行→阻塞：当处于运行态的进程因出现资源不足（I/O 或缓冲区申请失败等）等事件而终止运行时，进入阻塞态。
- 阻塞→就绪：当处于阻塞态的进程获得了等待的资源后恢复为就绪态。
- 阻塞→挂起：当处于阻塞态的进程遇到诸如处理器空闲、资源不足等情况时而调离内存，进入挂起态。进程的内存数据会保存到磁盘中，以释放空间供其他进程使用。
- 挂起→就绪：当处于挂起态的进程遇到系统资源充足或主动请求激活时，进入就绪态。
- 运行→终止：当处于运行态的进程执行完成或者被操作系统终止时，它会从内存中被移除，进入终止态。

进程具有以下一些特点：

（1）动态性：进程是程序的一次执行过程，它是动态产生、动态消亡的。

（2）并发性：多个进程可并发执行。

（3）独立性：进程是一个能独立运行的基本单位，同时也是系统分配资源和调度的独立单位。

（4）异步性：进程之间的相互制约使得进程的执行具有间断性，它们按各自独立的、不可预知的速度向前推进。

13.2　进程的创建方式

进程的创建方式有很多种，常见的方式包括 os.fork()函数、multiprocessing.Process 类和 multiprocessing.Pool 类的构造方法。其中，os.fork()函数只适用于 UNIX/Linux 操作系统中，multiprocessing.Process 类和 multiprocessing.Pool 类支持跨平台，能在众多平台上使用。本节将围绕着几种创建进程的方式进行讲解。

13.2.1　通过 fork()函数创建进程

在 UNIX/Linux 操作系统中，通过 Python 的 os 模块中封装的 fork()函数可以轻松地创建一个进程。fork()函数的声明如下：

```
fork()
```

以上函数调用后，操作系统会建立当前进程的副本以实现进程的创建，此时原有的进程称为父进程，复制的进程称为子进程。需要注意的是，fork()函数的一次调用产生两个结果：若当前执行的进程是父进程，fork()函数返回子进程 ID；若当前执行的进程是子进程，fork()函数返回 0。如果 fork()函数调用时出现错误，进程创建失败，将返回一个负值。

下面使用 fork()函数创建一个子进程，让父进程和子进程分别执行不同的任务，代码如下：

```
import os
import time
value = os.fork()              # 创建子进程
if value == 0:                 # 子进程执行 if 分支语句
    print('---子进程---')
    time.sleep(2)
else:                          # 父进程执行 else 分支语句
    print('---父进程---')
    time.sleep(2)
```

以上程序调用 fork()函数创建子进程，使用变量 value 记录 fork()的返回值，并根据 fork()的返回结果区分父进程与子进程，为这两个进程分派不同的任务：当 value 为 0 时，说明当前进程是子进程，执行 if 分支中的语句；当 value 不为 0 时，说明此时系统调度的是父进程，执行 else 分支中的语句。进程创建与程序执行的具体流程如图 13-3 所示。

程序执行一次的结果如下所示：

```
---父进程---
---子进程---
```

观察此次结果可以推测，系统先调度父进程，再调度子进程，但实际上，子进程和父进程执行的顺序是不确定的，会受到时间片、调度优先级或其他因素的影响。

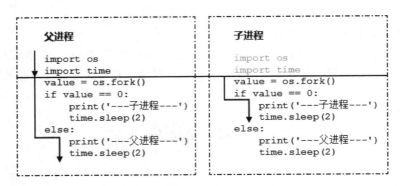

图 13-3　进程创建与程序执行

若程序中顺序调用两次 fork()函数，那么第一次调用 fork()后系统中存在的两个进程都会调用第二个 fork()函数创建新进程，调用两次 fork()函数后进程的变化如图 13-4 所示。

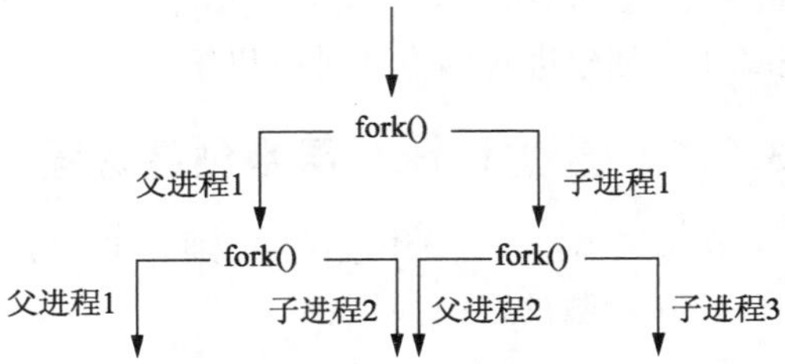

从图 13-4 中可以看出，"父进程 1"和"子进程 1"再次复制出两个子进程，"父进程 1"成为"子进程 2"的父进程，"子进程 1"成为"子进程 3"的父进程，变成"父进程 2"。

图 13-4　进程的变化

下面使用 fork()函数创建 3 个子进程，代码如下：

```python
import os
import time
print('---第一次 fork()调用---')
value=os.fork()              # 创建子进程, 此时进程的总数量为 2
if value==0:                 # 子进程执行 if 分支语句
    print('---进程 1---')
    time.sleep(2)
else:                        # 父进程执行 else 分支语句
    print('---进程 2---')
    time.sleep(2)
print('---第二次 fork()调用---')
value=os.fork()              # 创建子进程, 此时进程的总数量为 4
if value==0:                 # 子进程执行 if 分支语句
    print('---进程 3---')
    time.sleep(2)
else:                        # 父进程执行 else 分支语句
    print('---进程 4---')
    time.sleep(2)
```

程序运行结果：

```
---第一次 fork()调用---
---进程 2---
---进程 1---
---第二次 fork()调用---
---进程 4---
---进程 4---
---进程 3---
---进程 3---
```

由执行结果可知，程序在第一次调用 fork()函数后创建了一个子进程，此时共有父进程和子进程执行下面的代码，分别输出 "---进程 2---"和"---进程 1---"；程序在第二次调用 fork()函数后又创建了两个新的子进程，此时共有两个父进程和两个子进程执行下面的代码，分别输出两次"---进程 4---"和"---进程 3---"。

多学一招：获取当前进程的 ID

进程 ID 是进程的唯一标识，为了便于管理系统中的进程，os 模块提供了 os.getpid()函数和 os.getppid()函数来分别获取当前进程 ID 和当前进程父进程的 ID，代码如下：

```python
import os
process = os.fork()                  # 创建子进程
if process == 0:
    # 获取父进程的 ID
    print('我是子进程-%d，父进程是%d'%(os.getpid(), os.getppid()))
else:
    print('我是父进程-%d，子进程是%d'%(os.getpid(), process))  # 获取当前线程的 ID
```

程序运行结果：

```
我是父进程-2497，子进程是 2498
我是子进程-2498，父进程是 2497
```

13.2.2　通过 Process 类创建进程

multiprocessing 模块提供的 Process 类可通过两种方式创建子进程：一种是直接通过 Process 类创建子进程，另一种方式是通过 Process 子类创建子进程。

1．通过 Process 类创建子进程

创建 Process 对象需要使用 Process 类的构造方法 Process()，该方法的声明如下：

```
Process(group = None, target = None, name = None, args = (), kwargs = {}, *, daemon = None)
```

Process()方法中常用参数的含义如下：

（1）group：必须为 None，目前未实现，是为以后的扩展功能保留的预留参数。

（2）target：表示子进程的功能函数，用于为子进程分派任务。

（3）name：表示当前进程的名称。若没有指定，默认为 Process-N，N 为从 1 开始递增的整数。

（4）args：target 指定函数的位置参数。

（5）kwargs：传入 target 指定函数的关键字参数。

（6）daemon：表示是否将进程设为守护进程（在后台运行的一类特殊进程，用于执行特定的系统任务）。

创建一个 Process 对象，指定它要执行的任务函数 do_task()，代码如下：

```python
from multiprocessing import Process
import os
def do_task():
    print('子进程运行:%s' % os.getpid())
process = Process(target=do_task)
```

2．通过 Process 子类创建子进程

自定义一个继承自 Process 类的子类，调用子类的构造方法亦可创建子进程。例如，自定义

一个 Process 的子类 MyProcess，具体代码如下：

```python
from multiprocessing import Process
import time
import os
class MyProcess(Process):
    def __init__(self, interval):
        Process.__init__(self)          # 完成父类的初始化
        self.interval = interval        # 间隔秒数
    def run(self):                      # 重写 Process 类 run()方法
        time_start = time.time()        # 返回开始时间的时间戳
        time.sleep(self.interval)
        time_stop = time.time()         # 返回结束时间的时间戳
        print("子进程%s 执行结束，耗时%0.2f 秒" % (os.getpid(),
time_stop - time_start))
```

以上代码定义的 Process 子类 MyProcess 中重写了__init__()和 run()方法，其中，__init__()方法中定义了表示间隔秒数的属性 interval；run()方法实现计算且输出子进程从执行到结束的时长的功能。如果创建子进程时未设置 target 参数，那么在进程启动之后自动调用 run()方法。

使用 MyProcess 的构造方法创建一个子进程，代码如下：

```python
my_process = MyProcess(5)
```

进程在创建完之后，需要通过 start()方法启动。例如，启动刚刚创建的子进程 my_process，代码如下：

```python
if __name__ == '__main__':
    my_process = MyProcess(5)           # 使用自定义类创建子进程
    my_process.start()                  # 启动进程
```

程序运行结果：

```
子进程 896 执行结束，耗时 5.00 秒
```

> **注意：**
> Windows 系统中使用 multiprocessing 模块时，必须采用 "if __name__ =='__main__'" 的方式运行程序。

13.2.3 通过 Pool 类批量创建进程

若创建的进程数量不多，可以直接使用 Process 类创建多个子进程。但是，有时需要操作多个文件目录，或者远程控制多台计算机，这时对进程数量的需求会非常大，手动创建多个进程的方式显然是不可取的，不仅低效烦琐，而且工作量巨大。因此，多进程模块 multiprocessing 中提供了 Pool（进程池）类，可以批量创建子进程。

通过 Pool 类的构造方法可以创建一个进程池，该方法的声明如下：

```python
Pool(processes = None, initializer = None, initargs = (),
    maxtasksperchild=None, context = None)
```

以上方法中常用参数的含义如下：

（1）Processes：表示进程的数量。若 processes 参数设为 None，则会使用 os.cpu_count()返回的数量。

（2）Maxtasksperchild：进程退出之前可以完成的任务数量，完成之后使用新的进程替换原进程，以释放闲置资源。

（3）Context：用于设置工作进程启动时的上下文。

使用 Pool 类的构造方法批量创建 5 个子进程，代码如下：

```
from multiprocessing import Pool
pool = Pool(processes=5)
```

进程池的内部维护了一个进程序列。当使用进程池中的进程执行任务时，如果没有达到进程池中的进程数量的最大值，就会创建一个新的进程来执行任务；如果进程池中没有可供使用的进程，那么程序会等待，直到进程池中有可用的进程为止。

Pool 类中提供了一些操作进程池的方法，关于这些方法说明如表 13-1 所示。

表 13-1　Pool 类的常见方法

方　法　名	说　　明
apply_async()	非阻塞式地给进程池添加任务
apply()	阻塞式地给进程池添加任务
close()	关闭进程池，阻止更多的任务提交到进程，待所有任务执行完成后进程会退出
terminate()	结束进程，不再处理未完成的任务
join()	等待进程的退出，必须在 close() 或 terminate() 之后使用

表 13-1 中的前两个为进程池添加任务的方法的不同之处在于：apply_async()在进程池创建完进程后立刻返回，不会等到进程执行结束；apply()在创建完进程且进程中所有的任务执行完毕后才返回。

下面对这两种任务添加的方式分别进行介绍。

1．进程池非阻塞式添加任务

apply_async()方法的声明如下：

```
apply_async(self, func, args=(), kwds={}, callback=None,
            error_callback=None)
```

以上方法中常用参数的含义如下：

（1）Func：表示函数名称。

（2）args 和 kwds：表示提供给 func 函数的参数。

（3）callback：表示回调函数。

（4）error_callback：表示程序执行失败后会调用的函数。

下面通过一个案例来演示如何非阻塞式地往进程池中添加任务，代码如下：

```
1  from multiprocessing import Pool
2  import time
3  import os
4  def work(num):
5      print('进程%s: 执行任务%d'% (os.getpid(), num))
6      time.sleep(2)
7  if __name__ == '__main__':
8      pool = Pool(3)                      # 创建进程池，指定最大进程数量为 3
9      for i in range(9):
10         pool.apply_async(work, (i,))    # 进程池添加、执行任务
```

```
11      time.sleep(3)
12      print('主进程执行结束')
```

以上代码中，第 4~6 行定义了一个进程池待执行的任务函数 work()，该函数内部调用 sleep() 函数休眠两秒；第 7~12 行是程序启动会执行的代码，其中，第 8 行创建了一个具有 3 个工作进程的进程池；第 9~10 行在进程池中添加了 9 个任务；第 11 行调用 sleep() 函数让主进程休眠 3 s，第 12 行用"主进程执行结束"提示程序结束。

程序的一次执行结果如下：

```
进程 6956:  执行任务 0
进程 6776:  执行任务 1
进程 5076:  执行任务 2
进程 6956:  执行任务 3
进程 6776:  执行任务 4
进程 5076:  执行任务 5
主进程执行结束
```

由以上结果可知，主进程在三个子进程 6956、6776 和 5076 执行了 6 个任务后退出。

若希望主进程能等待所有的子进程执行完之后结束，需要通过 join()方法将主进程切换成阻塞状态。在上述示例中 main 语句的末尾增加以下语句：

```
pool.close()                    # 关闭进程池
pool.join()                     # 阻塞主进程
```

再次运行程序，程序本次的执行结果如下：

```
进程 5228:  执行任务 0
进程 5144:  执行任务 1
进程 4776:  执行任务 2
进程 5228:  执行任务 3
进程 5144:  执行任务 4
进程 4776:  执行任务 5
主进程执行结束
进程 5144:  执行任务 6
进程 5228:  执行任务 7
进程 4776:  执行任务 8
```

由以上结果可知，主进程在执行完打印语句之后，并没有直接退出程序，而是等子进程执行完所有的任务之后才退出。

2. 进程池阻塞式添加任务

apply ()方法的声明如下：

```
apply(self, func, args=(), kwds={})
```

以上方法的参数与 apply_async()方法的参数含义相同，此处不再赘述。下面，通过一个案例来演示如何阻塞式地往进程池中添加任务，代码如下：

```
from multiprocessing import Pool
import time
import os
def work(num):
    print('进程%s:  执行任务%d'% (os.getpid(), num))
    time.sleep(2)
if __name__ == '__main__':
    pool = Pool(3)                          # 创建进程池，指定最大进程数量为 3
```

```
for i in range(9):
    pool.apply(work, (i,))          # 进程池添加、执行任务
time.sleep(3)
print('主进程执行结果')
```

运行程序，控制台每隔 2 s 打印一条语句，直至打印完所有的语句为止。程序执行的一次结果如下：

```
进程 5928:    执行任务 0
进程 6408:    执行任务 1
进程 5840:    执行任务 2
进程 5928:    执行任务 3
进程 6408:    执行任务 4
进程 5840:    执行任务 5
进程 5928:    执行任务 6
进程 6408:    执行任务 7
进程 5840:    执行任务 8
主进程执行结果
```

由以上结果可知，主进程在子进程全部执行完毕后才会退出。

13.3　进程间通信——Queue

每个进程中所拥有的数据（包括全局变量）都是独有的，无法与其他进程共享。但大多数进程之间需要进行通信。例如，所有的子进程执行完任务之后，通知处于阻塞状态的主进程继续向下执行。为此，Python 的 multiprocessing 模块中提供了能实现进程间通信的（资源共享）Queue 类，该类用于创建和管理存储共享资源的队列，直接采用如下方法创建：

```
Queue(self, maxsize = -1)
```

以上方法中，maxsize 参数表示队列中数据的最大长度，若该参数小于 0 或不设置，说明队列可以存储任意个数据，没有长度的限制。

队列的作用类似于数据中转站，可以供多个进程向其内部写入或读取数据，如图 13-5 所示。

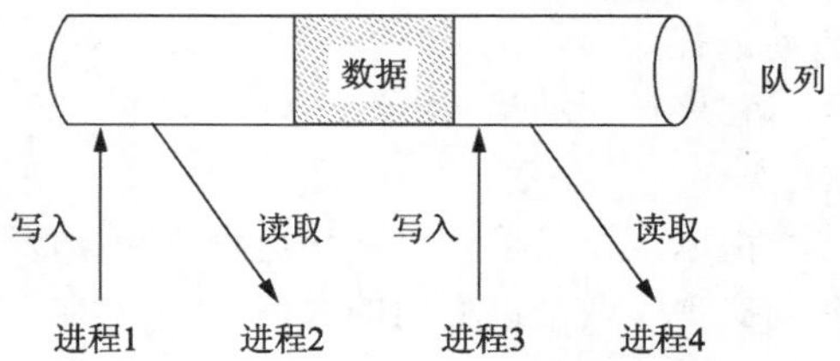

Queue 类中提供了 put() 和 get() 这两个方法分别向队列中写入数据和从队列中读取并删除数据，关于它们的介绍如下：

图 13-5　队列通信的原理

1. put() 方法

put() 方法的声明如下：

```
put(item, block = True, timeout = None)
```

以上声明中，item 参数表示向队列中写入的数据；block 参数是布尔类型，表示是否阻塞队列；timeout 参数表示超时时长，默认为 None。若 block 参数设为 True（默认值），表示这是一个阻塞队列，此时若 timeout 参数设为正值，当队列中装满数据时，队列会阻塞 timeout 指定的时长，直至该队列中再腾出空间，会在超时后抛出 Queue.Full 异常；若 block 参数设为 False，表示这是一个非阻塞队列，若队列已满，立即抛出 Queue.Full 异常。

2．get()方法

get()方法的声明如下：

```
get(block = True, timeout = None)
```

以上声明中，block 参数是布尔值，表示是否阻塞队列；timeout 参数表示超时时长，默认为 None。假设队列中没有数据，当使用 get()方法从队列中读取数据时，若 block 参数设为 True 且 timeout 参数设为正值，则等待 timeout 指定的时长，直至超出指定的时长后再抛出 Queue.Empty 异常；若 block 参数设为 False，则会立即抛出 Queue.Empty 异常。

下面通过队列实现两个进程间的数据共享，具体代码如下：

```
1  from multiprocessing import Process
2  from multiprocessing import Queue
3  def write(queue):
4      count = 10                           # 定义局部变量
5      queue.put(count, block = False)      # 将局部变量插入到队列中
6  def read(queue):
7      print(queue.get(block = False))      # 读取队列中的数据
8  if __name__ =='__main__':
9      queue = Queue()                      # 创建队列，队列的长度没有限制
10     # 创建两个进程分别执行函数 work_one 和 work_other
11     process_one = Process(target = write, args = (queue,))
12     process_another = Process(target = read, args = (queue,))
13     # 启动进程
14     process_one.start()
15     process_another.start()
```

以上代码的第 3~5 行定义了一个任务函数 write()，该函数用于向队列中插入数据 10；第 6~7 行定义了另一个任务函数 read()，该函数用于从队列中读取数据；第 8~15 行是程序的主流程，这些代码首先创建了一个队列 queue，然后创建了两个进程分别执行任务函数 write()和 read()，最后启动进程。

程序运行结果：

```
10
```

由以上结果可知，一个进程成功读取到另一个进程插入到队列中的数据，说明以上程序使用队列实现了两个进程间的通信。

13.4　线程的概念

线程是系统进行运算调度的最小单位，也称为轻量级进程。进程中可以包含多个线程，多个线程可以并行执行不同的任务。

线程由线程 ID、当前指令指针（PC）、寄存器集合和堆栈组成，它不能独立拥有系统资源，但它可与同属一个进程的其他线程共享该进程所拥有的全部资源。

线程一般可分为以下几种类型：

（1）主线程：程序启动时，操作系统会创建一个进程，与此同时会立即运行一个线程，该线程通常被称为主线程。主线程的作用主要有两个：一个是产生其他子线程；另一个是最后执行各种关闭操作，例如文件的关闭。

（2）子线程：程序中创建的其他线程。

（3）守护线程（后台线程）：守护线程是在后台为其他线程提供服务的线程，它独立于程序，不会因程序的终止而结束。当进程中只剩下守护线程时，进程直接退出。

（4）前台线程：相对于守护线程的其他线程称为前台线程。

线程与进程相似，也具有五个状态，分别是新建态、就绪态、运行态、阻塞态和终止态，这些状态之间的转换如图 13-6 所示。

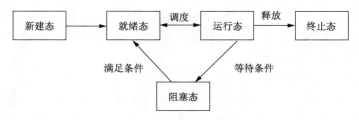

图 13-6　线程状态的转换

由图 13-6 可知，线程因某些条件发生时会由运行态转换为阻塞态，这些条件可能为以下任意一种：

（1）线程主动调用 sleep()函数进入休眠状态。

（2）线程试图获取同步锁，但是该锁正被其他线程持有。

（3）线程等待一些 I/O 操作完成。

（4）线程等待某个条件触发。

13.5　线程的基本操作

Python 提供了两个与线程相关的模块：thread 和 threading。thread 模块是比较低级的模块，它常用于底层的操作；threading 模块在 thread 模块之上封装了更高级别的接口，类似于 Java 的多线程风格。官方推荐使用 threading 模块进行开发。

13.5.1　线程的创建和启动

模块 threading 中定义了 Thread 类，该类专门用于管理线程。线程的创建方式分为使用 Thread 类创建和 Thread 子类创建两种。

1．使用 Thread 类创建线程

可以直接通过 Thread 类的构造方法 Thread()创建线程，该方法的声明如下：

```
Thread(group = None, target = None, name = None, args = (), kwargs = {},
    *, daemon = None)
```

以上方法中，name 参数表示线程的名称，默认由 "Thread- N" 形式组成，其中 N 为十进制数：其他参数与创建 Process 对象时用到的参数一致，这里不再赘述。

注意：

　　Thread()方法创建线程默认是前台线程，该线程的特点是主线程会等待其执行结束后终止程序。

例如，创建一个 Thread 类对象 thread_one，该对象用于执行 task()函数，代码如下：

```
import threading
from threading import Thread
import time
def task():
    time.sleep(3)
        print('子线程运行，名称为：%s'% threading.currentThread().name)
thread_one = Thread(target = task)              # 创建前台线程
```

使用构造方法创建线程时，还可以将 daemon 参数设为 True，创建一个后台线程。例如：

```
thread_two = Thread(target = task, daemon = True)     # 创建后台线程
```

后台线程总是与主线程同时终止。

2. 使用 Thread 子类创建线程

自定义一个继承自 Thread 的子类，在该子类中重写 run()方法，再利用子类的构造方法同样可以创建线程。run()方法用于实现线程的功能与业务逻辑，定义一个继承自 Thread 的子类 MyThread，在该类中重写__init()__和 run()方法，代码如下：

```
class MyThread(Thread):
    def __init__(self, num):
        super().__init__()                  # 调用父类的构造方法完成初始化
        self.name = '线程' + str(num)       # 设置线程的名称
    def run(self):                          # 重写的 run()方法
        time.sleep(3)
        message = self.name + '运行'
        print(message)
```

创建一个 MyThread 类对象，例如：

```
for i in range(3):
    thread_three = MyThread(i)
```

线程创建完之后，需要调用 start()方法启动线程，使线程转换为就绪状态，等待操作系统地调度。例如，分别启动前面创建的前台线程 thread_one、后台线程 thread_two 和自定义线程 thread_three，程序启动和执行的结果分别如下：

（1）启动前台线程：

```
thread_one.start()
```

执行程序，程序在 3s 后打印如下信息：

```
子线程运行，名称为：Thread-1
```

由此可知，程序中只有一个前台线程和主线程时，它会等待前台线程执行结束后再终止。

（2）启动后台线程：

```
thread_two.start()
```

执行程序，程序立即结束，没有打印任何信息。由此可知，程序中只有一个后台线程和主线程时，它不会等待后台线程执行结束就立即终止。

（3）启动自定义线程：

```
for i in range(3):
    thread_three = MyThread(i)
    thread_three.start()
```

程序运行结果：

```
线程 1 运行
线程 0 运行
线程 2 运行
```

程序中共创建了三个线程，由以上结果可知，每个线程按照自定义的行为输出了相应的语句。

> **注意:**
>
> 　　每启动一个程序，就有一个进程被操作系统创建，与此同时一个线程也立刻执行，该线程通常叫作程序的主线程（Main Thread）。如果再创建新的线程，那么新创建的线程就是主线程的子线程。
>
> 　　Python 的 threading 模块中定义了 current_thread() 函数，该函数永远返回当前线程的实例。主线程实例的名字如 Main Thread，子线程的名字在创建时可以指定，若没有指定名字，Python 自动将线程命名为 Thread-1、Thread-2……

13.5.2　线程的阻塞

　　线程在执行的过程中，会因为等待某个条件的触发进入阻塞状态，例如，控制台阻塞等待接收用户的输入。为了避免线程处于无休止的阻塞态，可以为其指定超时时长。

　　通过调用 join() 方法可以等待其他线程的结束或指定等待的时长，该方法的声明如下：

```
join(timeout = None)
```

　　以上方法的 timeout 参数表示以秒为单位的超时时长，若该参数为 None 则调用该方法的线程一直处于阻塞态至消亡。

　　创建多个子线程，阻塞主线程，按照创建的顺序逐个执行完每个线程的任务后，最后再结束主线程，代码如下：

```
def task():            # 子线程待执行的任务
    time.sleep(2)
    print('子线程%s: 结束'% threading.currentThread().name)
for i in range(5):
    # 创建子线程，指定线程执行 task() 函数
    thread = threading.Thread(target = task)
    thread.start()         # 启动线程
    thread.join()
print('主线程结束')
```

　　以上代码中，首先定义了线程待执行的任务函数 task()，该函数中使用 sleep() 函数让当前线程休眠了 2 s，保证子线程的执行时间比主线程长；然后分别创建了 5 个子线程，每个线程在启动之后会转换为阻塞态，直到先创建的线程执行完毕，再按照顺序执行其他子线程；最后打印"主线程结束"提示用户主线程的执行顺序。

　　程序运行结果：

```
子线程 Thread-1:    结束
子线程 Thread-2:    结束
子线程 Thread-3:    结束
子线程 Thread-4:    结束
子线程 Thread-5:    结束
主线程结束
```

　　由以上结果可知，首先执行结束的是创建的第一个子线程，其次执行结束的是创建的第二个

子线程，依此类推，主线程最后执行结束。

13.6 线 程 锁

同处一个进程的线程间共享数据，这在一定程度上减少了程序的开销。凡事有利必有弊，因为多个线程可以访问同一份资源，所以可能会造成资源不同步的问题。假设售票厅有 100 张火车票，它同时开启两个窗口（视为线程）卖票，每出售一张火车票显示当前的剩余票数。由于两个窗口共同修改同一份车票资源，容易导致票数混乱，如图 13-7 所示。

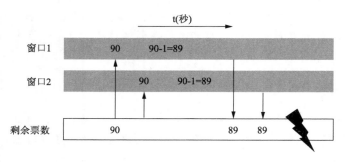

图 13-7　卖火车票示例

从图 13-7 可以看出，窗口 1 和窗口 2 显示的剩余票数均为 90，它们各卖出一张票之后，都会在显示剩余票数的基础上减去 1，使得最终显示的剩余票数都是 89。为了解决这类问题，Python中引入了互斥锁和可重入锁，保证任一时刻只能有一个线程访问共享的数据。本节将针对互斥锁和可重入锁，以及使用锁的过程中造成的死锁现象进行讲解。

13.6.1　互斥锁

互斥锁是最简单的加锁技术，它只有两种状态：锁定（locked）和非锁定（unlocked）。当某个线程需要更改共享数据时，它会先对共享数据上锁，将当前的资源转换为"锁定"状态，其他线程无法对被锁定的共享数据进行修改；当线程执行结束后，它会解锁共享数据，将资源转换为"非锁定"状态，以便其他线程可以对资源上锁后进行修改。在售卖车票的示例中加入互斥锁，如图 13-8 所示。

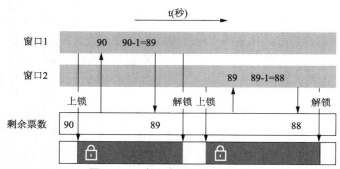

图 13-8　卖火车票示例（加锁后）

从图 13-8 中可以看出，每个窗口在修改剩余票数前都会上锁，确保同一时刻只能自己访问剩余票数，修改完票数之后，再对剩余票数进行解锁。

threading 模块中提供了一个 Lock 类，通过 Lock 类的构造方法可以创建一个互斥锁。例如：

```
mutex_lock = threading.Lock()
```

Lock 类中定义了两个非常重要的方法 acquire()和 release()，分别用于锁定和释放共享数据。acquire()方法可以设置锁定共享数据的时长，其声明如下：

```
acquire(blocking = True, timeout = -1)
```

以上方法中，blocking 参数代表是否阻塞当前线程，若设为 True（默认），则会阻塞当前线程至资源处于非锁定状态；若设为 False，则不会阻塞当前线程。需要注意的是，处于锁定状态的互斥锁调用 acquire()方法会再次对资源上锁，处于非锁定状态的互斥锁调用 release()方法会抛出 RuntimeError 异常，具体使用流程如图 13-9 所示。

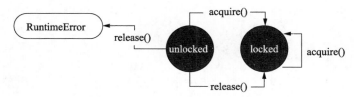

图 13-9　Lock 类方法的使用

下面模拟现实中卖火车票的场景：售票厅总共有 100 张票，它同时开启了两个窗口卖票，每个窗口都实时显示剩余的票数。具体代码如下：

```
1  from threading import Thread, Lock
2  import threading
3  total_ticket = 100                  # 总票数
4  def sale_ticket():                  # 卖票
5      global total_ticket
6      while total_ticket>0:           # 有剩余火车票
7          mutex_lock.acquire()        # 对资源上锁，将互斥锁置为"锁定"状态
8          if total_ticket>0:
9              total_ticket -= 1       # 总票数减少 1 张
10             print('%s 卖出一张票' % threading.currentThread().name)
11         print('剩余票数： %d' % total_ticket)
12         mutex_lock.release()        # 对资源解锁，将互斥锁置为"非锁定"状态
13 if __name__ == '__main__':
14     mutex_lock = Lock()                     # 创建互斥锁
15     thread_one = Thread(target = sale_ticket, name = '窗口 1') # 卖票窗口 1
16     thread_one.start()
17     thread_two = Thread(target = sale_ticket, name = '窗口 2') # 卖票窗口 2
18     thread_two.start()
```

上述代码中，第 3 行定义了表示总票数的全局变量 total_ticket，并设置该变量的初始值为 100；第 4~12 行定义了卖票函数 sale_ticket()，在该函数中使用 while 语句控制重复卖票的操作，包括对资源上锁、卖一张票、提示哪个窗口卖票、显示剩余票数和对资源解锁；第 14 行创建了一个表示互斥锁的 Lock 类对象；第 15~18 行分别创建了两个表示"卖票窗口 1"和"卖票窗口 2"的两个线程 thread_one 和 thread_two，并且调用 start()方法启动两个线程执行卖票的任务。

程序运行结果：

```
窗口 1 卖出一张票
剩余票数： 99
```

```
窗口 1 卖出一张票
剩余票数: 98
...
窗口 2 卖出一张票
剩余票数: 5
窗口 2 卖出一张票
剩余票数: 4
窗口 2 卖出一张票
剩余票数: 3
窗口 1 卖出一张票
剩余票数: 2
窗口 1 卖出一张票
剩余票数: 1
窗口 1 卖出一张票
剩余票数: 0
剩余票数: 0
```

观察以上结果可知,每输出一次"窗口*卖出一张票"就显示剩余票数,且数量是依次递减的,没有出现剩余票数相同的冲突现象。

13.6.2 死锁

死锁是指两个或两个以上的线程在执行过程中,由于资源竞争或者彼此通信而造成的一种阻塞的现象。若没有外力作用,线程将无法继续执行,一直处于阻塞状态。在使用 Lock 对象给资源加锁时,若操作不当很容易造成死锁,常见的不当行为主要包括上锁与解锁的次数不匹配和两个线程各自持有一部分共享资源。

1. 上锁与解锁次数不匹配

例如,创建一个 Lock 对象 mutex_lock,连续上锁两次,只解锁一次,代码如下:

```
from threading import Thread, Lock
def do_work():
    mutex_lock.acquire()                   # 上锁,将互斥锁置为锁定状态
    mutex_lock.acquire()                   # 再次上锁
    mutex_lock.release()                   # 解锁,将互斥锁置为非锁定状态
if __name__ == '__main__':
    mutex_lock=Lock()
    thread = Thread(target = do_work)
    thread.start()
```

以上程序执行后始终无法结束,只能主动停止运行。

2. 两个线程互相使用对方的互斥锁

自定义两个线程,它们分别将互斥锁 lock_a 和 lock_b 进行多次上锁和解锁,代码如下:

```
1    from threading import Thread, Lock
2    import time
3    class ThreadOne(Thread):                 # 自定义线程 ThreadOne
4        def run(self):
5            if lock_a.acquire():             # 若 lock_a 可上锁
6                print(self.name + ': lock_a 上锁')
7                time.sleep(1)
8                if lock_b.acquire():         # 若 lock_b 可上锁
```

```
9              print(self.name + ': lock_b解锁')
10             lock_b.release()          # lock_b解锁
11           lock_a.release()            # lock_a解锁
12  class ThreadTwo(Thread):             # 自定义线程 ThreadTwo
13    def run(self):
14      if lock_b.acquire():             # 若lock_b可上锁
15        print(self.name + ': lock_b上锁')
16        time.sleep(1)
17        if lock_a.acquire():           # 若lock_a可上锁
18          print(self.name + ': lock_a解锁')
19          lock_a.release()             # lock_a解锁
20        lock_b.release()               # lock_b解锁
21  if __name__ == '__main__':
22    lock_a = Lock()
23    lock_b = Lock()
24    thread_one = ThreadOne(name = '线程1')
25    thread_two = ThreadTwo(name = '线程2')
26    thread_one.start()
27    thread_two.start()
```

上述代码中，第 3~11 行定义了线程类 ThreadOne，该类重写了 run() 方法，重新定义了线程的行为。其中，第 5~11 行使用 if 嵌套语句进行判断，若互斥锁 lock_a 处于非锁定状态，首先打印"线程**：上锁"，然后继续判断互斥锁 lock_b 是否处于锁定状态，最后调用 release() 方法解锁；若 lock_b 处于锁定状态，打印"线程**：解锁"，调用 release() 方法解锁。

第 12~20 行定义了另一个线程类 ThreadTwo，该类中同样重写了 run() 方法。其中，第 14~20 行使用 if 嵌套语句进行判断，若 lock_b 处于非锁定状态，首先打印"线程**：上锁"，然后继续判断互斥锁 lock_a 是否处于锁定状态，最后调用 release() 方法解锁；若 lock_a 处于锁定状态，打印"线程**：解锁"，调用 release() 方法解锁。

第 21~27 行是 main 语句，首先创建了两个互斥锁 lock_a 和 lock_b，然后创建了两个线程对象 thread_one 和 thread_two，分别命名为线程 1 和线程 2，最后调用 start() 方法分别执行线程。

执行程序，程序在打印了如下语句后没有任何反应，也没有终止：

```
线程1: lock_a上锁
线程2: lock_b上锁
```

由以上结果可以推测，线程 1 优先将 lock_a 上锁，线程 2 紧接着将 lock_b 上锁。当线程 1 需要将 lock_b 上锁时，线程 2 已经将 lock_b 上锁，它只能等待线程 2 释放 lock_b；同时，线程 2 对 lock_a 上锁时发现线程 1 已经将 lock_a 上锁，因此它只能等待线程 1 释放 lock_a，程序因陷入死锁而一直未能终止。

若产生像第一种死锁的情况，可以直接增加解锁的代码，使得上锁和解锁的次数相匹配。若产生像第二种死锁的情况，可以设置锁定的时长，即调用 acquire() 方法时为 timeout 参数传入值。例如，在 ThreadOne 类中将 lock_b 上锁时设置超时时长为 2s，代码（加粗部分）如下：

```
...
if lock_a.acquire():                    # lock_a上锁
    print(self.name + ': lock_a上锁')
    time.sleep(1)
    if lock_b.acquire(timeout = 2):     # lock_b上锁
        print(self.name + ': lock_b解锁')
```

```
            lock_b.release()                    # lock_b 解锁
...
```

再次执行程序，程序在 2s 以后终止执行，并打印了以下语句：

```
线程 1：lock_a 上锁
线程 2：lock_b 上锁
线程 2：lock_a 解锁
```

由以上语句推测可知，线程 1 和线程 2 分别对 lock_a 和 lock_b 上锁后处于阻塞状态，它们都在等待对方先解锁。阻塞了 2s 之后，线程 1 因超过等待的时长而继续向下执行，将 lock_a 解锁；线程 2 发现 lock_a 当前处于非锁定状态，它对 lock_a 上锁后再解锁，打印"线程 2：lock_a 解锁"。

13.6.3　可重入锁

为了避免因同一线程多次使用互斥锁造成的死锁，threading 模块中提供了 RLock 类。RLock 类代表可重入锁，它允许同一线程多次锁定和多次释放。通过 RLock 类的构造方法可以创建一个可重入锁，例如：

```
r_lock = RLock()
```

RLock 类中包含以下三个重要的属性：

（1）_block：表示内部的互斥锁。

（2）_owner：表示可重入锁的持有者的线程 ID。

（3）_count：表示计数器，用于记录锁被持有的次数。针对 RLock 对象的持有线程（属主线程），每上锁一次计数器就+1，每解锁一次就-1。若计数器为 0，则释放内部的锁，这时其他线程可以获取内部的互斥锁，继而获取 RLock 对象。

可重入锁的实现原理是通过为每个内部锁关联计数器和属主线程。当计数器为 0 时，内部锁处于非锁定状态，可以被其他线程持有；当线程持有一个处于非锁定状态的锁时，它将被记录为锁的持有线程，计数器置为 1。

RLock 类中使用 acquire() 和 release() 方法锁定和释放数据，具体用法与 Lock 类相似，此处不再赘述。

下面自定义一个线程类 MyThread，在该类重写的 run() 方法中将可重入锁多次锁定和释放，并在锁定期间修改全局变量 num 的值，之后启动五个线程执行程序。代码如下：

```
1    from threading import Thread, RLock
2    import time
3    num = 0                                   # 定义全局变量
4    r_lock = RLock()                          # 创建可重入锁 r_lock
5    class MyThread(Thread):
6        def run(self):
7            global num
8            time.sleep(1)
9            if r_lock.acquire():              # 若 r_lock 处于锁定状态
10               num = num+1                    # 修改全局变量
11               msg = self.name + '将 num 改为' + str(num)
12               print(msg)
13               r_lock.acquire()               # 再次上锁
14               r_lock.release()               # r_lock 解锁
```

```
15              r_lock.release()              # r_lock 再次解锁
16  if __name__ == '__main__':
17      for i in range(5):                    # 创建 5 个线程
18          t = MyThread()
19          t.start()
```

上述代码中，第 3、4 行分别定义一个全局变量 num 和全局可重入锁 r_lock;第 5~15 行定义了一个线程类 MyThread,在该类重写的 run()方法中判断可重入锁的状态。若该锁已经处于锁定状态，首先将全局变量 num 的值加 1 后打印，然后对 r_lock 上锁，最后连续调用两次 release()方法解锁。第 17~19 行创建了 5 个线程执行任务。

程序运行结果：

```
Thread-1 将 num 改为 1
Thread-3 将 num 改为 2
Thread-2 将 num 改为 3
Thread-5 将 num 改为 4
Thread-4 将 num 改为 5
```

由以上结果可知，线程 Thread-1 优先执行，将 num 的值改为 1；线程 Thread-3 第二个执行，将 num 的值改为 2......线程 Thread-4 最后执行，将 num 的值改为 5。由此可知，可重入锁同样能够解决多线程访问共享数据的冲突问题。

13.7　线 程 同 步

线程按预定的次序执行称为线程的同步。例如，由线程 1 执行完任务 1，之后由线程 2 执行完任务 2，最后由线程 3 执行完任务 3，流程示例如图 13-10 所示。

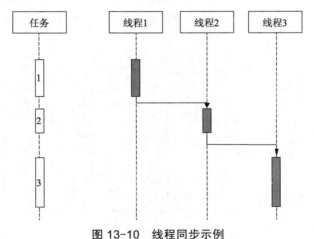

图 13-10　线程同步示例

每个线程都具有独立运行、状态不可预测、执行顺序随机的特点。因为这些特点，若希望线程能通过判断其他线程的状态决定下一步操作，使其按次序执行尤为困难。前面介绍的锁是最简单的同步机制，除此之外，threading 模块中提供的 Condition 类和 queue 模块中提供的 Queue 类也能实现线程的同步。下面分别进行介绍。

13.7.1 通过 Condition 类实现线程同步

Condition 类代表条件变量，它允许线程在触发某些事件或达到特定条件后才开始执行。通过 Condition 类提供的构造方法可以创建一个实例，该方法的声明如下：

```
Condition(lock=None )
```

以上构造方法中只有一个 lock 参数，该参数用于接收一个 Lock 对象或 RLock 对象。若没有为 lock 参数传入值，Condition 对象会自动生成一个 RLock 对象。

Condition 类中提供了与锁相关的 acquire()和 release()方法，这两个方法与 Lock 类中的用法一致。该类还提供了一些常用的方法，具体如下：

（1）wait(timeout=None)：释放线程持有锁的同时阻塞线程，直至线程接收到通知被唤醒或超时。

（2）notify()：唤醒一个处于阻塞态的线程。

（3）notify_all()：唤醒所有处于阻塞态的线程。

综上所述，Condition 类中包含一个锁和一个等待池（放置处于阻塞态的线程）。线程先调用 acquire()方法对 Condition 对象的内部锁上锁，并判断其是否满足条件，具体分为以下两种情况：

- 若不满足条件，Condition 对象调用 wait()方法释放内部的锁，并将线程转换为阻塞态，同时在等待池中记录处于阻塞态的这个线程。
- 若满足条件，Condition 对象调用 notify()或 notify_all() 方法唤醒等待池中的任意一条线程或所有线程，并使线程调用 acquire()方法尝试将 Condition 对象的内部锁上锁。

假设某账户开户后余额为 0，它具备支出和收入的统计功能。现在系统中分配了两个线程扮演"存款者"和"取款者"两个角色，分别执行向账户中存钱和取钱的行为：若当前账户的余额为 0，先要求"取款者"处于等待状态，再要求"存款者"立即向账户中存钱；若当前账户中有余额，先要求"存款者"处于等待状态，再要求"取款者"立即从账户中取出所有的钱。"存款者"和"取款者"不允许连续两次存钱和取钱；执行完成后显示账户余额。下面使用程序来模拟以上场景，代码如下：

```
1    import threading
2    from threading import Thread, Condition
3    class Account(object):
4        def __init__(self, account_no, balance):
5            self.account_no = account_no        # 账户编号
6            self._balance = balance             # 账户余额
7            self.cond = Condition()             # 创建表示条件变量的 cond 对象
8            self._flag = False                  # 标记是否已有存款
9        # 取钱操作
10       def draw_money(self, draw_amount):
11           # 加锁,相当于调用 Condition 绑定的 Lock 的 acquire()
12           self.cond.acquire()
13           try:
14               # 如果 self._flag 为假,说明账户中还没有人存钱进去,取钱方法阻塞
15               if not self._flag:
16                   self.cond.wait()
17               else:
18                   # 执行取钱操作
19                   print(threading.current_thread().name+
20                       " 取钱: " + str(draw_amount))
```

```
21                self._balance -= draw_amount
22                print("账户余额为: "+str(self._balance))
23                # 将表示账户是否已有存款的标记设为 False
24                self._flag = False
25                # 唤醒其他线程
26                self.cond.notify_all()
27        # 使用 finally 块来释放锁
28        finally:
29            self.cond.release()
30    # 存钱操作
31    def deposit(self, deposit_amount):
32        # 加锁,相当于调用 Condition 绑定的 Lock 的 acquire()
33        self.cond.acquire()
34        try:
35            # 如果 self._flag 为真,说明账户中已有人存钱进去,存钱方法阻塞
36            if self._flag:
37                self.cond.wait()
38            else:
39                # 执行存款操作
40                print(threading.current_thread().name +
41                    " 存钱: " + str(deposit_amount))
42                self._balance += deposit_amount
43                print("账户余额为: " + str(self._balance))
44                # 将表示账户是否已有存款的标记设为 True
45                self._flag = True
46                # 唤醒其他线程
47                self.cond.notify_all()
48        # 使用 finally 块来释放锁
49        finally:
50            self.cond.release()
51 # 创建一个账户
52 acct = Account("123456" , 0)
53 for i in range(5):
54    # 创建并启动一个“取钱”线程
55    threading.Thread(name = "取款者", target = acct.draw_money,
56                    args = (500,)).start()
57    # 创建并启动一个“存款”线程
58    threading.Thread(name = "存款者", target = acct.deposit,
59                    args = (500,)).start()
```

以上代码中第 3~50 行定义了 Account 类,该类中共包含三个方法: __init__()、draw_money()和 deposit(),分别用于账户初始化、取钱和存钱。

__init__()方法中定义了 4 个属性: account_no、_balance、cond 和_flag。其中,account_no 表示账户编号,_balance 表示账户余额;cond 表示创建的 Condition 对象,用于在满足条件的情况下阻塞和唤醒线程;_flag 表示账户是否已有存款的标记,True 为已有存款,False 为没有存款。

draw_money()方法中,先对内部锁 cond 进行锁定,之后使用 if...else 语句区分账户有存款和无存款两种情况,若 not _flag 为 True,说明账户中没有存款,需要通过 cond.wait()将处于阻塞的线程放入等待池中;若 not _flag 为 False,说明账户中有存款,将账户余额_balance 全部取出,_flag 的标记修改为 False,并通过 cond.notify_all()将所有处于等待池中的线程唤醒。

同样，deposit()方法中，先对 cond 的内部锁进行锁定，之后使用 if...else 语句区分账户有存款和无存款两种情况，若_flag 为 True，说明账户中有存款，通过 cond.wait()将处于阻塞的线程放入等待池中；若_flag 为 False，说明账户中没有存款，将账户余额_balance 重置为存款，_flag 的标记修改为 True，并通过 cond.notify_all()将所有处于等待池中的线程唤醒。

第 52~59 行创建了一个余额为 0 的账户 acct，与 5 个名称为"存款者"和"取款者"的线程，分别执行代表存钱行为的方法 deposit()和代表取钱行为的方法 draw_money()。

程序运行结果：

```
存款者 存钱: 500
账户余额为: 500
取钱者 取钱: 500
账户余额为: 0
存款者 存钱: 500
账户余额为: 500
取钱者 取钱: 500
账户余额为: 0
存款者 存钱: 500
账户余额为: 500
取钱者 取钱: 500
账户余额为: 0
存款者 存钱: 500
账户余额为: 500
取钱者 取钱: 500
账户余额为: 0
存款者 存钱: 500
账户余额为: 500
```

由以上结果可知，当账户余额为 0 时，程序先执行了账户存钱的行为，打印"存款者 存钱：500"，之后又执行了账户取钱的行为，打印"取钱者 取钱：500"…… 共打印了 5 次"存款者 存钱：500"和 5 次"取钱者 取钱：500"。由此表明，程序通过 Condition 对象成功实现了线程间的同步。

13.7.2 通过 Queue 类实现线程同步

Queue 类表示一个 FIFO（先进先出）队列，即先插入队列中的数据先被读取，用于多个线程之间的信息传递。创建队列的方式比较简单，可以直接通过如下构造方法实现：

```
Queue(maxsize=0)
```

以上方法中只有一个 maxsize 参数，该参数指定了队列的长度，默认为 0，表示队列的长度没有任何限制。

Queue 类中提供了一些操作队列的常见方法，这些方法的功能说明如表 13-2 所示。

表 13-2　Queue 类的常见方法

方　　法	说　　明
qsize()	返回队列的大小
empty()	若队列为空返回 True，否则返回 False
full()	若队列已满返回 True，否则返回 False

续表

方　　法	说　　明
put(item, block=True, timeout=None)	往队尾添加一个元素。该方法中共包含 3 个参数，item 参数代表要添加的元素值；block 参数代表是否阻塞队列，若设为 True，队列满时会阻塞当前线程，若设为 False，队列满时会抛出 queue.Full 异常；timeout 参数代表超时时长，若 timeout 设为 None，会无限期等待至队列中空出一个元素单元，若 timeout 设为正数，会阻塞等待指定时长后，抛出 queue.Full 异常。需要注意的是，若 block 参数设为 False，会忽略 timeout 参数
put_nowait(item)	立即向队列中存入一个元素，相当于 put(item, False)
get(block=True, timeout=None)	移除并返回队头的第一个元素。该方法中共包含 2 个参数，block 参数代表是否阻塞队列，若设为 True，队列空时会阻塞当前线程，若设为 False，队列空时会抛出 queue.Empty 异常；timeout 参数代表超时时长，若 timeout 设为 None，会无限期等待至队列中插入一个元素，若 timeout 设为正数，会阻塞等待指定时长后，抛出 queue.Empty 异常
get_nowait()	立即从队列中取出一个元素，相当于 get(False)

为了帮助大家理解以上方法，下面通过一个程序进行演示让主线程和多个子线程协调合作。该程序的主线程先往队列中插入数据，再等子线程取出所有的数据之后结束执行，具体代码如下：

```python
import threading
from queue import Queue
from threading import Thread, Lock
import time
class MyThread (Thread):
    def __init__(self, threadID, name, q):
        super().__init__()
        self.threadID = threadID
        self.name = name
        self.q = q
    def run(self):
        print(self.name + "开始 ")
        process_data(self.name, self.q)
        print(self.name + "结束 ")
def process_data(threadName, q):
    while not exit_flag:
        queueLock.acquire()
        if not workQueue.empty():
            data = q.get()
            queueLock.release()
            print("%s 取出元素 %s" % (threadName, data))
        else:
            queueLock.release()
        time.sleep(1)
exit_flag = 0    # 线程退出标记
threadList = ["Thread-1", "Thread-2", "Thread-3"]
nameList = ["One", "Two", "Three", "Four", "Five"]
queueLock = Lock()
workQueue = Queue(10)
threads = []
```

```
threadID = 1
# 创建新线程
for tName in threadList:
    thread = MyThread(threadID, tName, workQueue)
    thread.start()
    threads.append(thread)
    threadID += 1
# 向队列中写入数据
queueLock.acquire()
for word in nameList:
    workQueue.put(word)
    print("%s 存入元素 %s" % (threading.currentThread().name, word))
queueLock.release()
# 等待队列清空
while not workQueue.empty():
    pass
# 通知线程是时候退出
exit_flag = 1
# 等待所有线程完成
for t in threads:
    t.join()
print("主线程结束")
```

程序运行结果：

```
Thread-1 开始
Thread-2 开始
Thread-3 开始
MainThread 存入元素 One
MainThread 存入元素 Two
MainThread 存入元素 Three
MainThread 存入元素 Four
MainThread 存入元素 Five
Thread-3 取出元素 One
Thread-1 取出元素 Two
Thread-2 取出元素 Three
Thread-3 取出元素 Four
Thread-2 取出元素 Five
Thread-2 结束
Thread-3 结束
Thread-1 结束
主线程结束
```

13.8   实例：生产者与消费者模式

生产者与消费者模式是多线程同步应用的经典案例，它通过一个固定大小的缓冲区解决了代表"生产者"和"消费者"的两个线程在实际运行时发生的强耦合的问题——由于生产者的生产能力与消费者的消费能力互不匹配，导致双方必须互相阻塞等待处理。在生产者与消费者模式中，生产者与消费者彼此之间通过缓冲区进行通信，示意过程如图 13-11 所示。

图 13-11 线程同步示例

由图 13-11 可知，生产者在生产完数据之后直接将数据存储到队列中，无须等待消费者处理；消费者直接从队列中取出数据，无须再等待生产者生产，平衡了生产者与消费者的能力。

假设现在有一群生产者（Producer）和一群消费者（Consumer）通过一个市场来交互产品。生产者的"策略"是若市场上剩余的产品少于 1 000 个则生产 100 个产品放到市场上；而消费者的"策略"是若市场上剩余产品的数量多于 100 个则消费 3 个产品。

现在请使用 Queue 类编写一个案例，模拟以上描述的生产者与消费者模式的场景。

小　结

本章主要介绍了两种多任务编程的方式：进程和线程，首先介绍的是关于进程的知识，包括进程的概念、进程的创建方式、进程间的通信，然后介绍的是关于线程的知识，包括线程的概念、线程的基本操作、线程中的锁和线程的同步，最后开发了生产者与消费者模式的实例。通过本章的学习，希望读者能掌握进程和线程的使用方法，并合理地运用到现实开发中。

习　题

一、填空题

1. 操作系统调度并执行程序，这个"执行中的程序"称为_____。

2. 若当前执行的进程是子进程，fork()函数返回_____。

3. 线程可与同属一个进程的其他线程_____该进程所拥有的全部资源。

4. 通过 Thread()方法创建的线程默认是_____线程。

5. 互斥锁是最简单的加锁技术，它有_____和非锁定两种状态。

二、判断题

1. 每个应用程序都有一个自己的进程。　　　　　　　　　　　　　　　　（　　　）

2. 每个进程中所拥有的数据都可以与其他进程共享。　　　　　　　　　　（　　　）

3. 线程包含在进程之中，是进程的实际运作单位。　　　　　　　　　　　（　　　）

4. 线程在创建完成后即可启动。　　　　　　　　　　　　　　　　　　　（　　　）

5. 若没有外力作用，处于死锁的线程会一直阻塞下去。　　　　　　　　　（　　　）

三、选择题

1. 当运行中的进程因等待用户输入而无法继续运行时，会进入（　　　）。

　　A. 新建态　　　　　　B. 就绪态　　　　　　C. 阻塞态　　　　　　D. 挂起态

2. 下列选项中，（　　　）可以批量创建进程。

　　A. fork()　　　　　　B. Pool()　　　　　　C. Process()　　　　　D. Thread()

3. （　　　）是独立于程序且不会因程序终止而执行结束的。

　　A. 主线程　　　　　　B. 子线程　　　　　　C. 前台线程　　　　　D. 后台线程

4. 下列方法中，可以将运行态的线程转换成阻塞态的是（　　　）。

    A. join()　　　　　　　　　　　　　　B. run()

    C. start()　　　　　　　　　　　　　　D. current_thread()

5. 下列方法中，用于向队列中添加元素的是（　　）。

    A. qsize()　　　　　B. get()　　　　　C. full()　　　　　D. put()

四、简答题

1. 简述主线程的作用。

2. 什么是死锁？

五、编程题

自定义两个线程类 PrintNum 和 PrintWord，一个线程（PrintNum 类对象）负责打印 1~52，另一个线程（PrintWord 类对象）打印 A~Z，打印顺序是 12A34B…5152Z。

第 ⑭ 章 网络编程

学习目标：

◎ 了解网络编程的基本概念。

◎ 掌握 TCP 与 UDP 通信流程，熟练使用 socket 内置方法。

◎ 掌握 TCP 并发服务器实现方式。

◎ 熟悉 I/O 多路转接服务器的搭建方法。

当今社会是信息化社会，信息的传播离不开网络。随着计算机与因特网的普及和发展，网络已渗入到社会生活的各行各业，大到操作系统，小到手机应用，都与网络息息相关。因此，网络编程是 Python 学习中的重要环节，本章将对 Python 网络编程相关知识进行讲解。

14.1 网络概述

网络编程的实质是两台设备中的进程通过网络进行数据交换，即进程间的网络通信。网络是网络编程的基础，在实现网络编程之前，需要先掌握一些与网络相关的知识，下面将对这些知识进行介绍。

14.1.1 协议与体系结构

网络中存在多台主机，为保证主机间能顺利通信，且通信双方可以获取到准确、有效的数据，应制定一组用于数据传输的规则，这组规则就是协议。

协议需要预先制定，同时，为确保网络通信过程中对各种事件的应对能"有法可依"，协议应面面俱到。但网络间的通信需要经历复杂的过程，一段复杂过程中的各项操作会出现各种各样的结果，复杂过程的多种结果也会是复杂的。为了简化协议，人们考虑按照通信过程中各项工作的性质，将工作分为不同层次，并为每一层制定各自的协议。

制定协议时为网络间通信过程所划分的层次通常称为计算机网络的体系结构。下面先对网络体系结构进行讲解，再基于体系结构中的层次介绍常用的网络协议。

1. 网络体系结构

计算机网络中常见的体系结构有 OSI（Open System Interconnect，开放系统互连）参考模型和

TCP/IP（Transmission Control Protocol/Internet Protocol，传输控制协议/网际协议）模型。

OSI 由国际标准协会（ISO）制定，共分为七层，由上而下依次为应用层、表示层、会话层、传输层、网络层、数据链路层和物理层。虽然 OSI 由 ISO 制定，但其实用性较差，并未得到广泛应用。

在 OSI 诞生时，因特网已实现了全世界的基本覆盖，因此市面上应用最广泛的体系结构为因特网中使用的 TCP/IP 体系结构，该结构包含四层，分别为应用层、传输层、网际层和网络接口层。

此外，在计算机网络中通常以一种包含五层协议的体系结构来讲解各层之间的功能与联系，这种体系结构结合 OSI 和 TCP/IP 的优点，分为应用层、传输层、网络层、数据链路层和物理层。

以上三种体系结构中各层的对应关系如图 14-1 所示。

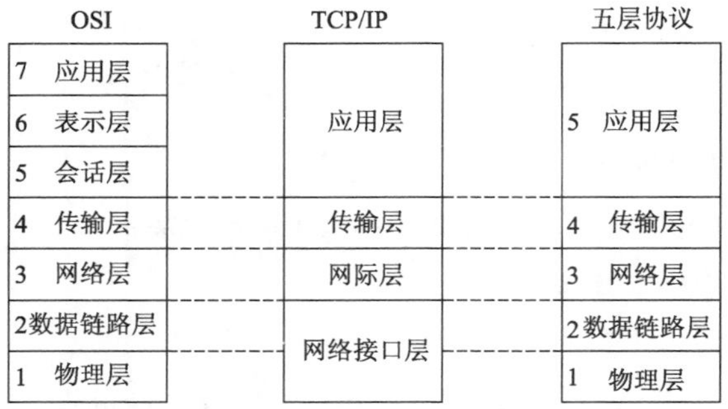

OSI	TCP/IP	五层协议
7　应用层		
6　表示层	应用层	5　应用层
5　会话层		
4　传输层	传输层	4　传输层
3　网络层	网际层	3　网络层
2 数据链路层		2 数据链路层
1　物理层	网络接口层	1　物理层

图 14-1　计算机网络体系结构

五层协议体系结构中各层的功能分别如下：

（1）物理层：计算机体系结构的最底层，它为设备之间的数据传输提供可靠的环境。

（2）数据链路层：简称链路层，该层将从网络层获取的数据报组装成帧，在网络结点之间以帧为单位传输数据。

（3）网络层：为分组交换网上的不同主机提供通信服务，在进行通信时，将从传输层获取的报文段或数据报封装成分组或包。

（4）传输层：为应用进程提供连接服务，实现连接两端进程的会话。

（5）应用层：为应用进程提供服务，定义了应用进程间通信和交互的规则。

2．协议

计算机网络通信基于 TCP/IP（Transmission Control Protocol/Internet Protocol，传输控制协议/网际协议），TCP/IP 实际上并不是协议而是协议族，它由多种协议构成，包括 TCP 协议、UDP 协议、IP 协议等，其中 TCP、UDP 协议应用在传输层；IP 协议应用在网络层。

（1）TCP 协议：即传输控制协议（Transmission Control Protocol），该协议是一种面向连接的、可靠的、基于字节流的传输协议。在传递数据之前，收发双方会先通过一种被称为"三次握手"的协商机制使通信双方建立连接，为数据传输做好准备。为了防止报文段丢失，TCP 会给每个数据段一个序号，使接收端按序号顺序接收数据。若接收端正常接收到报文段，向发送端发送一个确认信息；若发送端在一定的时延后未接收到确认信息，便假设报文段已丢失，并重新向接收端发送对应报文段。此外，TCP 协议中定义了一个校验函数，用于检测发送和接收的数据，防止产生数据错误。

通信结束后，通信双方经过"四次握手"关闭连接。因为 TCP 连接是全双工的（全双工指交换机在发送数据的同时也能够接收数据，两者同步进行，类似语音通话，双方在说话的同时也能够听到对方的声音），所以每个方向必须单独关闭连接，即连接的一端需先发送关闭信息到另一端。当关闭信息发送后，发送关闭信息的一端不会再发送信息，但另一端仍可向该端发送信息。

（2）UDP 协议：即用户数据报协议（User Datagram Protocol），它是一种无连接的传输层协议。UDP 的收发双方不存在连接，当按照 UDP 协议传输数据时，发送方使用套接字文件发送数据报给接收方，之后可立即使用同一个套接字发送其他数据报给另一个接收方；同样，接收方也可以通过相同的套接字接收由多个发送方发来的数据。

UDP 不对数据报进行编号，它不保证接收方以正确的顺序接收到完整的数据，但会将数据报的长度随数据发送给接收方。虽然 UDP 面向无连接的通信，不能如 TCP 般很好地保证数据的完整性和正确性，但 UDP 处理速度快，耗费资源少，因此在对数据完整性要求低、对传输效率要求高的应用中一般使用 UDP 协议传输数据。

（3）IP 协议：有寻址和分段两个基本功能。传输层的数据封装完成后没有直接发送到接收方，而是先递达网络层；网络层又在原数据报前添加 IP 首部，封装成 IP 数据报，并解析数据报中的目的地址，为其选择传输路径，将数据报发送到接收方，IP 协议中这种选择道路的功能称为路由功能。此外，IP 协议可重新组装数据报，改变数据报的大小，以适应不同网络对包大小的要求。需要说明的是，IP 协议不提供端到端或结点到结点的确认，只检测报头中的校验码，不提供可靠的传输服务。

虽然各层使用的协议互不相同，但协议通常都由如下三部分组成：

● 待交互数据的结构和格式。
● 进行交互的方式，包括数据的类型、对数据的处理动作等。
● 事件实现顺序的说明。

一组完整的协议不仅需要考虑通信双方在正常情况下的动作，还应考虑到通信时可能出现的异常，并对异常情况下通信双方的动作做出规定。

14.1.2　数据传输流程

在数据传输过程中，除物理层之外的其他各层都会向原始数据中添加控制信息。若接收双方通过同一个路由器连接，那么数据在传输过程中的变化将如图 14-2 所示。

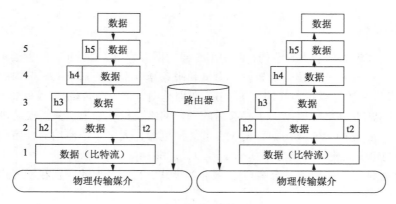

图 14-2　数据传输过程

由图 14-2 可知，两个进程进行通信时，数据传输流程及数据的变化情况如下：

（1）来自应用进程 1 的数据递达应用层，应用层（这里采用的是五层协议模型）根据本层协议在其头部添加相应控制信息 h5，之后数据被传向传输层。

（2）传输层接收到来自应用层的信息，经传输协议 TCP 或 UDP 添加控制信息 h4（TCP 首部或 UDP 首部）后，作为数据段或数据包被传向网络层。

（3）网络层收到来自传输层的数据后，为其添加控制信息 h3（IP 首部）并封装为 IP 数据报，传递到数据链路层。

（4）数据链路层接收到来自网络层的 IP 数据报，在其头尾分别添加控制信息 h2，封装成数据帧并传递到物理层。

（5）物理层接收到来自链路层的数据帧，将其转化为由 0、1 代码组成的比特流，再传送到物理传输媒介。

（6）物理传输媒介中的比特流经路由转发，首先递达进程 2 所在的物理传输媒介中，之后按照 TCP/IP 协议族中的协议，先将比特流格式的数据转换为数据帧，再依次去除数据链路层、网络层、传输层和应用层添加的控制信息，最后将原始数据传送给应用程序 2。

至此，两个进程完成了在网络间的一次数据传递。

由以上数据传输过程可知，体系结构中各层的实现建立在其下一层所提供的服务上，且本层继续向上层提供服务，各层之间的常用协议及层级关系如图 14-3 所示。

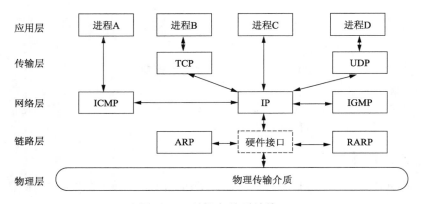

图 14-3　协议与体系结构

14.1.3　网络架构

网络架构分为 C/S 架构和 B/S 架构，其中 C/S 架构即客户机（Client）/服务器（Server）模式，这种架构需要在进行通信的两端分别架设客户机和服务器，常见的基于 C/S 架构的有银行系统中的 ATM 机、打印店中的计算机与打印机等；B/S 架构是浏览器（Browser）/服务器（Server）架构，这是 Web（World Wide Web，万维网）兴起后的一种网络架构，客户机只需安装浏览器，便可与服务器进行交互。常见的 B/S 架构如百度、谷歌等浏览器，大多学校使用的校园网，以及公司内网等。C/S 架构与 B/S 架构示意图分别如图 14-4（a）和 14-4（b）所示。

实际上，这两种网络架构都符合客户端/服务器模式，它们最大的区别在于客户端是否需要特定的硬件支持。

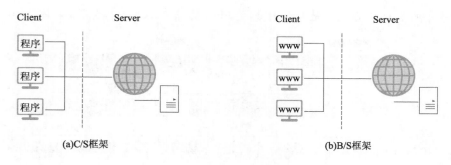

图 14-4　网络架构示意图

网络架构中的客户端主动发出请求，服务器被动地提供服务。服务器一般需要永久运行，以便能随时接收并处理用户请求；而客户端只在需要时启动。客户端/服务器之间可以是一对一、多对一，也可以是多对多的关系。

14.1.4　IP 地址和端口号

IP 地址和端口号用于标记网络中的一个进程。

1．IP 地址

IP 地址用于在网络上唯一标记一台计算机。网络中包含多个小型的网络与众多主机，若主机 pc1 要向主机 pc2 发送信息，那么 pc1 必须能在这个网络中找到 pc2，这要求 pc2 在整个网络中有一个唯一标识，每台主机在网络中的唯一标识就是 IP 地址。

目前较通用的 IP 地址是互联网协议的第四版地址，即 IPv4。IPv4 由 4 个字段和 3 个分隔字段的 "."组成，每个字段的取值范围为 0~255，即 0~2^8，如 127.0.0.1 就是一个标准的 IPv4 格式的地址，使用这种方式表示的地址叫作"点分十进制"地址。IP 地址中的字段也可以使用二进制表示，如 127.0.0.1 也可表示为 11111111.00000000.00000000.00000001，这个地址是本机回送地址（Loopback Address），可用于网卡在本机内部的访问。

IPv4 地址共分为 5 类，依次为 A 类 IP 地址、B 类 IP 地址、C 类 IP 地址、D 类 IP 地址和 E 类 IP 地址。其中 A、B、C 类 IP 地址在逻辑上又分为两个部分：第一部分标识网络；第二部分标识网络中的主机。例如，IP 地址 192.168.43.21，该地址的前 3 个字段标识网络号为 "192.168.43.0"，最后一个字段 "21"标识该网络中的主机，具体如图 14-5 所示。

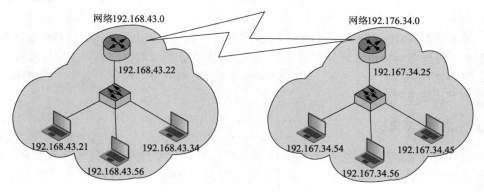

图 14-5　IP 地址图示

图 14-5 中所示的 IP 地址都是 C 类 IP 地址,IP 地址根据取值范围分类,具体如图 14-6 所示。

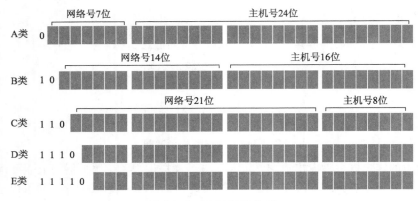

图 14-6　IP 地址的分类

A、B、C 类 IP 地址每个网络号中的可用 IP 地址数量总是 2^n-2（n 为某类 IP 地址的网络号位数），这是因为,主机号从 0 开始,但第一个编号"0"与网络号一起表示网络号（如 C 类 IP 地址的第一个网络号为 127.0.0.0）,最后一个编号"255"与网络号一起作为广播地址存在（如 C 类 IP 地址的第一个广播地址为 127.0.0.255）。

此外,每个网段中都有一部分 IP 地址是供给局域网使用的,这类 IP 地址也称为私有地址,它们的范围如下:

（1）10.0.0.0 ~ 10.255.255.255。

（2）172.16.0.0 ~ 172.31.255.255。

（3）192.168.0.0 ~ 192.168.255.255。

由于使用四个字段表示的 IP 地址难以阅读和记忆,人们发明了域名系统,域名系统中的每个域名都对应唯一一个 IP 地址,即使用域名或者与域名对应的 IP 地址可以访问网络上的同一台主机,例如,使用域名 www.baidu.com 或者 IP 地址 202.108.22.5 都能访问百度的主机。

域名和 IP 地址也称为主机名（Hostname）。

2. 端口号

IP 地址只能确定网络中的主机,要确定主机中的进程,还需用到端口号（Port）。在计算机网络中,端口号是一台主机中进程的唯一标识,因此一个进程在向另一个进程发送数据时,要使用"IP 地址+端口号"确定网络中的唯一进程。

端口号的最大取值为 65 535,其中 0~1 024 号端口一般由系统进程占用,用户可在网络上查询相关资料查看由国际因特网地址分配委员会维护的官方已分配的端口列表。用户在编写自己的服务器时,可以选择一个大于 1 024、小于 65 535 的端口号对其进行标记,但要注意选择空闲端口号,避免与其他服务器产生冲突。

多学一招：子网掩码

子网掩码又称地址掩码,它用于划分 IP 地址中的网络号与主机号,网络号所占的位用"1"标识,主机号所占的位用"0"标识,因为 A、B、C 类 IP 地址网络号和主机号的位置是确定的,因此子网掩码的取值也是确定的,分别如下:

（1）255.0.0.0，等同于 11111111.00000000.00000000.00000000，用于匹配 A 类地址；

（2）255.255.0.0，等同于 11111111. 11111111. 00000000. 00000000，用于匹配 B 类地址；

（3）255.255.255.0，等同于 11111111. 11111111. 11111111. 00000000，用于匹配 C 类地址。

子网掩码通常应用于网络搭建中，申请到网络号之后，用户可利用子网掩码将该网络号标识的网络划分为多个子网。

14.2　socket 网络编程基础

在网络中，客户端（Client）为用户提供本地服务，接收并主动向服务器传送用户请求；服务器（Server）接收与处理客户端请求，并向客户端返回请求结果。其中客户端程序可以只在需要时启动，服务器程序则应一直运行，以保证能随时接收和处理客户端请求。客户端和服务器之间的通信通过 socket 实现，本节将对 socket 以及与网络编程相关的知识进行讲解。

14.2.1　socket 套接字

socket 是进程间通信方式的一种，常被称为套接字。socket 起源于 UNIX，在 UNIX 和 Linux 中，socket 被具象化为一种文件。当使用 socket 进行通信时，进程会先生成一个 socket 文件，之后再通过 socket 文件进行数据传递。

Python 有一个名为 socket 的模块，该模块包含了网络编程的类、方法、函数等。利用 socket 模块中的构造方法 socket() 可以创建一个 socket 对象。socket() 方法的语法格式下：

```
socket.socket(family = AF_INET, type = SOCK_STREAM, proto = 0, fileno = None)
```

关于 socket() 方法参数的相关介绍具体如下：

（1）参数 family 用于指定地址族，默认值为 AF_INET，表示可用于地址为 IPv4 格式的进程间通信，也可以使用 AF_INET6 和 AF_UNIX 为 family 赋值：

- AF_INET6：表示可用于地址为 IPv6 格式的进程间通信。
- AF_UNIX：只能用于单一的 UNIX 系统进程间通信。

（2）参数 type 用于指定 socket 的类型，该参数决定 socket 的通信方式，其取值及代表的含义分别如下：

- SOCK_STREAM：type 的默认值，表示流式套接字，用于 TCP 通信中。
- SOCK_DGRAM：数据报式套接字，用于 UDP 通信中。
- SOCK_RAW：原始套接字，用于处理 ICMP、IGMP 等网络报文，或需要用户构造 IP 头部的通信中。

（3）参数 proto 用于指定与特定的地址家族相关的协议，其默认值为 0，表示由系统根据地址格式和套接字类型自动选择合适的协议。

（4）参数 fileno 用于为套接字文件设置文件描述符，默认设置为 None，表示由系统分配。

socket() 的使用示例如下：

```
import socket
socket_tcp = socket.socket(socket.AF_INET, socket.SOCK_STREAM)
socket_udp = socket.socket(socket.AF_INET, socket.SOCK_DGRAM)
```

使用以上的两条语句，分别可创建一个基于 TCP 通信的流式套接字 socket_tcp 和一个基于 UDP 协议的数据报式套接字 socket_udp。socket() 方法创建的套接字默认为一个主动套接字，当需要与其他进程通信时，该套接字应主动向目标进程发送数据。

网络通信中的程序通常分为服务器程序和客户端程序，这两种程序都会创建 socket 对象，但针对 socket 的操作流程各不相同。

14.2.2　socket 通信流程

根据 socket 的类型，网络通信又分为基于 TCP 协议、面向连接的通信和基于 UDP、面向无连接的通信。

1．面向连接的通信

面向连接的通信类似日常生活中的电话服务：在电话服务中，接电话的一方需要保持手机畅通，以便可随时接收他人发送的通话请求；在电话连通之后，通话的双方可以开始交换数据。面向连接的 socket 通信流程如图 14-7 所示。

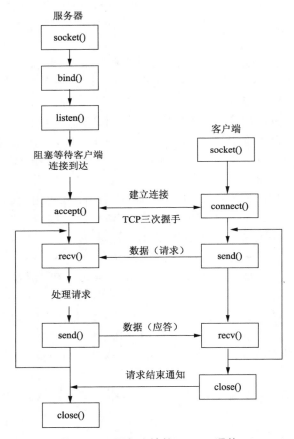

图 14-7　面向连接的 socket 通信

结合图 14-7，在面向连接的通信中，服务器的工作流程如下：

（1）调用 socket()方法创建 socket。

（2）调用 bind()方法将服务器进程与端口地址绑定。

（3）调用 listen()方法开启服务器监听，等待客户端的连接请求。

（4）当有客户端请求抵达时，调用 accept()方法尝试与客户端进行连接。

（5）若连接成功，则处理客户端请求，并将处理结果反馈给客户端。

（6）继续等待客户端请求并进行处理。

（7）通信结束后，调用 close()方法关闭 socket。

需要说明的是，由于服务器需要一直保持运行，所以除非有特殊情况，否则服务器端永远不会关闭监听的 socket。

结合图 14-7，在面向连接的通信中，客户端进程的工作流程如下：

（1）调用 socket()方法创建 socket。

（2）调用 connect()方法向服务器发起连接。

（3）连接建立后，调用 send()方法向服务器发送数据。

（4）接收服务器反馈的处理结果。

（5）若仍有需求则继续进行数据发送和接收操作，否则关闭 socket 并向服务器发送结束通知。

2．面向无连接的通信

面向无连接的 socket 通信与生活中的邮件投递类似，接收邮件的一方无须一直等待发送邮件的一方发起连接请求；发送邮件的一方只需知道接收方的收件地址，便可直接投递邮件。面向无连接的通信流程如图 14-8 所示。

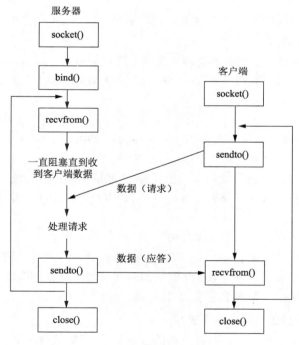

图 14-8　面向无连接的 socket 通信

图 14-8 中所示的面向无连接的 socket 通信流程与图 14-7 中所示的面向连接的 socket 通信流程大致相同，区别在于面向无连接的通信中，客户端不再发起连接请求，而是使用 sendto()方法向指定的接收方发送数据；服务器则使用 recvfrom()方法接收数据，并可以使用 sendto()方法将请求的处理结果反馈到客户端。

14.2.3 socket 内置方法

socket 模块中为 socket 对象定义了一些内置方法，通过这些内置方法，可以实现 socket 通信，常用的方法如表 14-1 所示。

表 14-1 socket 内置方法

方 法 名 称	说 明
bind(address)	将套接字与通信地址 address 绑定
listen(backlog)	将套接字变为监听套接字，并设置允许等待接收的最大连接数
setblocking(bool)	设置套接字的阻塞状态，默认为 True 表示阻塞，False 表示非阻塞
connect(address)	向地址为 address 的进程发起连接请求
accept()	接受连接请求
send()/sendto(adress)	发送数据/向 adress 发送数据
recv()/recvfrom()	接收数据
close()	关闭套接字

下面以套接字通信的流程为顺序逐一介绍上述方法。

1. bind()——绑定地址到套接字

为确保客户端能准确地找到服务器进程，服务器进程的地址（hostname:port）通常是固定的。服务器程序在创建 socket 后，需调用 bind()方法将服务器 socket 与服务器地址绑定，bind()方法的语法格式如下：

```
bind(address)
```

bind()方法的参数 address 是一个形如(hostname,port)的元组，address 元组中的第一个元素 hostname 是一个字符串，表示主机地址；第二个元素 port 是一个整数，表示进程端口号。当元组中的 hostname 为空字符串时，进程使用本机的任意 IP 地址作为目标地址。

假设当前服务器端的 socket 对象为 socket_server，主机名为 192.168.43.31，端口号为 3456，那么 bind()的用法如下：

```
socket_server.bind(('192.168.43.31',3546))
```

客户端的 socket 也可以调用 bind()方法绑定一个地址，但因为客户端进程存活时间相对较短，且客户端套接字为主动套接字，服务器在接收数据时动态地获取客户端地址已能满足需求，所以客户端一般不进行此项操作。客户端进程的端口号通常由系统随机分配。

2. listen()——服务器监听客户端请求

服务器程序的套接字应被动地监听客户端的连接请求,但默认情况下套接字工作在主动状态,可主动发送数据。调用 listen()方法将使一个套接字由主动状态变为被动状态,以等待接收其他程序的连接请求。listen()方法的语法格式如下：

```
listen([backlog])
```

listen()方法中的参数 backlog 用于指定在拒绝新连接之前，系统允许的未完成连接数。内核为监听套接字维护了两个队列：已连接队列和未连接队列。完成三次握手过程的客户端对应的套接字将被添加到已连接队列中，处于半连接状态的客户端对应的套接字将被添加到未连接队列中。若未连接队列存满，再有新的客户端发起连接请求，该连接请求将被直接拒绝。

需要说明的是，在 3.x 版本的 Python 中，backlog 是一个可选参数，若指定该参数，则其值至少为 0；若缺省该参数，系统会选择一个合理的默认值为其赋值。

listen()方法的用法如下所示：

```
socket_server.listen(5)
```

3. connect()——建立与服务器的连接

connect()方法由客户端 socket 调用，其功能为向服务器发起连接请求。connect()方法的语法格式如下：

```
connect(address)
```

connect()方法的参数 address 是一个形如（hostname,port）的元组，用于指定服务器的地址。若连接出错，connect()方法将返回 socket.error 错误。

假设客户端的套接字对象为 client_socket，则 connect()方法的用法如下：

```
client_socket.connect(('192.168.43.31',3546))
```

以上示例的功能为：客户端套接字 client_socket 向主机名为 192.168.43.31、端口号为 3456 的进程发起连接请求。

4. accept()——接受客户端的连接

accept()方法由服务器端的 socket 调用，其功能为处理客户端发起的连接请求。accept()方法的语法格式如下：

```
accept()
```

若调用 accept()方法前没有客户端连接请求到达，accept()方法将会使服务器进程阻塞，直到有客户端请求连接到达时才会返回；否则 accept()方法立即返回一个形如(conn,address)的元组，其中 conn 是新的套接字对象，用于与相应客户端进行数据交互，address 是客户端进程地址，其本质为一个形如(hostname,port)的元组。

accept()方法的用法如下所示：

```
client_socket, address=socket_server.accept()
```

5. send()/sendto()——发送数据

send()、sendto()方法用于向目标进程发送数据，语法格式分别如下：

```
send(string)
sendto(string, address)
```

send()方法由流式套接字调用；sendto()方法一般由数据报式套接字调用，参数 string 用于设置要发送的数据。

> **注意：**
>
> Python 3 中要求 string 为字节码格式，因此用户需使用如下方式传入数据：
>
> （1）以 b'string'的形式传入参数，例如传递的字符串为 "hello itheima"，则 send()方法的用法为 send(b'hello itheima')，这种方式只能转换 ASCII 字符。
>
> （2）通过 encode()方法对字符串进行转码，encode()方法中需要传入一个表示字节码格式的参数，如将字符串转为 gb2312 格式（针对的是 Window 系统）的字节码，则应使用语句 send('hello itheima'.encode('gb2312'))。

sendto()方法中的参数 address 本质为一个形如(hostname,port)的元组，用于指定目标进程的地址。

send()、sendto()方法调用成功都会返回所发送字符串的字节数，它们的用法如下：

```
send('hello world')
sendto('hello world', ('192.168.12.32', 4567))
```

6. recv()、recvfrom()——接收数据

recv()、recvfrom()方法用于接收数据，语法格式分别如下：

```
recv(bufsize)
recvfrom(bufsize)
```

recv()方法的参数 bufsize 用于设置可接收的最大数据量。若方法调用成功，返回接收到的数据。

recvfrom()方法的参数 bufsize 同样用于设置可接收的最大数据量。若方法调用成功，recvfrom()方法将返回一个形如(data,address)的元组，其中 data 是接收到的数据，address 是发送数据的套接字地址。

> **注意：**
> 这两个方法在 Python 3 中返回的数据都是字节码,若要以字符串形式打印,需先使用 decode()方法对其进行解码，decode()方法的参数与 encode()方法的参数相同，都表示数据的格式。

假设接收的数据存储在 recv_info 中，则使用 decode()方法将 recv_info 转为 gb2312 格式的语句如下：

```
recv_info.decode('gb2312')
```

7. close()——关闭套接字

close()方法用于关闭套接字。类似于文件，套接字也是系统中的一种资源，使用完毕的套接字应及时关闭。此外，一台主机中端口的数量是有限的，系统同样应关闭空闲的套接字，避免端口浪费。

close()方法的用法如下所示：

```
client_socket.close()
server_socket.close()
```

当客户端终止后，服务器中与此客户端交互的套接字也应关闭。一般情况下，若套接字接收到的数据为空，则说明客户端进程已经关闭连接，因此可通过判断接收到的数据长度判断是否关闭与客户端交互的套接字。

14.2.4 实例 1：扫描开放端口

用户可根据"IP 地址:端口号"访问网络中计算机的进程，为了避免其他人侵入计算机，运维人员通常会采取关闭冗余端口的措施进行预防，但计算机中拥有的端口数量较多，仅靠人力排查的方式显然是不可取的。因此，考虑通过编程解决这一问题。

本实例要求编写程序，扫描计算机端口，输出开放的端口号。

14.3 基于 UDP 的网络聊天室

聊天室是早期网络交流常用的方式之一，也是如今大多通信软件配备的基本功能。聊天室可接收并显示由不同成员发送的聊天信息，图 14-9 所示为一个简单的聊天室界面。

图 14-9 所示的聊天室界面主要分为两部分：第一部分是一个聊天窗口，用于显示接收到的

不同聊天室成员发送的消息;第二部分是一个编辑框,用户可在此框中编辑消息,发送到聊天室中。虽然这两部分出现在同一个界面中,但实际上它们是聊天室的两个功能,需要由不同的程序实现。

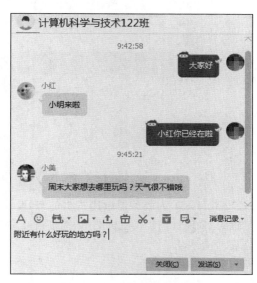

图 14-9 聊天室界面示例

聊天室一般基于 UDP 协议。以上所示的聊天室中,聊天窗口是一个基于 UDP 协议的服务器,编辑框则是一个基于 UDP 协议的客户端。聊天窗口应可接收编辑框发送来的数据,并将发送数据的地址以及数据打印到聊天室中,下面通过简单代码来说明 UDP 聊天室的实现方式。

作为服务器的 UDP 聊天窗口实现如下:

```python
import socket
def main():
    # 1.创建socket
    server_socket = socket.socket(socket.AF_INET, socket.SOCK_DGRAM)
    # 2.地址绑定
    server_socket.bind(("", 3456))
    # 3.接收数据并打印
    print("-------UDP 聊天室-------")
    while True:
        recv_info = server_socket.recvfrom(1024)
        address = recv_info[1][0]+':' + str(recv_info[1][1])
        print("%s" % address)
        print("%s" % recv_info[0].decode("gb2312"))
    # 4.关闭聊天室套接字 server_socket
    server_socket.close()
if __name__ == '__main__':
    main()
```

程序运行结果:

```
-------UDP 聊天室-------
```

此时服务器已启动,为测试服务器接收与处理客户端数据的功能,下面实现一个消息编辑发送功能的客户端。客户端的具体实现如下:

```
import socket
def main():
    # 1.创建客户端socket
    client_socket = socket.socket(socket.AF_INET, socket.SOCK_DGRAM)
    # 2.向服务器发送数据
    print('----输入框----')
    while True:
        data = input()
        client_socket.sendto(data.encode("gb2312"),
                             ("172.16.43.31", 3456))
        if data == '88':
            break
    # 3.关闭client_socket
    client_socket.close()
if __name__ == '__main__':
    main()
```

客户端程序中的 IP 地址 172.16.43.31 为服务器所用主机的 IP 地址,即本机的 IP 地址,读者在进行测试时,需传入个人主机的 IP 地址。个人主机的 IP 地址可在命令行中使用 ipconfig 命令查看(Linux 系统中采用 ifconfig 命令查看)。

执行客户端程序,客户端的执行结果如下:

----输入框----

此时可通过客户端向聊天室中发送数据。例如:

----输入框----
你好

之后聊天室中打印的信息如下:

-------UDP 聊天室-------
172.16.43.31:50873
你好

观察打印结果,发现其中新增了两行数据,第一行"172.16.43.31:50873"为客户端的 IP 地址和端口号 50873,该端口号由系统随机分配;第二行为客户端发送的数据。

用户可使用一个客户端发送多条数据,也可启动多个客户端向聊天室发送数据。启动位于不同主机上的多个客户端向聊天室中发送数据,聊天室中打印的信息如下:

```
-------UDP 聊天室-------
172.16.43.31:50873                      # 用户 1
你好
172.16.43.33:64632                      # 用户 2
你们都来自什么哪里呀?
172.16.43.37:65200                      # 用户 3
湖北
172.16.43.51:58017                      # 用户 4
深圳
172.16.43.33:64632                      # 用户 2
恩,你们那儿天气怎么样?
172.16.43.37:65200                      # 用户 3
雨
172.16.43.51:58017                      # 用户 4
晴
```

观察打印结果，聊天室中接收并打印多个客户端发送的信息，可知 UDP 聊天室实现成功。

需要说明的是，在多台计算机中进行测试时，计算机中的防火墙可能会过滤掉来自其他主机的 UDP 客户端发送的数据包，为保证测试成功，可先使用 service iptables stop 命令关闭防火墙，测试完成后，再通过 service iptables start 命令重启防火墙。

14.4　基于 TCP 的数据转换

TCP 数据转换程序位于服务器端，数据转换程序可以接收客户端发来的字符，将其转换为大写后返回给客户端，如图 14-10 所示。

图 14-10　TCP 数据转换

TCP 数据转换程序如下：

```python
import socket
def main():
    # 1.创建套接字 server_socket
    server_socket = socket.socket(socket.AF_INET, socket.SOCK_STREAM)
    # 2.绑定地址
    server_socket.bind(("", 5678))
    # 3.设置最大连接数
    server_socket.listen(5)
    # 4.创建连接
    client_socket, address = server_socket.accept()
    print('-----TCP 数据转换器-----')
    while True:
        # 5.接收数据
        recv_info = client_socket.recv(1024).decode('gb2312')
        string_address = address[0]+':' + str(address[1])
        print(string_address)
        print("待处理数据: %s" % recv_info)
        # 6.数据处理
        if recv_info:
            data = recv_info.upper()
            client_socket.send(data.encode('gb2312'))
            print("处理结果: %s"%data)
        else:
            print('exit')
            client_socket.close()
            break
    # 7.关闭套接字 server_socket
    server_socket.close()
if __name__ == '__main__':
    main()
```

为了测试该程序的功能，下面实现一个用于发送数据和接收数据处理结果的客户端程序。客户端程序代码如下：

```python
import socket
def main():
    # 1.创建套接字 client_socket
    client_socket = socket.socket(socket.AF_INET, socket.SOCK_STREAM)
    # 2.请求连接
    client_socket.connect(('172.16.43.31', 5678))
    # 3.发送数据
    while True:
        data = input("-----待处理数据------\n")
        client_socket.send(data.encode('gb2312'))
        recv_info = client_socket.recv(1024).decode('gb2312')
        print("------处理结果-------\n%s" % recv_info)
    # 4.关闭套接字 client_socket
    client_socket.close()
if __name__ == '__main__':
    main()
```

启动 TCP 数据转换程序，终端并没有数据打印。之后启动 TCP 客户端程序，TCP 数据转换器和 TCP 客户端程序的终端打印信息分别如下：

（1）TCP 数据转换程序终端：

```
-----TCP 数据转换器-----
```

（2）TCP 客户端程序的终端：

```
-----待处理数据------
```

此时，TCP 客户端程序处于等待用户输入数据的状态，TCP 数据转换程序处于阻塞等待客户端发送数据的状态。向客户端的终端中输入"hello itheima"后，两端中显示的信息分别如下：

（1）TCP 数据转换程序终端：

```
172.16.43.31:13142
待处理数据: hello itheima
处理结果: HELLO ITHEIMA
```

（2）TCP 客户端程序的终端：

```
-----待处理数据------
hello itheima
------处理结果-------
HELLO ITHEIMA
```

再次向客户端终端输入数据，数据转换程序将继续处理新的数据，并将处理结果返回到客户端。由此可知，基于 TCP 的数据转换功能实现成功。

多学一招：端口保留

服务器在网络中的地址是唯一的，因此在为其设置端口号时，必须使用主机中的空闲端口号。但有时使用的是空闲端口号，却还是会遇到如下所示的问题：

```
OSError: [WinError 10048] #通常每个套接字地址(协议/网络地址/端口)只允许使用一次
```

这是因为，默认情况下内核会在进程终止的两分钟内保留进程的端口号。若想解决这一问题，可以在创建套接字后，执行如下语句：

```
server_socket.setsockopt(socket.SOL_SOCKET, socket.SO_REUSEADDR, 1)
```

以上调用的方法 setsockopt()用于设置套接字的选项，当其中的第三个参数被设置为 1 时，服务器终止后在两分钟内重新启动可重复使用同一个端口。

14.5　实例 2：TCP 文件下载

文件下载是指客户端将文件从服务器复制到本地。下载文件时，服务器将根据客户端输入的文件名到指定的目录中查找，若找到了相应的文件，服务器会读取文件，将读取的内容发送到客户端；客户端接收服务器发送的数据，提示用户选择下载的位置，并将接收到的数据写入到目标位置。

本实例要求编写程序，实现基于 TCP 的文件下载功能。

14.6　TCP 并发服务器

计算机中的一个处理器于某个时刻只能处理一个程序，但因为 CPU 采用时分复用技术，在几个连续的时间片中处理不同的程序，且 CPU 的时间片非常短暂，所以从感官上人们会认为一个处理器可同时处理多个程序，像这种处理程序的方式被称为并发处理。类似地，在一个极短的时间段中可以为多个客户端服务的服务器称为并发服务器。

UDP 服务器是无连接的，客户端的情况不会对服务器造成影响，服务器可以随时接收并处理客户端发来的数据，例如，14.3 节中的 UDP 聊天室；TCP 服务器是基于连接的，连接请求和收发数据都在同一个进程中处理，一个可实现并发操作的 TCP 服务器，应能建立并保留多个连接，每个连接又应该可以连续接收数据，由此可知，TCP 服务器的大体框架应该如下：

```
while True:
    # 在循环中处理连接请求
    new_socket, address=server_socket.accept()
    while True:
        # 保持不断接收数据
        recv_data=new_socket.recv(1024)
```

但若基于此框架对 14.4 节中的 TCP 服务器进行调整，会发现服务器仍无法实现并发。这是因为，若在调用 accept()方法时恰好有连接请求到达，那么连接会被创建，且新的套接字 new_socket 被返回，之后 new_socket 通过 recv()方法等待接收客户端发送的数据，但客户端若尚未发送数据，程序将在此处阻塞。此时，若有新的连接请求到达，accept()显然会因此次阻塞而无法对连接请求做出处理。同样，若程序在服务器 socket 调用 accept()方法后，因没有新的连接请求到达而阻塞，服务器也无法处理已建立连接的客户端发送的数据。

总的来说，单进程服务器中的连接处理工作和数据交互工作都可能造成程序阻塞，为了避免某项工作阻塞进而影响其他项的工作，TCP 服务器中通常采用解阻塞或创建子进程、创建新线程的方式来实现并发。

14.6.1　单进程非阻塞服务器

单进程非阻塞服务器通过解阻塞的方式实现并发操作。Python 中套接字默认以阻塞方式处理数据，若套接字调用 accept()、recv()等方法时没有接收到数据，套接字就会阻塞等待数据递达。用户可通过套接字中提供的 setblocking()方法将套接字设置为非阻塞模式，如此即使套接字中没有数据递达,套接字调用的方法也会立刻返回。

setblocking()的使用示例如下:

```
server_socket.setblocking(False)
```

setblocking()方法的默认参数为 True,套接字默认工作在阻塞模式。以上示例中的参数 False 是一个实参,用于将套接字设置为非阻塞模式。

由分析可知,若要使服务器可以与多个客户端建立连接,需要保证在调用 accept()方法时不会产生阻塞,即服务器套接字 server_socket 应被设置为非阻塞;若要使每个连接中的客户端都可随时向服务器中发送数据,则需保证在调用 recv()方法时不产生阻塞,即新套接字 new_socket 应被设置为非阻塞。

下面以 14.4 节的 TCP 数据转换服务器为基础,实现一个 TCP 单进程非阻塞并发服务器,具体代码如下:

```
1   import socket
2   def main():
3       # 1.创建socket
4       server_socket = socket.socket(socket.AF_INET, socket.SOCK_STREAM)
5       # 重复使用绑定的信息
6       server_socket.setsockopt(socket.SOL_SOCKET, socket.SO_REUSEADDR, 1)
7       local_addr = ('', 6789)
8       # 2.绑定本地IP以及port
9       server_socket.bind(local_addr)
10      # 3.将socket变为监听(被动)套接字
11      server_socket.listen(3)
12      # 4.将服务器套接字server_socket设置为非阻塞
13      server_socket.setblocking(False)
14      # 用来保存所有已经连接的客户端的信息
15      client_address_list = []
16      while True:
17          # 等待一个新的客户端到来
18          try:
19              new_socket, client_address = server_socket.accept()
20          except:
21              pass
22          else:
23              print("一个新的客户端到来: %s"%str(client_address))
24              # 将新套接字new_socket设置为非阻塞
25              new_socket.setblocking(False)
26              # 将本次建立连接后获取的套接字添加到已连接客户端列表中
27              client_address_list.append((new_socket, client_address))
28          for client_socket,client_address in client_address_list:
29              try:
30                  recv_info = client_socket.recv(1024).decode('gb2312')
31              except:
32                  pass
33              else:
34                  if len(recv_info) > 0:
35                      # 数据处理
36                      print('待处理数据: %s'%recv_info)
```

```
37                              data = recv_info.upper()
38                              client_socket.send(data.encode('gb2312'))
39                              print('处理结果: %s'%data)
40                          else:
41                              # 断开连接
42                              client_socket.close()
43                              # 将套接字从已连接客户端列表移除
44                              client_address_list.remove((client_socket,
45                                                          client_address))
46                              print("%s 已断开连接"%str(client_address))
47          server_socket.close()
48  if __name__ == '__main__':
49      main()
```

以上示例的第 15 行代码创建了一个列表 client_address_list，该列表用于存储每次建立连接后获得的客户端信息。由于每次连接都会产生新的套接字和客户端地址，若不存储这些信息，这些信息将会被下次建立连接后获取到的套接字和客户端地址信息覆盖。

需要说明的是，在此段代码中为 accept()方法和 recv()方法的调用设置了异常处理，这是因为，若非阻塞套接字调用这两个方法时没有接收到数据，将会抛出如下所示的异常：

```
BlockingIOError: [WinError 10035] #无法立即完成一个非阻止性套接字操作
```

当客户端发送的数据长度为 0 字节时，表示客户端将断开连接，这种情况下关闭服务器端与该客户端进行数据交互的套接字，并将套接字从已连接客户端列表中移除。第 34 行代码对接收到的数据长度进行了判断，根据数据长度决定数据处理方式。

为了测试该程序的功能，下面实现一个用于发送数据和接收数据处理结果的客户端程序，代码如下：

```
import socket
def main():
    # 1.创建套接字 client_socket
    client_socket = socket.socket(socket.AF_INET, socket.SOCK_STREAM)
    # 2.请求连接
    client_socket.connect(('172.16.43.31', 6789))
    # 3.发送数据
    while True:
        data = input("------待处理数据------\n")
        client_socket.send(data.encode('gb2312'))
        recv_info = client_socket.recv(1024).decode('gb2312')
        print("------处理结果-------\n%s" % recv_info)
    # 4.关闭聊天室套接字 server_socket
    server_socket.close()
if __name__ == '__main__':
    main()
```

启动服务器程序，在多个控制台窗口中分别执行客户端程序，服务器端中将依次打印建立连接的客户端地址信息，如下所示：

```
一个新的客户端到来: ('172.16.43.31', 7836)
一个新的客户端到来: ('172.16.43.31', 7844)
一个新的客户端到来: ('172.16.43.31', 7852)
一个新的客户端到来: ('172.16.43.31', 7861)
```

由此可知，服务器程序可同时与多个客户端建立连接。

使用客户端向服务器发送数据，客户端1、2与服务器端打印的信息分别如下：

客户端 1：

```
-----待处理数据------
hello itehima
------处理结果-------
HELLO ITEHIMA
-----待处理数据------
```

客户端 2：

```
-----待处理数据------
hello world
------处理结果-------
HELLO WORLD
-----待处理数据------
```

服务器：

```
一个新的客户端到来: ('172.16.43.31', 7836)
一个新的客户端到来: ('172.16.43.31', 7844)
一个新的客户端到来: ('172.16.43.31', 7852)
一个新的客户端到来: ('172.16.43.31', 7861)
待处理数据: hello itehima
处理结果: HELLO ITEHIMA
待处理数据: hello world
处理结果: HELLO WORLD
```

由此可知，服务器程序可处理多个客户端请求。

综上所述，单进程非阻塞并发服务器实现成功。

14.6.2 多进程并发服务器

多进程并发服务器中的主进程用于处理客户端的连接请求，当有新的客户端与服务器建立连接后，服务器会创建一个子进程，由子进程完成数据的交互工作。

以可将小写字符串转为大写字符串的服务器为例，多进程并发服务器的实现如下：

```python
import socket
import multiprocessing
# 与客户端进行交互
def deal_with_client(new_socket, client_address):
    while True:
        recv_data = new_socket.recv(1024).decode('gb2312')
        if len(recv_data) > 0:
            print('待处理数据: %s:%s'%(str(client_address), recv_data))
            data = recv_data.upper()
            new_socket.send(data.encode('gb2312'))
        else:
            print('客户端[%s]已关闭'%str(client_address))
            break
    new_socket.close()
def main():
    # 创建服务器套接字 server_socket
```

```
server_socket=socket.socket(socket.AF_INET, socket.SOCK_STREAM)
# 端口快速重启用
server_socket.setsockopt(socket.SOL_SOCKET, socket.SO_REUSEADDR, 1)
local_address = ('', 8081)
server_socket.bind(local_address)
server_socket.listen(5)
print('-----服务器------')
try:
    while True:
        # 处理客户端连接请求
        new_socket, client_address = server_socket.accept()
        print('一个新的客户端到达[%s]' % str(client_address))
        # 创建子进程与客户端进行交互
        client = multiprocessing.Process(target=deal_with_client,
                                args = (new_socket, client_address))
        client.start()
        # 关闭父进程中的套接字 new_socket
        new_socket.close()
finally:
    # 关闭服务器套接字
    server_socket.close()
if __name__ == '__main__':
    main()
```

以上服务器的实现流程与 14.4 节中 TCP 数据转换服务器的实现流程相同，只是这个服务器在与客户端建立连接后创建了用于与本次连接的客户端进行数据交互的子进程。

为了测试此段服务器代码，这里实现一个可向服务器发送数据，并接收服务器反馈数据的客户端。客户端代码实现如下：

```
import socket
def main():
    # 1.创建套接字 client _socket
    client_socket = socket.socket(socket.AF_INET, socket.SOCK_STREAM)
    # 2.请求连接
    client_socket.connect(('172.16.43.31', 8081))
    # 3.发送数据
    while True:
        data = input("------待处理数据------\n")
        client_socket.send(data.encode('gb2312'))
        recv_info = client_socket.recv(1024).decode('gb2312')
        print("------处理结果-------\n%s" % recv_info)
    # 4.关闭聊天室套接字 server_socket
    server_socket.close()
if __name__ == '__main__':
    main()
```

启动服务器，服务器中会显示如下信息：

```
-----服务器------
```

在多个终端执行客户端进程，服务器端逐个打印每个客户端的地址信息：

```
一个新的客户端到达[('172.16.43.31', 7866)]
一个新的客户端到达[('172.16.43.31', 7868)]
一个新的客户端到达[('172.16.43.31', 7869)]
```

```
一个新的客户端到达[('172.16.43.31', 7873)]
```

由此可知，本节实现的多进程并发服务器可同时与多个客户端进程建立连接。使用其中一个客户端向服务器发送信息，客户端中打印的数据如下：

```
------待处理数据------
hello itheima
------处理结果-------
HELLO ITHEIMA
```

由以上数据可知，服务器成功接收到客户端发送的数据，并将数据转换为大写后返回到客户端。综上所述，多进程并发服务器实现成功。

14.6.3 多线程并发服务器

进程是系统分配资源的最小单位，每创建一个进程都会耗费一些系统资源，当进程较多时，服务器的效率会因系统内存的减少而降低。为解决这一问题，人们考虑使用耗费资源较少的线程代替进程，搭建多线程并发服务器。

对 14.6.2 节的多进程并发服务器进行修改，多线程并发服务器的代码实现如下：

```python
import socket
import threading
# 与客户端进行交互
def deal_with_client(new_socket, client_address):
    while True:
        recv_data = new_socket.recv(1024).decode('gb2312')
        if len(recv_data)>0:
            print('待处理数据%s:%s' % (str(client_address), recv_data))
            data = recv_data.upper()
            new_socket.send(data.encode('gb2312'))
        else:
            print('客户端[%s]已关闭'%str(client_address))
            break
    new_socket.close()
def main():
    server_socket = socket.socket(socket.AF_INET, socket.SOCK_STREAM)
    server_socket.setsockopt(socket.SOL_SOCKET, socket.SO_REUSEADDR, 1)
    local_address = ('', 8082)
    server_socket.bind(local_address)
    server_socket.listen(5)
    print('-----服务器-----')
    try:
        while True:
            new_socket,client_address = server_socket.accept()
            print('一个新的客户端到达[%s]' % str(client_address))
            # 创建线程，与客户端进行交互
            client = threading.Thread(target = deal_with_client,
                            args = (new_socket, client_address))
            client.start()
    finally:
        server_socket.close()
if __name__ == '__main__':
    main()
```

多线程服务器与多进程服务器基本相同，值得注意的是，多进程服务器在创建子进程后，会调用 close()方法关闭服务器进程的 new_socket，这是因为，在创建子进程时 new_socket 已被复制给了子进程，服务器进程中的 new_socket 不再使用；但在多线程服务器中，主线程和新线程共享 new_socket，若在服务器线程中关闭 new_socket，新线程将无法再使用 new_socket 与客户端进程交互。

与进程相比，虽然线程消耗的资源较少，但大量线程占据的内存仍相当可观。此外，线程的稳定性较差，所以多进程和多线程服务器通常只能用在规模较小、对性能要求较低的场合。

14.7 I/O 多路转接服务器

单进程服务器的套接字一般为非阻塞模式，但其中的连接创建和数据处理功能只能在双重循环中交替执行。本节将介绍的 I/O 多路转接服务器也是一类单进程服务器，但它可以同时监听用来处理客户端连接请求的服务器套接字 server_socket 和用来处理客户端数据的套接字 new_socket。

常见的 I/O 多路转接服务器有 select、poll 和 epoll，下面将对从 select、epoll 这两种方式对 I/O 多路转接服务器进行讲解。

14.7.1 select 并发服务器

Python 中通过 select 模块实现 select 并发服务器，该模块包含了一个 select()函数，函数语法格式具体如下：

```
select(rlist, wlist, xlist[, timeout])
```

根据数据的类型，套接字分为三种状态：即可读状态、可写状态和异常状态。可读状态表示当前套接字接收到了其他套接字发来的数据；可写状态表示当前套接字已准备好向其他套接字发送数据；异常状态表示当前套接字获取了套接字使用过程中产生的异常信息。

select()函数可同时监测套接字的可读、可写和异常状态，该函数中的前三个参数都是列表，其中，rlist 表示等待读就绪的套接字列表；wlist 表示等待写就绪的套接字列表；xlist 表示等待异常出现的套接字列表。若 select 模式不监测某个套接字列表，可将对应参数设置为"[]"。select()函数中的第 4 个参数 timeout 是一个可选参数，用于指定等待时长，通常使用以秒为单位的浮点数表示，若该参数缺省，则等待永不会超时。

select()函数调用成功将会返回 3 个列表，依次为读就绪套接字列表、写就绪套接字列表和出现异常的套接字列表，用户可在程序中分别遍历这三个列表，获取每个套接字接收到的数据、要发送的数据和出现的异常信息。

下面将搭建一个基于 select 模式、可实现小写转大写功能的 TCP 服务器，具体代码如下：

```
1   import select
2   import socket
3   import sys
4   def main():
5       server_socket = socket.socket(socket.AF_INET, socket.SOCK_STREAM)
6       server_socket.bind(('', 7788))
7       server_socket.setsockopt(socket.SOL_SOCKET, socket.SO_REUSEADDR, 1)
8       server_socket.listen(5)
9       # 将服务器套接字加入等待读就绪的套接字列表
10      inputs=[server_socket]
11      while True:
```

```
12            # 调用 select()函数, 阻塞等待
13            readable, writeable, exceptional = select.select(inputs, [], [])
14            # 数据抵达, 循环
15            for temp_socket in readable:
16                # 监听到有新的连接
17                if temp_socket == server_socket:
18                    new_socket, client_address=server_socket.accept()
19                    print("一个新的客户端到来:%s" % str(client_address))
20                    # select 监听的 temp_socket
21                    inputs.append(new_socket)
22                # 有数据到达
23                else:
24                    # 读取客户端连接发送的数据
25                    data = temp_socket.recv(1024)
26                    # 若有数据抵达, 对数据进行处理
27                    if data:
28                        data = data.upper()
29                        temp_socket.send(data)
30                    # 若未接收到数据, 断开连接
31                    else:
32                        # 从监听列表中移除对应的 temp_socket
33                        inputs.remove(temp_socket)
34                        temp_socket.close()
35        server_socket.close()
36  if __name__ == '__main__':
37      main()
```

以上程序搭建的服务器只对读就绪套接字进行了处理:

程序第 10 行代码创建了等待读就绪的套接字列表 inputs, 并使用监测客户端连接请求的套接字 server_socket 初始化该列表。客户端的连接请求相当于客户端发送到服务器套接字 server_socket 中的数据, 若有客户端发送了连接请求, 服务器套接字 server_socket 中将会接收到数据, 并转变为读就绪状态。

程序第 13 行代码调用 select()监测服务器端各种套接字列表的状态, 经此步骤后, readable 列表存储读就绪的套接字, writeable 列表存储写就绪的套接字, exceptional 列表存储捕获到异常的套接字。

之后程序对可读套接字列表中的套接字逐个进行处理: 若可读套接字列表中包含服务器套接字 server_socket, 说明有新的客户端连接请求到达, 此时调用 accept()方法对其进行处理, 并将 accept()方法返回的套接字 new_socket 添加到等待读就绪的套接字列表 inputs 中; 若可读套接字列表中包含有非服务器套接字的其他套接字, 说明有已建立连接的客户端程序向服务器发送了数据, 此时服务器应通过该套接字接收客户端程序发送的数据, 并根据数据的长度执行不同的操作。

为了测试该程序的功能, 这里实现一个用于发送数据和接收数据处理结果的客户端程序, 具体代码如下:

```
import socket
def main():
    # 1.创建套接字 client_socket
    client_socket = socket.socket(socket.AF_INET, socket.SOCK_STREAM)
    # 2.请求连接
```

```
    client_socket.connect(('172.16.43.31', 7788))
    # 3.发送数据
    while True:
        data = input("-----待处理数据------\n")
        client_socket.send(data.encode('gb2312'))
        recv_info = client_socket.recv(1024).decode('gb2312')
        print("------处理结果-------\n%s"%recv_info)
    # 4.关闭聊天室套接字 server_socket
    server_socket.close()
if __name__ == '__main__':
    main()
```

在启动服务器之后启动客户端，服务器中将打印客户端的地址信息。本次测试共启动了 4 个客户端，客户端都启动之后，服务器中打印的信息如下：

```
一个新的客户端到来:('172.16.43.31', 9668)
一个新的客户端到来:('172.16.43.31', 10269)
一个新的客户端到来:('172.16.43.31', 10275)
一个新的客户端到来:('172.16.43.31', 10281)
```

由以上信息可知，TCP 服务器可与多个客户端建立连接。

使用客户端向服务器中发送数据，客户端中打印的信息如下：

```
-----待处理数据------
hello itheima
------处理结果-------
HELLO ITHEIMA
-----待处理数据------
```

由以上信息可知，TCP 服务器可成功接收客户端发送的数据，并将数据的处理结果返回给客户端。

综上所述，基于 select 模型的 TCP 并发服务器实现成功。

select 服务器先在遍历中获取到所有已就绪套接字列表，再对列表中的套接字进行操作；只有本次获取到的所有已就绪套接字处理完毕时，select 服务器才会再次遍历所有连接。与单进程非阻塞服务器相比，若服务器中的不活跃连接较多，select 可以避免大量无用轮询，以此提高服务器的效率。

需要说明的是，select 服务器能监测的套接字数量相当有限，在 Linux 系统中，其上限一般为 1024，用户可以通过修改宏定义、重新编译内核的方式打破这一限制，但 select 服务器的效率会随着其监测连接数量的增多而降低。

14.7.2 epoll 并发服务器

单进程非阻塞服务器和 select 服务器都以轮询的方式获取就绪套接字，当服务器程序中的连接数较多时，一趟轮询便会耗费大量的时间，服务器的效率也因此而逐渐降低。

在信息科技飞速发展的今天，一个小型网站的并发量已远远超过 1 024，显然单进程非阻塞服务器和 select 服务器都很难满足服务器搭建的实际需求。为了克服 select 服务器连接数量的限制，人们研发了一种名为 poll 的服务器，然而，这种服务器除了能解决连接上限的问题外，其他方面与 select 基本没有区别，它的工作效率同样会随着连接数量的增高而降低。

那么是否有兼顾连接数量与效率的服务器呢？答案是肯定的。

epoll 服务器是 Linux 系统中常用的一种高效服务器，这种服务器采用事件通知机制，事先为要建立连接的 socket 注册事件，一旦该 socket 就绪，注册事件将被触发，socket 将被加入 epoll 的就绪套接字列表，而服务器无须主动监测所有套接字状态，只需直接获取就绪套接字列表，对其中的套接字进行处理即可。

Python 中的 epoll 模式定义在 select 模块中，select 中包含一个名为 epoll 的类，用户可先在程序中创建 epoll 对象，再通过 epoll 对象的方法实现 epoll 模式。

在程序中定义 epoll 对象的方法如下：

```
import select
epoll = select.epoll()
```

epoll 模式中包含了两个重要操作：一是事件注册；二是就绪套接字获取，这两个重要操作分别通过 epoll 对象的 register() 方法和 poll() 方法实现。

1. register() 方法

register() 方法的功能是为其参数 fd 创建注册事件，该方法的语法格式如下：

```
register(fd[, eventmask])
```

register() 方法中的第一个参数 fd 是一个文件描述符。文件描述符是 Linux 系统中定义的，用于在进程或主机中标识一个唯一确定的已打开文件的符号，程序打开文件时，内核会向进程返回一个文件描述符。

Linux 系统将套接字视为一种特殊文件，使用套接字方法 fileno() 可获取套接字的文件描述符。文件描述符本质上是一个整数，调用 register() 方法可为文件描述符 fd 指向的套接字注册事件。

register() 方法的第二个参数 eventmask 是可选参数，该参数用于设置 epoll 要监控的事件和 epoll 的工作模式，事件是由 epoll 常量组成的位，其默认值为 EPOLLIN | EPOLLOUT | EPOLLPRI，表示同时监控 fd 的读事件、写事件和紧急可读事件。该参数可用的 epoll 常量及其表示的含义分别如下：

（1）EPOLLERR：表示监控 fd 的错误事件。

（2）EPOLLHUP：表示监控 fd 的挂断事件。

（3）EPOLLET：表示将 epoll 设置为边缘触发（Edge Triggered）模式。

（4）EPOLLONESHOT：表示只监听一次事件，当此次事件监听完成后，若要再次监听该 fd，需将其再次添加到 epoll 队列中。

register() 方法没有返回值。使用 epoll 中的 unregister() 方法可以将套接字从监听列表中移除。

2. poll() 方法

poll() 方法的功能是查询 epoll 对象，判断是否有 epoll 关注的事件被触发。poll() 方法的语法格式如下：

```
poll([timeout = -1[, maxevents = -1]])
```

poll() 中的参数都是可缺省参数，其中 timeout 用于设置等待时长，其默认值 -1 表示无限等待。若在调用 poll() 方法前已有 epoll 监测的事件发生，此次查询会立刻返回一个列表，该列表中的元素为形如 (fd,event code) 的元组。

以大小写转换为例，搭建基于 epoll 模式的 TCP 服务器，服务器的具体代码如下：

```
1  import socket
2  import select
3  def main():
4      # 创建套接字
5      server_socket = socket.socket(socket.AF_INET, socket.SOCK_STREAM)
```

```
6          # 绑定本机信息
7          server_socket.bind(("", 8080))
8          # 重复使用绑定的信息
9          server_socket.setsockopt(socket.SOL_SOCKET, socket.SO_REUSEADDR, 1)
10         # 变为被动
11         server_socket.listen(10)
12         # 设置套接字为非阻塞模式
13         server_socket.setblocking(False)
14         # 创建一个 epoll 对象
15         epoll=select.epoll()
16         # 为服务器端套接字 server_socket 的文件描述符注册事件
17         epoll.register(server_socket.fileno(),
18                        select.EPOLLIN | select.EPOLLET)
19         new_socket_list = {}                        # 第 19 行
20         client_address_list = {}                    # 第 20 行
21     # 循环等待数据到达
22     while True:
23         # 检测并获取 epoll 监控的已触发事件
24         epoll_list = epoll.poll()
25         # 对事件进行处理
26         for fd, events in epoll_list:
27             # 如果有新的连接请求抵达
28             if fd == server_socket.fileno():
29                 new_socket, client_address = server_socket.accept()
30                 print('有新的客户端到来%s'%str(client_address))
31                 # 保存新客户端的套接字信息和地址信息。第 31 行
32                 new_socket_list[new_socket.fileno()] = new_socket
33                 client_address_list[new_socket.fileno()] = client_address
34             # 为新套接字的文件描述符注册读事件
35                 epoll.register(new_socket.fileno(),
36                                select.EPOLLIN | select.EPOLLET)
37             elif events == select.EPOLLIN:
38                 # 从 new_socket 触发的事件
39                 recv_data = new_socket_list[fd].recv(1024)
40                 # 若数据长度大于 0，处理数据
41                 if len(recv_data) > 0:
42                     print('待处理数据%s'%recv_data.decode('gb2312'))
43                     recv_data = recv_data.upper()
44                     new_socket.send(recv_data)
45                 # 若数据长度为 0，关闭连接
46                 else:
47                     # 从 epoll 中移除 fd
48                     epoll.unregister(fd)
49                     # 关闭服务器端为该连接创建的套接字
50                     new_socket_list[fd].close()
51                     print("%s---offline---" % str(client_address_list[fd]))
52 if __name__ == '__main__':
53     main()
```

以上程序的第 19、20 两行代码创建了字典 new_socket_list 和 client_address_list，分别用于存储与客户端交互的套接字信息和客户端地址；第 32、33 两行代码以套接字的文件描述符作为 key 值，将新客户端的套接字和地址信息存储到了 new_socket_list 和 client_address_list 中。

为了测试该程序的功能，下面实现一个可向服务器发送数据，并能接收服务器反馈信息的客户端程序，客户端程序代码如下：

```python
from socket import *
def main():
    client_socket = socket(AF_INET, SOCK_STREAM)
    client_socket.connect(('192.168.255.144', 8080))
    while True:
        data = input('------待处理数据------\n')
        client_socket.send(data.encode('gb2312'))
        recv_info = client_socket.recv(1024).decode('gb2312')
        print('------处理结果------\n%s'%recv_info)
    server_socket.close()
if __name__ == '__main__':
main()
```

启动服务器之后再启动客户端，服务器中将打印客户端的地址信息，本次测试共启动了 4 个客户端，客户端都启动后，服务器中打印的信息如下：

```
有新的客户端到来:('192.168.255.144', 10268)
有新的客户端到来:('192.168.255.144', 10269)
有新的客户端到来:('192.168.255.144', 10275)
有新的客户端到来:('192.168.255.144', 10281)
```

由此可知，本小节搭建的基于 epoll 模型的 TCP 服务器可同时与多个客户端建立连接。

使用客户端向服务器中发送数据，客户端中打印的信息如下：

```
-----待处理数据------
hello itheima
------处理结果-------
HELLO ITHEIMA
```

由此可知，本小节搭建的基于 epoll 模型的 TCP 服务器可成功接收客户端发送的数据，并将数据的处理结果返回给客户端。

综上所述，可知基于 epoll 模型的 TCP 并发服务器实现成功。

Windows 系统中利用 IOCP（完成端口）可实现与 Linux 下 epoll 相同的功能，有兴趣的读者可自行查阅资料学习。

小　　结

本章介绍了和网络编程相关的知识，包括基础的网络知识、socket 网络编程的通信流程与内置方法，并通过几个简单实例分别讲解和演示了如何基于 UDP、TCP 的网络通信，以及 TCP 并发服务器和 I/O 多路转接服务器的原理与多种实现方法。通过本章的学习，希望读者能够了解基础网络知识，掌握 socket 网络编程的通信流程，熟练实现基于 UDP、TCP 的网络通信，并掌握并发服务器与多路转接服务器的基础模型。

习　　题

一、填空题

1. TCP、UDP 协议应用在_____层。
2. 计算机中进程的端口号区间是_____。
3. 使用 socket 模块中的_____方法可以创建一个 socket 对象。
4. A、B、C 类 IP 地址每个网络号中的可用 IP 地址数量是_____。
5. socket 通信中服务器可使用_____和_____方法接收数据。

二、判断题

1. TCP 协议是一种面向连接的、可靠的传输协议。　　　　　　　　　　　　（　　）
2. IP 地址和端口号可以标记网络中的进程。　　　　　　　　　　　　　　（　　）
3. 当客户端数据发送完毕之后，服务器自动关闭连接。　　　　　　　　　　（　　）
4. 在 Python 3 中，使用 socket 模块进行数据传输时，数据类型应为字符串类型。（　　）
5. 在计算机中一个处理器某个时刻只能处理一个程序。　　　　　　　　　　（　　）

三、选择题

1. IPv4 地址可分为几类（　　　　）。
   A. 3　　　　　　　　　B. 4　　　　　　　　　C. 5　　　　　　　　　D. 6
2. 下列选项中不属于 TCP/IP 模型的是（　　　　）。
   A. 应用层　　　　　　　B. 传输层　　　　　　　C. 网际层　　　　　　　D. 物理层
3. 下列选项中，用于绑定 IP 地址与端口号的方法是（　　　　）。
   A. listen()　　　　　　B. bind()　　　　　　　C. accept ()　　　　　　D. connect ()
4. 下列关于 TCP 与 UDP 特点，说法错误的是（　　　　）。
   A. TCP 是面向连接、可靠的传输协议
   B. UDP 是面向无连接的传输协议
   C. UDP 传输数据比 TCP 更高效
   D. TCP 是基于数据包模式传输
5. 下列关于 TCP 并发服务器，说法错误的是（　　　　）。
   A. 单进程非阻塞服务器通过解阻塞方式实现
   B. 多进程并发服务器只能接收一个请求连接
   C. 在连接数量相同时多线程并发服务器比多进行并发服务器节省资源
   D. 在单进程非阻塞式服务器中只能使用非阻塞模式处理数据

四、简答题

分别画出基于 TCP 协议和基于 UDP 协议进行网络通信时，客户端和服务器端的通信流程图。

五、编程题

编写 C/S 模式的程序，实现客户端与服务器端的通信。要求服务器端可接收客户端发送的数据，对数据进行计算并将计算结果返回到客户端；客户端可接收服务器返回的计算结果并输出到终端。

第 ⑮ 章　数据库编程

学习目标:

◎ 了解什么是数据库，熟悉数据库的分类。

◎ 掌握 pymysql 库，可以使用 pymysql 实现 Python 程序与 MySQL 数据库交互。

◎ 掌握 pymongo 模块，可以使用 pymongo 实现 Python 程序与 MongoDB 数据库交互。

◎ 掌握 redis 模块，可以使用 redis 实现 Python 程序与 Redis 数据库交互。

　　人类文明在发展的同时不断产生新的信息，人们以数字、符号、文字等形式记录与存储这些信息，并称之为数据。随着人类认知能力与创造能力的提升，数据量变得越来越大，针对数据的存储与准确查找便成为了一个重大课题。

　　如今是电子信息时代，人们使用电子计算机存储数据，并设计了基于计算机的数据库系统，以解决持久化存储、优化读/写、数据有效性等问题。本节将针对数据库编程进行详细讲解。

15.1　数据库基础知识

15.1.1　数据库概述

　　数据库是按照数据结构来组织、存储和管理数据的仓库，它可以被看作电子化的文件柜——存储文件的处所，用户可以对文件中的数据进行增加、删除、修改、查找等操作。需要注意的是，这里所说的数据不仅包括普通意义上的数字，还包括文字、图像、声音等。

　　大多数初学者认为数据库就是数据库系统，其实，数据库系统的范围要比数据库大很多。数据库系统是指在计算机系统中引入数据库后的系统，除了数据库，还包括数据库管理系统、数据库应用程序等。通过一张图来描述数据库系统，如图 15-1 所示。

　　图 15-1 中描述了数据库系统的 3 个重要部分，分别介绍如下:

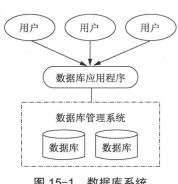

图 15-1　数据库系统

（1）数据库（Database，DB）。数据库提供了存储空间来存储各种数据，可将其视为一个存储数据的容器。

（2）数据库管理系统（Data base Management System，DBMS）。数据库管理系统是专门创建和管理数据库的一套软件，介于应用程序和操作系统之间，例如 MySQL、Oracle、MongoDB 和 Redis 等。

（3）数据库应用程序。数据库应用程序是用户定制的符合自身需求的程序，用户通过该应用程序与数据库管理系统进行通信，并访问和管理数据库中存储的数据。

需要注意的是，后续小节中提到的数据库均指的是数据库管理系统。

数据库是计算机领域中最重要的技术之一，在诸如互联网、银行、通信、政府部门、企业单位、科研机构等领域都有应用。数据库具有以下优点：

- 精准高效的数据查询。数据库按照一定的结构组织数据库中的数据，用户可准确且快速地查询到所需的数据。

- 减小数据冗余度。数据库从整体上描述数据，使得数据可面向整个体系的应用程序，而不只针对某个应用程序，从而大大地减少数据的冗余，节省存储空间。

- 较高的数据独立性。数据独立性是指应用程序与存储在数据库中数据的相互独立性。也就是说，数据在数据库中的存储是由数据库管理系统负责的，应用程序一般无须了解，只需要处理数据的逻辑结构。这样当数据库结构修改时应用程序不改变或只需少量改变，减少了应用程序开发人员的工作量。

- 良好的数据共享性。数据库中的数据是共享的，这样不仅使应用程序的编写更加方便，而且系统易维护、易扩充。

15.1.2　数据库的分类

根据存储数据时所用数据模型的不同，当今互联网中的数据库主要分为两种：关系型数据库和非关系型数据库。

1. 关系型数据库

关系型数据库是指采用关系模型（即二维表格形式）组织数据的数据库系统，它由数据表和数据表之间的关系组成，主要包含以下核心元素：

（1）数据行：一条记录，相当于 Python 对象。

（2）数据列：字段，相当于 Python 对象的属性。

（3）数据表：数据行的集合。

（4）数据库：数据表的集合。

如图 15-2 所示为一个数据表的示例。

图 15-2　数据表示例

关系型数据库经历了几十年的发展，技术比较成熟，同时因其具有容易理解、操作简单、便于维护的特点，而被广泛应用到各个行业的数据管理中。目前，主流的关系型数据库有 Oracle、MySQL、IBM Db2、PostgreSQL、Microsoft SQL Server、Microsoft Access 等，其中使用较多的有 Oracle 和 MySQL 数据库。

2. 非关系型数据库

非关系型数据库也被称为 NoSQL（Not Only SQL）数据库，是指非关系型的、分布式的数据存储系统。与关系型数据库相比，非关系型数据库无须事先为要存储的数据建立字段，它没有固定的结构，既可以拥有不同的字段，也可以存储各种格式的数据。

非关系型数据库的种类繁多。按照不同的数据模型，非关系型数据库主要可以分为列存储数据库、键值存储数据库、文档型数据库，下面分别介绍这些数据库各自的特征及适用范围。

（1）键值（Key-Value）存储数据库：采用键值结构存储数据，每个键分别对应一个特定的值。这类数据库具有易部署、查询速度快、存储量大、高并发操作等特点，适用于处理大量数据的高访问负载和一些日志系统等。

键值存储数据库的典型代表有 Redis、Flare、MemcacheDB 等。

（2）列式（Column-Oriented）存储数据库：采用列式结构存储数据，将同一列数据存储到一起。这类数据库具有查询速度快、可扩展性强等特点，更容易进行分布式扩展，适用于分布式的文件系统。

列式存储数据库的典型代表有 Hbase、Cassandra 等。

（3）文档型（Document-Oriented）存储数据库：其结构与键值存储数据库类似，采用文档（如 JSON 或 XML 等格式）结构存储数据，每个文档中包含多个键值对。这类数据库的数据结构要求并不严格，具有表结构可变、查询速度更快的特点，适用于 Web 应用的场景。

文档型数据库的典型代表有 MongoDB、CouchDB 等。

为了让读者更好地理解文档型数据库的数据结构，这里以 MongoDB 为例进行介绍。MongoDB 数据库主要包含 3 个核心元素，分别为文档、集合和数据库。各个元素的介绍如下：

- 文档：由 JSON 或 XML 数据构成的对象，对应关系数据库中的行。
- 集合：文档的物理容器，对应关系数据库中的表。
- 数据库：集合的物理容器，一个数据库中可以包含多个文档。

在众多数据库中，MySQL、MongoDB 和 Redis 都是比较突出的，应用也比较广泛。针对这些主流的数据库，Python 提供了包或模块实现程序与数据库交互。例如，使用 pymysql 库操作 MySQL 数据库，使用 pymongo 模块操作 MongoDB 数据库，使用 redis 模块操作 Redis 数据库。

15.2 MySQL 与 Python 交互

MySQL 是由瑞典 MySQL AB 公司开发的跨平台关系型数据库管理系统，主要分为需付费购买的企业版（Enterprise Edition）和可免费使用的社区版（Community Edition）。由于具有配置简单、开发稳定和性能良好的特点，MySQL 成为一个应用十分广泛的数据库，与 Python 语言的结合使用也比较常见。

Python 中提供的 pymysql 库定义了访问和操作 MySQL 数据库的函数和方法。本节将针对 MySQL 数据库的下载安装和如何使用 pymysql 操作 MySQL 数据库进行讲解。

15.2.1　下载和安装 MySQL

若希望连接 MySQL 数据库，需要提前在本地计算机上安装 MySQL 数据库。本节以 Windows 系统为例演示下载和安装 MySQL 的过程。

1．下载 MySQL

访问 MySQL 官网的下载界面，发现该界面中有多个版本可供选择，包括：

（1）MySQL Enterprise Edition（commercial）：企业版本。该版本拥有丰富的功能，需付费，适合对数据库可靠性和安全性要求较高的企业用户。

（2）MySQL Cluster CGE（commercial）：高级集群版本，需付费。

（3）MySQL Community Edition（GPL）：社区版本。该版本开源且免费，但不提供官方技术支持，是开发者的首选。

单击 MySQL Community Edition 选项下面的 Community（GPL）Downloads 链接，可以查看社区版本的下载链接，如图 15-3 所示。

图 15-3　下载 MySQL——选择链接

本节以社区版本为例演示 MySQL 的下载与安装过程。单击图 15-3 中 MySQL Community Server 选项下面的 DOWNLOAD 链接，进入 Download MySQL Community Server 界面，滚动至该界面底部，如图 15-4 所示。

图 15-4 的界面中默认选择的操作系统为 Microsoft Windows，此处保持默认配置。单击图 15-4 中的 Go to Download Page 按钮，进入选择 MySQL Installer MSI 安装包的界面，如图 15-5 所示。

图 15-5 中列举了在线安装包（mysql-installer-web-community-8.0.15.0.msi）和离线安装包（mysql-installer-community--8.0.15.0.msi）。若安装时没有网络连接，则建议下载离线的完整安装包，可以在不联网的情况下安装。这里选择下载离线安装包，单击离线安装包后的 Download 按钮，进入 Begin Your Download 的界面，如图 15-6 所示。

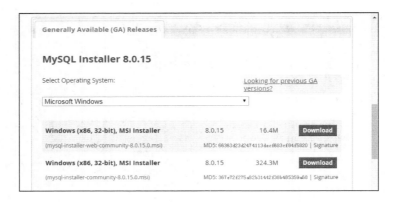

图 15-4 下载 MySQL——选择操作系统

图 15-5 下载 MySQL——选择安装包

图 15-6 下载 MySQL——忽略用户注册

图 15-6 中建议用户使用 Oracle 账号登录，用户若不想登录或注册 Oracle 账号，单击左下角的 No thanks,just start my download 直接下载即可。

2．安装 MySQL

安装包下载完毕后，便可以进行安装。

（1）双击刚刚下载的安装文件（mysql-installer-community-8.0.15.0.msi）启动安装程序，进入 License Agreement 界面，该界面中用户需接受许可协议，如图 15-7 所示。

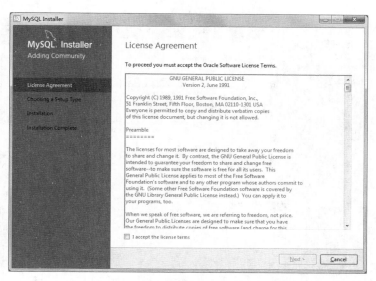

图 15-7　安装 MySQL——用户允许协议

（2）选中图 15-7 中的 I accept the license terms 选项，单击 Next 按钮进入 Choosing a Setup Type 界面，如图 15-8 所示。

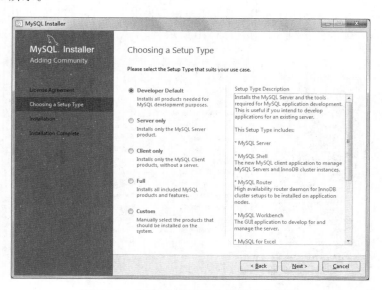

图 15-8　安装 MySQL——选择安装类型

图 15-8 中列举了 5 种安装类型，分别如下：

- Developer Default：默认版本，会安装开发所需的所有功能。
- Server only：仅安装 MySQL Server。

- Client only：仅安装 MySQL Client。
- Full：安装包含的所有 MySQL 产品和功能。
- Custom：自定义安装。

（3）这里选择 Developer Default，单击 Next 按钮进入 Check Requirements 界面，如图 15-9 所示。

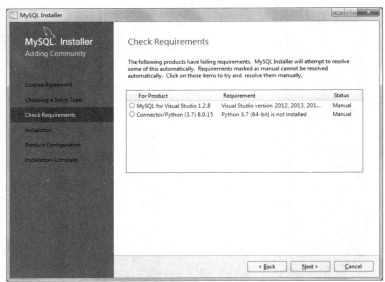

图 15-9　安装 MySQL——检查组件

（4）Check Requirements 界面显示了所有要安装的组件。单击 Next 按钮，弹出警告框提示某些产品是不安全的，直接忽略此处的警告即可。单击警告框中的 Yes 按钮，进入 Installation 界面，该界面中显示了待安装的各个组件，如图 15-10 所示。

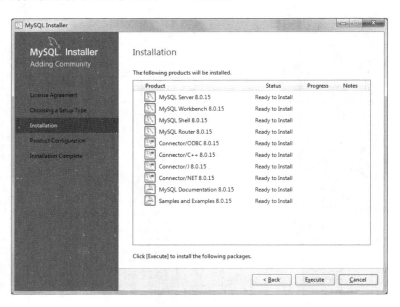

图 15-10　安装 MySQL——待安装组件列表

（5）单击图 15-10 中的 Excute 按钮，开始安装各个组件并显示各组件的安装进度。等待片刻后组件安装完成，此时的 Installation 界面如图 15-11 所示。

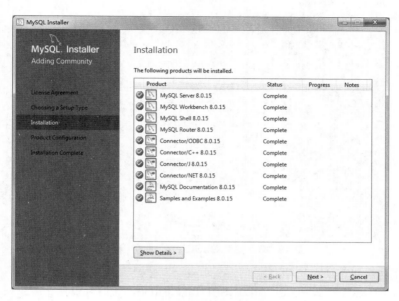

图 15-11 安装 MySQL——组件安装完毕

（6）单击图 15-11 中的 Next 按钮进入 Product Configuration 界面，如图 15-12 所示。

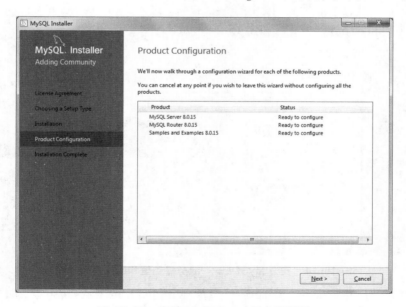

图 15-12 安装 MySQL——三个配置项

图 15-12 显示了 MySQL Server、MySQL Router 和 Samples and Examples 三个组件，它们分别用于配置 MySQL 服务器、MySQL 路由器和 Oracle 官方提供的 MySQL 相关的示例库。这里建议配置三个选项，以便于后续更安全便捷地操作 MySQL 数据库。

（7）单击图 15-12 中的 Next 按钮进入 Group Replication 界面，如图 15-13 所示。

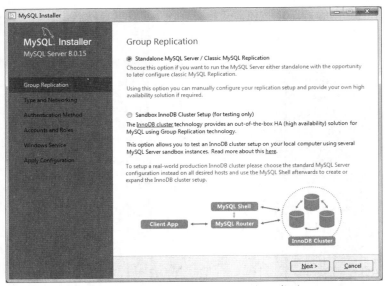

图 15-13　安装 MySQL——服务器类型

图 15-13 中包含以下两个选项：

- Standalone MySQL Server / Classic MySQL Replication：如果希望独立运行 MySQL 服务器，并稍后配置经典 MySQL 复制，那么可以选择此选项。
- Sandbox InnoDB Cluster Setup：表示 InnoDB 集群沙箱设置，仅用于测试。

（8）保持默认配置，单击图 15-13 中的 Next 按钮，进入 Type and Networking 界面，以配置数据库服务器的类型和网络连接方式，如图 15-14 所示。

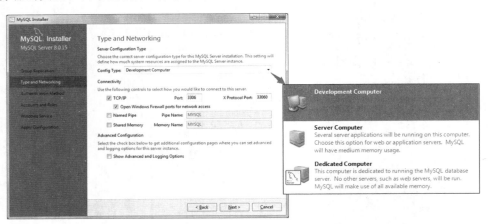

图 15-14　安装 MySQL——服务器类型和网络连接方式

（9）单击图 15-14 中 Config Type 选项的下拉按钮，在弹出的下拉列表（见图 15-14 右侧）中选择数据库服务器的安装类型。这些类型的具体含义分别如下：

- Development Computer：适用于除 MySQL 外还会安装很多其他软件的开发计算机，该版本占用最少量的内存。
- Server Computer：适用于除 MySQL 外还会安装其他服务器应用程序的计算机，是为 Web 或应用程序服务器提供的版本，该版本占用中等内存。

- Dedkated Computer：适用于除数据库服务外不再安装其他程序或软件的计算机，该版本会充分利用可用内存。

（10）保持默认配置，单击图 15-14 中的 Next 按钮，进入 Authentication Method 界面，如图 15-15 所示。

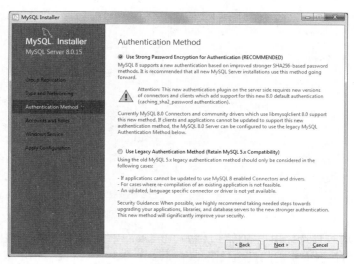

图 15-15　安装 MySQL——服务器类型和网络连接方式

图 15-15 中包含两个选项：

- Use Strong Password Encryption for Authentication(RECOMMENDED)：表示使用强密码加密进行身份验证。MySQL 支持基于 SHA256 的强密码方法进行身份验证，官方推荐采用此认证方法。
- Use Legacy Authentication Method(Retain MySQL 5.x Compatibility)：表示使用传统的身份验证。

（11）保持默认配置，单击图 15-15 中的 Next 按钮，进入 Accounts and Roles 界面，该界面中可以给 Root 用户设置密码和添加新用户，如图 15-16 所示。

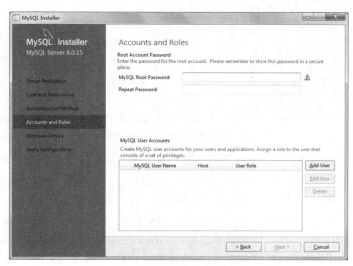

图 15-16　安装 MySQL——管理用户

在图 15-16 中 MySQL Root Password 对应的文本框中填写 root 用户的密码，以保护数据库中数据的安全。由于后续访问数据库时要求 root 用户输入正确的密码方可访问，因此这里建议用户务必记住此密码。

（12）如果要添加新用户，可单击 Add User 按钮，进入添加新用户的界面，如图 15-17 所示。

图 15-17　安装 MySQL——增加用户

（13）增加用户时可以选择用户的角色，例如 DB Admin 代表授予执行所有任务的权限，Backup Admin 代表备份任何数据库所需的最小权限。在 MySQL User Account 界面中填写用户信息，单击 OK 按钮，新增用户会显示在 Accounts and Roles 界面上，如图 15-18 所示。

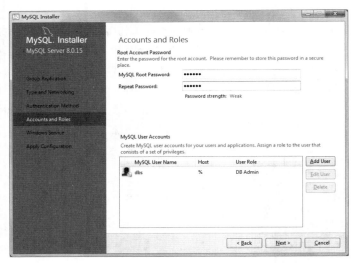

图 15-18　安装 MySQL——显示用户列表

（14）单击图 15-18 中的 Next 按钮，进入 Windows Service 设置的界面，如图 15-19 所示。

图 15-19 中默认将 MySQL 服务器设为 Windows 服务，这样便可以在 Windows 服务列表上进行启动/关闭等操作，同时设为在系统启动时自动启动 MySQL 服务器。

（15）保持默认配置，单击图 15-19 中的 Next 按钮，进入 Apply Configuration 界面，单击该界面的 Execute 按钮应用配置，执行完毕后 Apply Configuration 界面如图 15-20 所示。

（16）单击图 15-20 中的 Finish 按钮返回到配置的初始界面，该界面中显示第一项 MySQL Server 8.0.15 已经配置完成，如图 15-21 所示。

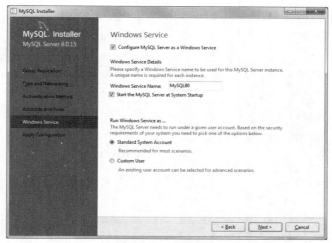

图 15-19　安装 MySQL——配置 Windows 服务

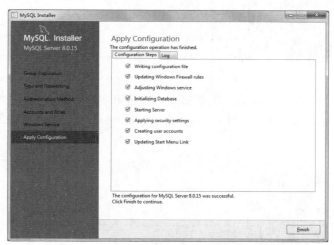

图 15-20　安装 MySQL——第一项配置完毕

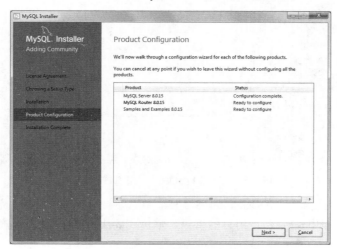

图 15-21　安装 MySQL——服务器配置完毕

（17）图 15-21 中的组件 MySQL Router 8.0.15 用于数据库的负载均衡，单击图 15-21 中的 Next 按钮，进入配置 MySQL 路由器的界面，配置组件 MySQL Router 8.0.15，如图 15-22 所示。

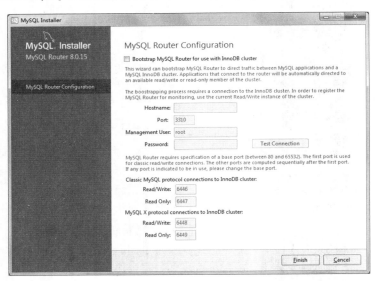

图 15-22　安装 MySQL——配置 MySQL 路由器

（18）这里保持默认的设置即可，单击 Finish 按钮再次回到配置的初始界面，此时该界面中组件 MySQL Router 8.0.15 的状态为 Configuration not needed，表示不需要配置，如图 15-23 所示。

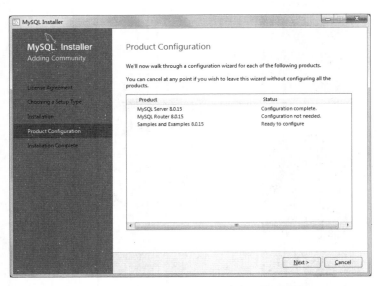

图 15-23　安装 MySQL——路由器配置完毕

（19）配置组件 Samples and Examples 8.0.15。单击图 15-23 中的 Next 按钮进入 Connect To Server 界面，在该界面中输入 root 用户的密码，单击 Check 按钮核实，若核实成功，该界面如图 15-24 所示。

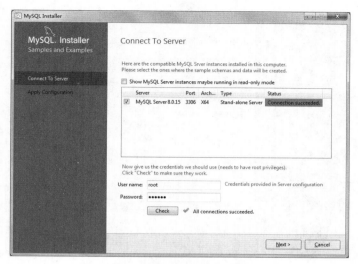

图 15-24　安装 MySQL——核实用户

（20）单击图 15-24 中的 Next 按钮，进入 Apply Configuration 界面，该界面用于应用所有的更新。在 Apply Configuration 界面中单击 Execute 按钮开始应用配置，应用完成后如图 15-25 所示。

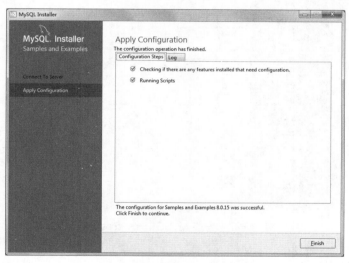

图 15-25　安装 MySQL——应用配置

（21）单击图 15-25 中的 Finish 按钮，回到配置的初始界面，此时初始界面中组件 Samples and Examples 8.0.15 的状态为 Configuration complete，表示该组件配置完成，如图 15-26 所示。

（22）单击图 15-26 中的 Next 按钮，进入 Installation Complete 界面，如图 15-27 所示。

图 15-27 中包含两个选项，默认是选中状态，表明会启动 MySQL Workbench 和 MySQL Shell。其中，MySQL Workbench 是一款专为 MySQL 设计的数据库 GUI 管理工具，MySQL Shell 是一款 MySQL 命令行的高级工具。

（23）单击图 15-27 中的 Finish 按钮，至此 MySQL 安装完成。

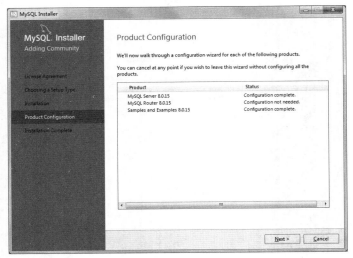

图 15-26　安装 MySQL——样例和示例配置完毕

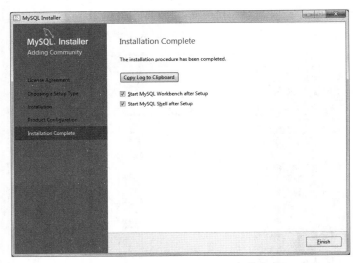

图 15-27　安装 MySQL——安装完成

15.2.2　安装 pymysql

pymysql 是 Python 3 中一个用于连接 MySQL 服务器的第三方库，若要在 Python 程序中使用 MySQL，需先在 Python 环境中安装 pymysql。

使用 pip 工具在命令行窗口中安装 pymysql，具体命令如下：

```
pip install pymysql
```

当命令行窗口中输出如下信息时，说明 pymysql 安装成功：

```
...
Installing collected packages: pymysql
Successfully installed pymysql-0.9.3
```

15.2.3 pymysql 常用对象

pymysql 库中提供了两个常用的对象：Connection 对象和 Cursor 对象。

1. Connection 对象

Connection 对象用于建立与 MySQL 数据库的连接，可以通过以下方法创建：

```
connect(参数列表)
```

以上方法中的常用参数及其含义如下：

（1）host：数据库所在主机的 IP 地址，若数据库位于本机，可设为 localhost。

（2）port：数据库占用的端口，默认是 3306。

（3）database：表示数据库的名称。

（4）user：连入数据库时使用的用户名。

（5）password：用户密码。

（6）charset：表示通信采用的编码方式，推荐使用 utf8。

使用 connect()方法向本地数据库建立连接。例如：

```
conn=pymysql.connect(
    host='localhost',
    user='root',
    password='123456',
    database='dbtest',
    charset='utf8')
```

pymysql 库为 Connection 对象提供了一些实现了数据库操作的常用方法，这些方法的说明如表 15-1 所示。

表 15-1　Connection 对象的常用方法

方　　法	说　　明
close()	关闭连接
commit()	提交当前事务
rollback()	回滚当前事务。事务回滚是指，事务在运行过程中因发生某种故障而不能继续执行，使得系统将事务中对数据库的所有已完成的更新操作全部撤销，将数据库返回到事务开始时的状态
cursor()	创建并返回 Cursor 对象

2. Cursor 对象

Cursor 对象即游标对象，它主要负责执行 SQL 语句。Cursor 对象通过调用 Connection 对象的 cursor()方法创建，这里使用上文创建的 Connection 对象 conn 获得游标对象。例如：

```
cs_obj=conn.cursor()
```

Cursor 对象的常用属性和方法分别如表 15-2 和表 15-3 所示。

表 15-2　Cursor 对象的常用属性

属　　性	说　　明
rowcount	获取最近一次 execute()执行后受影响的行数
connection	获得当前连接对象

表 15-3　Cursor 对象的常用方法

方　　法	说　　明
close()	关闭游标
execute(query, args=None)	执行 SQL 语句，返回受影响的行数
fetchall()	执行 SQL 查询语句，将结果集（符合 SQL 语句中条件的所有行集合）中的每行转化为一个元组，再将这些元组装入一个元组返回
fetchone()	执行 SQL 查询语句，获取下一个查询结果集

多学一招：SQL 语句

SQL（Structure Query Language，结构化查询语言）是目前应用较广泛的用于访问和操作关系数据库的标准语言，具有易学易用、功能丰富的特点。下面将对基础的 SQL 语句进行介绍。

1. 创建数据库

创建数据库使用 create database 语句，语法格式如下：

```
create database 数据库名称;
```

创建数据库 dbtest 的示例如下：

```
create database dbtest;
```

以上示例中 SQL 语句后的 ";" 标识该句 SQL 语句结束。

2. 删除数据库

删除数据库使用 drop database 语句，语法格式如下：

```
drop database 数据库名称;
```

删除数据库 dbtest 的示例如下：

```
drop database dbtest;
```

3. 创建表

创建表使用 create table 语句，语法格式如下：

```
create table 表名称(
    字段名 字段类型 [约束],
    字段名 字段类型 [约束],
    ...
    字段名 字段类型 [约束]
);
```

MySQL 支持的字段类型很丰富，主要包括数值、日期和字符串类型。其中，常见的数值类型有 int、double、float 等，常见的日期类型有 date、time、year，常见的字符串类型有 char 和 varchar。在设计数据表的字段时，可以为其添加约束，例如，primary key 用于设置某个字段为主键，unique 用于设置某个字段的值唯一，not null 用于设置某个字段不能有空值。

在之前创建的数据库 dbtest 中创建数据表 users，例如：

```
use dbtest;                          # 使用 dbtest 数据库
create table users(
    UserID int primary key,          # UserID 字段被设置为主键
    UserName varchar(20) unique,     # UserName 的值是唯一的，不能重复
    UserPwd varchar(20) not null     # UserPwd 字段的值不能为空
);
```

4．数据的增加

增加数据使用 insert into 语句实现，语法格式如下：

```
insert into table_name (字段1, 字段2,...字段n)values (值1, 值2, ...值n);
```

例如，向 users 表中添加 2 行数据：

```
insert into users(userid,username,userpwd)values(1,'xiaoMing','123456');
insert into users(userid,username,userpwd)values(2,'xiaoHong','654321');
```

5．数据的删除

删除数据指从数据库中将记录彻底删除，使用 delete 语句和 where 子句实现，语法格式如下：

```
delete from 表名称 where 条件
```

例如，从 users 表中将第 1 条数据删除：

```
delete from users where UserID=1
```

6．数据的更新

更新数据使用 update 语句和 where 子句实现，语法格式如下：

```
update 表名称
set 字段1 = 数值1, 字段2 = 数值2, 字段3 = 数值3, …, where 条件
```

例如，将表 users 中 UserID 为 1 的用户名称改为"小华"：

```
update users set UserName="小华" where UserID=1
```

7．数据的查询

查询数据使用 select 语句实现，语法格式如下：

```
select 字段1,字段2,...字段n from 表名称;
```

还可以使用 select 语句和 where 子句实现条件查询，语法格式如下：

```
select 字段1,字段2,...字段n from 表名称 where 条件;
```

例如，从 users 表中查询所有的数据：

```
use dbtest;
select * from users;
```

15.2.4　pymysql 的使用与示例

使用 pymysql 库访问 MySQL 数据库可分为以下几步：

（1）创建连接：通过 connect()方法创建用于连接数据库的 Connection 对象。

（2）获取游标：通过 Connection 对象的 cursor()方法创建 Cursor 对象。

（3）执行 SQL 语句：通过 Cursor 对象的 execute()、fetchone()或 fetchall()方法执行 SQL 语句，实现数据库基本操作，包括数据的增加、更新、删除、查询等。

（4）关闭游标：通过 Cursor 对象的 close()方法关闭游标。

（5）关闭连接：通过 Connection 对象的 close()方法关闭连接。

下面按照以上介绍的流程，通过一个示例分步骤演示如何使用 pymysql 操作 MySQL 数据库。具体内容如下：

（1）导入 pymysql 库，创建程序与 MySQL 数据库的连接，代码如下：

```
import pymysql
# 连接数据库
conn = pymysql.connect(
    host = 'localhost',
```

```
    user = 'root',
    password = '123456',
    charset='utf8'
)
```

以上代码连接本地的 MySQL 数据库，并以 root 用户的身份访问该数据库。

（2）创建一个数据库 dbtest，并在数据库 dbtest 中创建一张表示员工信息的数据表 employees。数据表 employees 中共有 emID、emName、emLevel、emDepID 这 4 个字段，其中字段被设置为主键，代码如下：

```
# 获得游标
cursor=conn.cursor()
# 创建数据库
sql_create="create database if not exists dbtest"
cursor.execute(sql_create)
# 创建数据表
sql_use = 'use dbtest'
cursor.execute(sql_use)
sql_table = 'create table if not exists employees(emID int primary key,
    emName varchar(20), emLevel varchar(20), emDepID varchar(20))'
cursor.execute(sql_table)
```

（3）向数据表 employees 中插入一条记录，代码如下：

```
# 插入数据
sql = "insert into employees (emID, emName, emLevel, emDepID) values (%d, '%s',
%d, %d)"
data = (15, '小园', 3, 3)
cursor.execute(sql % data)
conn.commit()
```

（4）更新数据表 employees，将字段 emID 的值为 15 的记录中字段 emName 的值修改为"小明"，代码如下：

```
# 修改数据
sql = "update employees set emName = '%s' where emID = %d"
data = ('小明', 15)
cursor.execute(sql % data)
conn.commit()
```

（5）查询 employees 表中字段 emDepID 的值为 3 的记录，代码如下：

```
# 查询数据
sql = "select emID, emName from employees where emDepID=3"
cursor.execute(sql)
for row in cursor.fetchall():
    print("员工 ID: %d 姓名: '%s'" % row)
print('财务部一共有%d 个员工' % cursor.rowcount)
```

（6）删除 employees 表中字段 emID 的值为 15 的一条记录，代码如下：

```
# 删除数据
sql="delete from employees where emID=%d limit %d"
data=(15, 1)
cursor.execute(sql % data)
conn.commit()
print('共删除%d 条数据' % cursor.rowcount)
```

（7）关闭游标和连接，代码如下：

```
cursor.close()          # 关闭游标
conn.close()            # 关闭连接
```

（8）程序运行结果：

```
员工 ID: 15 姓名: '小明'
财务部一共有 1 个员工
共删除 1 条数据
```

15.3　MongoDB 与 Python 交互

MongoDB 是使用 C++编写的、基于分布式 NoSQL 文件存储的数据库系统，它旨在为 Web 应用提供可扩展的高性能数据存储解决方案。MongoDB 作为文档型数据库的典型代表，它与 Python 结合使用的场景也比较常见。

Python 中提供的 pymongo 模块定义了访问和操作 MongoDB 数据库的函数和方法。本节将对 MongoDB 数据库的下载安装及如何使用 pymongo 操作 MongoDB 数据库进行讲解。

15.3.1　下载和安装 MongoDB

本节以 Windows 系统为例，演示如何在本地计算机上下载、安装 MongoDB 数据库的过程。

1. 下载 MongoDB

访问 MongoDB 官网下载界面下载最新版本的 MongoDB 数据库，打开下载界面，该界面默认会选中支持 Windows 系统的可用版本，目前较稳定的社区服务器版本是 4.0.9，如图 15-28 所示。

若要下载其他系统或版本，可单击图 15-28 中每个选项的下拉菜单进行选择。这里按图 15-28 中的选项，单击 Download 按钮下载 Windows。

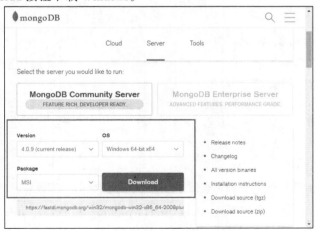

图 15-28　下载 MongoDB

2. 安装 MongoDB

安装包下载完毕以后，便可以开始安装 MongoDB。

（1）双击下载的安装文件（mongodb-win32-x86_64-2008plus-ssl-4.0.9-signed.msi）启动安装程序，安装界面如图 15-29 所示。

（2）单击图 15-29 中的 Next 按钮，进入 End-User License Agreement 界面，如图 15-30 所示。

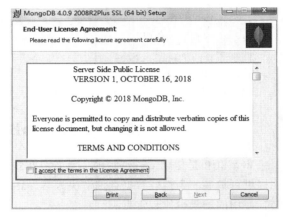

图 15-29　安装 MongoDB——欢迎界面　　　图 15-30　安装 MongoDB——用户接受许可协议

（3）勾选图 15-30 中标注的 I accept the terms in the License Agreement 选项，单击 Next 按钮进入 Choose Setup Type 界面，该界面中可选择安装类型，如图 15-31 所示。

图 15-31 中有以下两种安装类型：

● Complete：此类型将安装所有程序功能，需占用较多的磁盘空间，建议大多数用户使用。

● Custom：此类型允许用户自行选择要安装的程序功能及安装位置，建议高级用户使用。

（4）这里选择 Complete 安装方式。单击 Complete 按钮进入 Service Configuration 界面，如图 15-32 所示。

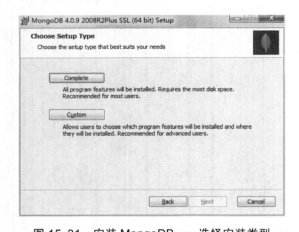

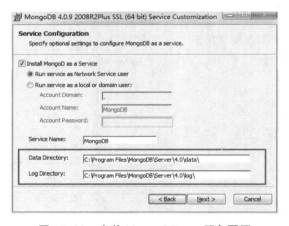

图 15-31　安装 MongoDB——选择安装类型　　　图 15-32　安装 MongoDB——服务配置

图 15-32 中标注出了两个目录路径：data Directory 和 log Directory，其中 data 文件夹用于存放创建的数据库，log 文件夹用于存放数据库的日志文件。

（5）单击图 15-32 中的 Next 按钮，进入 Install MongoDB Compass 界面，该界面中可以选择是否安装 MongoDB Compass，如图 15-33 所示。

MongoDB Compass 是 MongoDB 数据库的 GUI 管理系统，默认会选择安装，但是安装速度非常慢。

（6）这里取消勾选 Install MongoDB Compass 复选框，单击 Next 按钮进入准备安装 MongoDB 数据库的界面，如图 15-34 所示。

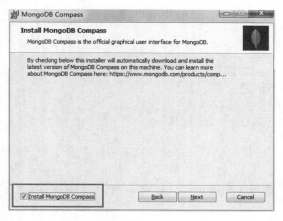

图 15-33　安装 MongoDB——安装 GUI 工具

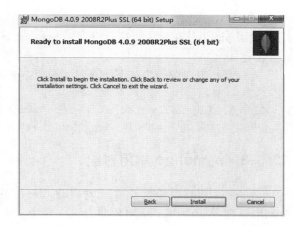

图 15-34　安装 MongoDB——准备安装

（7）单击图 15-34 中的 Install 按钮开始安装，并提示当前安装的进度，安装完成之后如图 15-35 所示。

（8）单击图 15-35 中的 Finish 按钮完成安装。

值得一提的是，MongoDB 默认会将创建的数据库文件存储在 db 目录下，但是这个目录需要用户在 MongoDB 安装完成后手动创建。在 "C:\Program Files\MongoDB\Server\4.0\data\" 目录下创建一个文件夹 db，此时的目录如图 15-36 所示。

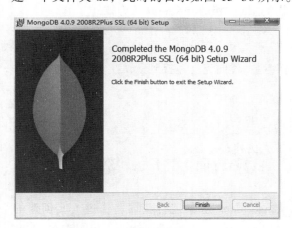

图 15-35　安装 MongoDB——安装完成

图 15-36　data 目录结构

打开命令行窗口，使用 cd 命令切换路径至 MongoDB.exe 所在的安装目录（本例为 "C:\Program Files\MongoDB\Server\4.0\bin"），之后输入如下命令指定 MongoDB 数据库文件的位置为刚刚新建的 db 目录下：

```
mongod --dbpath "C:\Program Files\MongoDB\Server\4.0\data\db"
```

为了避免后续重复切换至 MongoDB.exe 的安装目录，可以将以上路径添加到环境变量中。

15.3.2　安装 pymongo

pymongo 是 Python 3 中一个用于连接 MongoDB 服务器的第三方模块，若要在 Python 程序中使用 MongoDB，需先在 Python 环境中安装 pymongo。

使用 pip 工具在命令行窗口中安装 pymongo，具体命令如下：

```
pip install pymongo
```

当命令行窗口中输出如下信息时，说明 pymongo 安装成功：

```
...
Installing collected packages: pymongo
Successfully installed pymongo-3.8.0
```

15.3.3 pymongo 常用对象

pymongo 模块中提供了 4 个对象与 MongoDB 数据库进行交互，分别是 MongoClient 对象、DataBase 对象、Collection 对象和 Cursor 对象。

1. MongoClient 对象

MongoClient 对象用于建立与 MongoDB 数据库的连接，它可以使用如下构造方法进行创建：

```
MongoClient(host = 'localhost', port = 27017, document_class=dict,
    tz_aware=False, connect = True, **kwargs)
```

以上方法中常用参数的含义如下：

（1）host：表示主机地址，默认为 localhost。

（2）port：表示连接的端口号，默认为 27017。

（3）document_class：表示数据库执行查询操作后返回文档的类型，默认为 dict。

建立连接到 MongoDB 数据库。例如：

```
client = MongoClient()
```

上述示例创建 MongoClient 对象时没有传入任何参数，说明建立连接到默认主机地址和端口的 MongoDB 数据库。

也可以显式地指定主机地址和端口号。例如：

```
client = MongoClient('localhost', 27017)
```

还可以使用 MongoDB 的 URL 路径形式传入参数。例如：

```
client = MongoClient('mongodb://localhost:27017')
```

2. DataBase 对象

DataBase 对象表示一个数据库，可以通过 MongoClient 对象进行获取。通过上文创建的 MongoClient 对象 client 获取数据库。例如：

```
data_base = client.db_name
```

此外，还可以采用访问字典值的形式获取数据库：

```
data_base = client['db_name']
```

> 注意：
> 使用以上两种方式获取数据库时，若指定的数据库 db_name 已经存在，直接访问 db_name 数据库，否则创建一个数据库 db_name。

3. Collection 对象

Collection 对象包含一组文档，代表 MongoDB 数据库中的集合，类似于关系数据库中的表，但它没有固定的结构。创建 Collection 对象的方式与创建数据库的方式类似，例如，通过 data_base 创建集合 test_collection，代码如下：

```
collection = data_base.test_collection
```

也可以采用访问字典值的形式创建 Collection 对象：

```
collection = data_base ['test_collection']
```

Collection 对象具备一系列操作文档的方法，这些方法的说明如表 15-4 所示。

表 15-4　Collection 对象常用方法

方　　法	说　　明
insert_one()	向集合中插入一条文档
insert_many()	向集合中插入多条文档
find_one()	查询集合中的一条文档。若找到匹配的文档，返回单个文档，否则返回 None
find()	查询集合中的多条文档。若找到匹配项，则返回一个 Cursor 对象
update_one()	更新集合中的一条文档
update_many()	更新集合中的多条文档
delete_one()	从集合中删除一条文档
delete_many()	从集合中删除多条文档
count_documents(filter)	根据匹配条件 filter 统计集合中的文档数量。若传入空字典，则返回所有文档的数量；若传入带有键值对的字典，则返回符合条件的文档数量

值得一提的是，pymongo 中使用字典来表示 MongoDB 数据库的文档，每个文档中都有一个_id 属性，用于保证文档的唯一性，当它们插入到集合中时若未提供_id，会被 MongoDB 自动设置独特的_id 值。

4. Cursor 对象

Cursor 对象是通过 Collection 对象调用 find()方法返回的查询对象，该对象中包含有多条匹配的文档，可结合 for 循环遍历取出每条文档。例如，使用 insert_many()方法向 collection 中插入多条文档，之后使用 find()方法查询匹配的文档，代码如下：

```
collection.insert_many([{'x': i} for i in range(2)])
cursor_obj = collection.find({'x': 1})
for document in cursor_obj:
    print(document)
```

15.3.4　pymongo 的使用与示例

使用 pymongo 模块访问 MongoDB 数据库可分为以下几步：

（1）创建一个 MongoClient 对象，与 MongoDB 数据库建立连接。

（2）使用上个步骤的连接创建一个表示数据库的 DataBase 对象。

（3）使用上个步骤的数据库创建一个表示集合的 Collection 对象。

（4）调用 Collection 对象的方法，对集合执行某些常见操作，包括增加、删除、修改和查询文档等。

下面按照以上介绍的流程，通过一个示例分步骤为演示如何使用 pymongo 操作 MongoDB 数据库，具体内容如下：

（1）导入 pymongo 模块，创建与本地 MongoDB 数据库的连接，代码如下：

```
import pymongo
# 创建连接对象
client = pymongo.MongoClient(host='localhost', port=27017)
```

（2）创建一个数据库 school 和一个集合 student，代码如下：

```
# 创建数据库 school
db_obj = client.school
# 创建集合 student
coll_obj=db_obj.student
```

（3）向集合 student 中分别插入一条文档和多条文档，每个文档中都有 3 个字段，分别是"学号"、"姓名"和"性别"，插入完之后输出"集合中共有**个文档"，代码如下：

```
# 向集合 student 中插入文档
coll_obj.insert_one({'学号':1, '姓名':'小明', '性别':'男'})
coll_obj.insert_many([{'学号': 2, '姓名': '小兰', '性别': '女'},
                      {'学号': 3, '姓名': '小花', '性别': '女'},
                      {'学号': 4, '姓名': '小刚', '性别': '男'},
                      {'学号': 5, '姓名': '小志', '性别': '男'},
                      {'学号': 6, '姓名': '小白', '性别': '男'}])
print('集合中共有%d个文档' % coll_obj.count_documents({}))
```

（4）将字段"学号"为 6 的文档中字段"性别"对应的值修改为"女"，代码如下：

```
# 更新集合 student 中的一条文档
coll_obj.update_one({'学号': 6},{'$set':{'性别': '女'}})
```

（5）将集合中出现的第一条字段"性别"对应的值为"女"的文档删除，并在删除后输出"集合中共有**个文档"，代码如下：

```
# 删除集合 student 中的一条文档
coll_obj.delete_one({'性别':'女'})
print('集合中共有%d个文档' % coll_obj.count_documents({}))
```

（6）查询集合中所有字段"性别"对应值为"女"的文档，并遍历输出每个匹配的文档，代码如下：

```
# 查询集合 student 中的性别为女的文档
result = coll_obj.find({'性别':'女'})
for doc in result:
    print(doc)
```

（7）程序运行结果如下：

```
集合中共有 6 个文档
集合中共有 5 个文档
{'_id': ObjectId('5cc6a304e73b3c756ce03bd2'), '学号': 3,
'姓名': '小花', '性别': '女'}
{'_id': ObjectId('5cc6a304e73b3c756ce03bd5'), '学号': 6,
'姓名': '小白', '性别': '女'}
```

15.4　Redis 与 Python 交互

Redis 是一个开源的、使用 C 语言编写的、支持网络交互、基于内存的可持久化键值存储数据库。Redis 作为键值数据库的典型代表，它与 Python 结合使用的场景也比较常见。

Python 中提供的 redis 模块定义了访问和操作 Redis 数据库的函数和方法。本节将对 Redis 数据库的下载安装及如何在使用 redis 模块操作 Redis 数据库进行讲解。

15.4.1 下载和安装 Redis

若要连接 Redis 数据库，需要提前在本地计算机上下载、安装 Redis 数据库。下面以 Windows 系统为例，演示如何在本地计算机下载和安装 Redis 的过程（由于 Redis 官方不支持 Windows 系统，Windows 版本 Redis 需要在 Github 的 Microsoft archive 项目仓库中下载）。

1. 下载 Redis

访问网址 https://github.com/MicrosoftArchive/redis/releases，进入 GitHub 网站中下载 Redis 的界面，该界面中包含多个可供下载的版本，这里用的版本是 3.2.100，如图 15-37 所示。

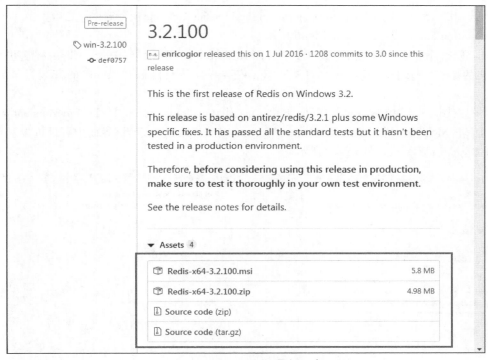

图 15-37　Redis 的最新版本

这里单击图 15-37 中的 Redis-x64-3.2.100.msi 链接，下载 Redis-x64-3.2.100.msi 安装包。

2. 安装 Redis

安装包下载完毕后，便可以进行安装。

（1）双击安装文件 Redis-x64-3.2.100.msi 启动安装程序，安装窗口如图 15-38 所示。

（2）单击图 15-38 中的 Next 按钮，进入 End-User License Agreement 界面，该界面提示用户接受最终用户许可协议复选框，如图 15-39 所示。

图 15-38　安装 Redis——欢迎界面

图 15-39　安装 Redis——接受用户许可协议

（3）选中图 15-39 中的 I accept the terms in the License Agreement 复选框，之后单击 Next 按钮进入 Destination Folder 界面，如图 15-40 所示。

　　Redis 数据库默认会安装到 "C:\Program Files\Redis\" 目录中，单击 Change 按钮可重新选择安装的路径；选中图 15-40 中的复选框，安装程序将自动添加 Redis 的安装目录到环境变量中。

（4）勾选图 15-40 中标注的 Add the Redis installation folder to the PATH environment variable 复选框，单击 Next 按钮进入 Port Number and Firewall Exception 界面，该界面中可设置端口号和为 Redis 添加防火墙提醒，如图 15-41 所示。

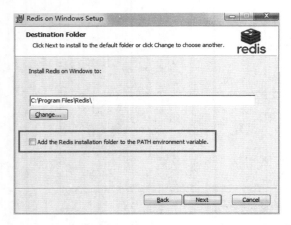

图 15-40　安装 Redis——安装路径

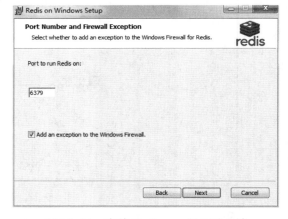

图 15-41　安装 Redis——添加防火墙

　　默认需要为 Redis 设置防火墙提醒，以避免其他机器访问本机的 Redis 数据库。

（5）单击图 15-41 中的 Next 按钮进入 Memory Limit 界面，该界面中可设置最大内存，如图 15-42 所示。

　　Redis 默认设置的最大内存为 100 MB，这里保留默认设置即可。

（6）单击 Next 按钮进入准备安装的界面，在该界面中单击 Install 按钮开始安装，该界面中提示当前安装的进度，安装完成后如图 15-43 所示。

　　单击图 15-43 中的 Finish 按钮完成安装。

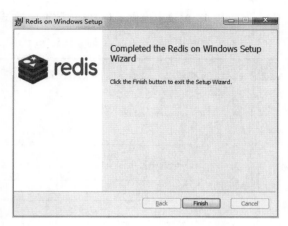

| 图 15-42　安装 Redis——设置内存限制 | 图 15-43　安装 Redis——安装完毕 |

15.4.2　安装 redis

　　redis 是一个官方推荐的操作 Redis 数据库的 Python 模块，若要在 Python 程序中使用 redis 模块，需先在 Python 环境中安装 redis 模块。

　　使用 pip 工具在命令行窗口中安装 redis 模块，具体命令如下：

```
pip install redis
```

　　当命令行窗口中输出如下信息时，说明 redis 模块安装成功：

```
…
Installing collected packages: redis
Successfully installed redis-3.2.1
```

15.4.3　redis 常用对象

　　redis 模块中共提供了 StrictRedis 和 Redis 类来实现 Redis 命令，其中，StrictRedis 类中实现了大多数官方 Redis 命令；Redis 是 StrictRedis 的子类，用于兼容旧版本的 redis-py。官方推荐使用 StrictRedis 对象进行开发。

　　StrictRedis 对象用于建立与 Redis 数据库的连接，它可以通过如下构造方法进行创建：

```
StrictRedis(host = 'localhost', port = 6379, db=0, password = None,
    socket_timeout = None, socket_connect_timeout = None,
    socket_keepalive = None, socket_keepalive_options = None,
    connection_pool = None, unix_socket_path=None, encoding = 'utf-8',...)
```

　　以上方法中常用参数的含义如下：

　　（1）host：表示待连接的 Redis 数据库所在主机的 IP 地址，默认设为 localhost。

　　（2）port：表示 Redis 数据库程序的端口，默认为 6379。

　　（3）db：表示数据库索引，默认为 0，数据库的名称为 db0。

　　（4）encoding：表示采用的编码格式，默认使用的是 utf-8。

　　Redis 数据库中的数据都是键值对，其中键为字符串类型，不能重复；值可以为字符串（string）、哈希（hash）、列表（list）、集合（set）和有序集合（zset）这五种类型，针对每种类型官方均提供了相应的命令。

StrictRedis 对象中提供了与 Redis 数据库操作命令同名的方法，这些方法的说明如表 15-5 所示。

表 15-5　StrictRedis 对象的常用方法

类　　型	方　　法	说　　明
字符串	set(name, value)	设置指定键 name 的值为 value。若键不存在，新建一个键值对；若键存在，则修改其对应的值。若该方法返回 True，则表示创建或修改成功，否则表示创建或修改失败
	setex(name, time, value)	设置指定键 name 对应的值为 value，并将键的过期时间设为 time
	mset(mapping)	根据同时设置多个键值对
	append(key, value)	如果 key 存在，那么将 value 追加到原有值的末尾；如果 key 不存在，那么创建一个键值对
	get(name)	获取给定键所对应的值。若获取失败，则返回 None
	mget(keys, *args)	获取与键顺序相同的值列表
哈希	hset(name, key, value)	将哈希表 name 中键 key 的值设为 value。若创建了一个新键值对，则返回 1，否则返回 0
	hmset(name, mapping)	同时将多个键值对添加到哈希表 name 中
	hkeys(name)	获取哈希表 name 中所有的键
	hget(name, key)	获取存储在哈希表 name 中指定键的值
	hmget(name, keys, *args)	获取哈希表 name 中所有给定键 keys 对应的值
	hvals(name)	获取哈希表 name 中所有的值
	hdel(name, *keys)	删除一个或多个哈希表中的键
列表	lpush(name, *values)	将一个或多个值插入到列表头
	rpush(name, *values)	向列表中添加一个或多个值
	linsert(name, where, refvalue, value)	在列表元素之前或者之后插入值
	lrange(name, start, end)	获取列表指定范围内的值
	lset(name, index, value)	通过索引设置列表元素的值
	lrem(self, name, count, value)	移除列表元素
集合	sadd(name, *values)	向集合添加一个或多个元素
	smembers(name)	返回集合中的所有成员
	srem(name, *values)	移除集合中一个或多个成员
有序集合	zadd(name, mapping, nx=False, xx=False, ch=False, incr=False)	向有序集合添加一个或多个成员，或者更新已存在成员的分数
	zrange(name, start, end, desc=False, withscores=False, score_cast_func=float)	通过索引区间返回有序集合指定区间内的成员
	zrangebyscore(name, min, max, start=None, num=None, withscores=False, score_cast_func=float)	通过分数返回有序集合指定区间内的成员
	zscore(name, value)	返回有序集合成员的分数值
	zrem(name, *values)	移除有序集合中的一个或多个成员
	zremrangebyscore(name, min, max)	移除有序集合中给定的分数区间的所有成员

15.4.4　redis 的使用与示例

redis 模块的基本使用流程主要包括两个步骤，分别如下：

（1）创建一个 StrictRedis 对象，与 Redis 数据库建立连接。

（2）调用 StrictRedis 对象的方法，对数据库执行常见操作，包括增加、删除、修改和查询键值对等。

下面按照以上介绍的流程，通过一个示例分步骤为大家演示如何使用 redis 模块操作 Redis 数据库。具体内容如下：

（1）导入 redis 模块，创建与本地 Redis 服务器的连接，代码如下：

```
import redis
# 创建 StrictRedis 对象，与 Redis 服务器建立连接
sr = redis.StrictRedis()
```

（2）通过 set()方法向 Redis 默认的数据库 db0 中添加键值对，代码如下：

```
# 增加键值对
result = sr.set('py1', 'Tom')
# 输出响应结果，若添加成功则返回 True，否则返回 False
print(result)
```

（3）通过 set()方法修改键 py1 对应的值，代码如下：

```
# 设置键 py1 的值，若键已经存在修改值，若键不存在增加键值对
result = sr.set('py1', 'Jerry')
# 输出响应结果，若修改成功则返回 True，否则返回 False
print(result)
```

（4）通过 get()方法获取键 py1 对应的值，代码如下：

```
# 获取键 py1 的值
result = sr.get('py1')
# 若键存在则输出键对应的值，否则输出 None
print(result)
```

（5）通过 delete()方法删除指定键及对应的值，并根据该方法返回的结果判定是否删除成功，即返回受影响键的数量表示删除成功，返回 0 表示删除失败。代码如下：

```
# 删除键 py1 的值
result = sr.delete('py1')
# 输出响应结果，若删除成功则返回受影响的键数，否则返回 0
print(result)
```

（6）程序运行结果：

```
True
True
b'Jerry'
1
```

15.5　实例：用户注册登录

用户管理模块是各种软件中最基本的模块之一，该模块的基本功能是用户注册与登录。虽然每个软件的界面样式有所不同，但注册与登录业务的主要业务逻辑相差无几。这两个业务的流程

分别如图 15-44 和图 15-45 所示。

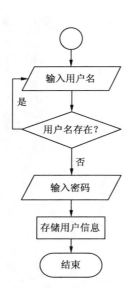

图 15-44　用户注册业务流程

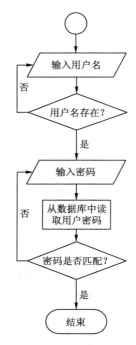

图 15-45　用户登录业务流程

本实例要求结合数据库，按照以上业务流程实现用户注册登录功能。

小　　结

本章首先介绍了数据库的分类，其次介绍了 MySQL 数据库与 Python 程序的交互，包括下载安装 MySQL、安装 pymysql 库、pymysql 库的常用对象和基本使用，然后介绍了 MongoDB 数据库与 Python 程序的交互，包括下载安装 MongoDB、安装 pymongo 模块、pymongo 模块的常用对象和基本使用，最后介绍了 Redis 数据库与 Python 程序的交互，包括下载安装 Redis 数据库、安装 redis 模块、redis 模块的常用对象和基本使用。通过本章的学习，希望读者能实现 Python 程序与数据库进行交互。

习　　题

一、填空题

1. 数据库是按照＿＿＿＿来组织、存储和管理数据的仓库。
2. 关系型数据库采用＿＿＿＿形式组织数据，由数据表和数据表之间的关系组成。
3. 文档型存储数据库采用＿＿＿＿结构存储数据。
4. pymysql 库中提供的 Connection 对象用于建立与 MySQL 数据库的＿＿＿＿。

二、判断题

1. 非关系型数据库没有固定的结构，无须事先为要存储的数据建立字段。　　　　（　　　）
2. MongoDB 采用二维表格结构存储数据。　　　　（　　　）

3. Redis 数据库中的数据都是键值对，键为不能重复字符串类型。 （　　）

4. Python 程序无法操作任何数据库中存储的数据。 （　　）

三、选择题

1. 下列常见的数据库中，属于关系型数据库的是（　　）。

　　A. Hbase　　　　　　B. MongoDB　　　　　C. MySQL　　　　　D. Redis

2. MySQL 是典型的关系型数据库，它主要包含的核心元素有（　　）。（多选）

　　A. 数据行　　　　　　B. 数据列　　　　　　C. 数据表　　　　　D. 数据库

3. 下列选项中，不属于 MongoDB 的核心元素是（　　）。

　　A. 数据表　　　　　　B. 文档　　　　　　　C. 集合　　　　　　D. 数据库

4. 下列方法中，用于执行 SQL 语句的是（　　）。

　　A. commit()　　　　　B. execute()　　　　　C. fetchall()　　　　D. cursor()

5. 下列选项中，表示包含多条匹配文档的查询对象的是（　　）。

　　A. MongoClient 对象　B. DataBase 对象　　C. Collection 对象　D. Cursor 对象

四、简答题

1. 什么是数据库？

2. 简述关系型与非关系型数据库的区别。

五、编程题

请按照下列要求编写程序：

（1）通过 pymysql 与 MySQL 数据库建立连接。

（2）创建数据库 db_student。

（3）设计数据表 students，该表格中包含学号、姓名、性别、年龄共 4 个字段。其中，字段"学号"为主键。

（4）向 students 表中插入 5 条记录，插入后的数据表如图 15-46 所示。

学号	姓名	性别	年龄
1	张三	女	20
2	李四	男	21
3	王五	女	20
4	赵六	男	19
5	孙七	女	22

图 15-46　数据表 students

（5）将 students 表中"学号"为"5"的记录中字段"年龄"对应的值改为"21"。

（6）查询 students 表中字段"性别"为"女"的所有记录。

（7）删除 students 表的最后一条记录。

第 ⑯ 章　Django 框架介绍

学习目标：

◎ 熟悉 HTTP 协议。

◎ 了解 HTML、CSS 及 JavaScript 的功能。

◎ 了解 Web 框架以及 WSGI。

◎ 掌握 Django 框架的结构。

◎ 熟悉 Django 框架开发应用的流程。

什么是框架？在建筑学概念中，框架（Framework）是一个起约束作用的框、一个具有支撑线的架子。框架的概念也被广泛应用在软件工程中，在软件工程中，框架通常被认为是已经实现某应用领域通用功能的底层服务，在此基础之上，开发人员可以按照某种规则对软件进行扩充，以达到缩短开发周期、提高开发质量的目的。

Django 就是 Python Web 开发领域中常用的一个免费开源框架，使用这个框架可以快速开发 Python Web 应用。本章将对 Web 基础知识、WSGI 规范以及 Web 框架——Django 的基本使用进行介绍。

16.1　前端基础知识

一个优秀的网站不仅能在业务功能上得到用户的认可，而且在其前端页面中也提供非常友好的页面展示，同时了解前端知识对学习 Django 框架具有一定的帮助。本节将对 Web 前端中的 HTML 协议、HTML、CSS、JavaScript 进行介绍。

16.1.1　HTTP 协议

为了保证服务器和客户端可以正确解析对方传来的数据，应使用约定的格式对数据进行封装。根据客户端要实现的功能，应用层会使用不同的协议封装数据，其中最常用的协议为超文本传输协议（Hyper Text Transfer Protocol，HTTP）。

HTTP 协议是一个应用层协议，它不传输数据，主要用于规定 Web 客户端和服务端交互过程中数据的格式。HTTP 协议可以应用于 TCP/IP 协议族的传输层之上（即应用层），亦可用于其他能保证可靠传输的网络中。在 HTTP 通信中，客户端通过 URL 向服务端发送请求数据，服务端接收请求、处理请求，并向客户端返回响应数据。这一过程如图 16-1 所示。

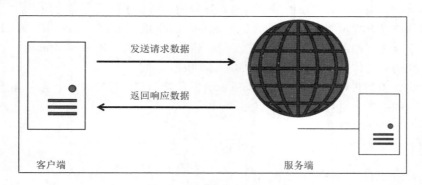

图 16-1　发送请求获取响应过程

上文提到的 URL 是统一资源定位符（Uniform Resource Locator），它是服务器地址的标识，主要由协议名、服务器地址、资源路径构成，各部分含义如下：

（1）协议名：常使用 http 或 https。

（2）服务器地址：可以是一个域名，也可以是一个具体的 IP 地址。

（3）资源路径：指的是请求资源在服务器中的位置。

协议名中的 http、https 指 HTTP、HTTPS 协议，这两种协议都是文本传输协议，不同之处在于 HTTPS 在 HTTP 的基础上加入了 SSL（安全套接层）协议以保证数据传输的安全性。

当 HTTP 客户端向服务器端发送请求消息时，会先与服务器建立 TCP 连接，之后服务器收到用户请求进行处理，再向客户端返回响应信息。

HTTP 客户端发送的请求消息包括请求行、请求头、空行、请求数据组成，具体如图 16-2 所示。

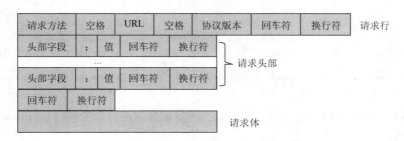

图 16-2　请求消息结构

以下是一个 HTTP 请求消息：

```
GET/first.jsp HTTP/1.1
Accept:image/gif.image/jpeg,*/*
Accept-Language: zh-CN
User-Agent: Mozilla/5.0 (Windows NT 6.1; WOW64; Trident/7.0; rv:11.0) like Gecko
Accept-Encoding: gzip, deflate
Host: 127.0.0.1:8000
DNT: 1
Connection: Keep-Alive
Cookie: __utma=96992031.914268212.1471315236.1497498941.1497516645.196;
```

```
username=jinqiao&password=1234
```

以上信息是由浏览器代为封装的请求消息，这段请求消息中的第一行为请求行，请求行指明了本次客户端的请求方式（GET）、请求的资源（/first.jsp）以及 HTTP 协议的版本（HTTP/1.1）；起始行之后、空行之前的部分为请求消息的头域，也称为请求头（Request Header）；空行之后的部分为请求消息的消息体，也称为请求体（Request Body）。

当服务器收到 HTTP 客户端的请求数据后，会发送给 HTTP 客户端一个响应信息，这个响应信息由状态行、响应头、空行、响应体组成。

以下是一个 HTTP 响应消息：

```
HTTP/1.1 200 OK
Connection: Keep-Alive
Content-Encoding: gzip
Content-Type: text/html;charset=utf-8
Date: Thu, 06 Jul 2017 06:59:54 GMT
Expires: Thu, 06 Jul 2017 06:59:54 GMT
Server: BWS/1.1

<html>
<head>
    <title>itheima</title>
</head>
<body>
    <h1 style="color:blue;">hi</h1>
        <p>hello itheima</p1>
    <script type="text/javascript">
        alert("hello")
    </script>
</body>
</html>
```

以上信息中的第一行为响应消息的状态行，状态行给出了 HTTP 协议的版本（HTTP/1.1）以及状态码（Status Code），状态码由数字和字符串组成，数字表示请求处理结果（成功、失败或其他），字符串是对处理结果的说明。

状态行之后、空行之前的部分为响应消息的头域，也称为响应头（Response Header）。空行之后的部分为消息体，也称为响应体（Response Body）。

根据 HTTP 标准，HTTP 请求可以使用多种请求方法，在 HTTP/1.0 中定义了 GET、POST、HEAD 三种请求方法，在 HTTP/1.1 中新增了 OPTIONS、DELETE、PUT、TRACE、CONNECT 等请求方法，根据不同的场景需使用不同的请求方法。HTTP/1.1 请求方法与说明如表 16-1 所示。

表 16-1　HTTP/1.1 请求方法说明

请 求 方 法	说　　明
GET	向特定的资源发出请求
POST	向指定资源提交数据，待提交的数据包含在请求体中，POST 请求可能会在服务器中创建新资源，或对已有资源进行修改
HEAD	与 GET 方法类似，向特定资源发出请求，不同的是使用此方法不会返回响应体

请 求 方 法	说 明
OPTIONS	允许客户端查看服务器性能
DELETE	请求服务器删除所请求的 URI 所标识的资源
PUT	从客户端向服务器传送的数据取代指定的文档内容
TRACE	请求服务器回显其收到的请求信息，该方法主要用于 HTTP 请求的测试或诊断
CONNECT	HTTP/1.1 协议中预留给能够将连接改为管道方式的代理服务器

需要说明的是，HTTP 请求方法的名称区分大小写。以上方法中，除 GET 和 POST 方法外，其他方法都是可选方法。

当服务器向客户端返回响应信息时，会通过状态码告知客户端资源是否请求成功。状态码由三个数字组成，不同的状态码代表不同的含义，具体如下：

（1）1xx：以 1 开头的状态码表示此次请求已经接受，需要继续处理，此类响应是临时响应。

（2）2xx：以 2 开头的状态码表示请求已被服务器成功接收并处理。

（3）3xx：以 3 开头的状态码表示请求的资源在其他地方，需要客户端采取进一步操作才能完成请求。

（4）4xx：以 4 开头的状态码表示请求出错。

（5）5xx：以 5 开头的状态码表示服务器在处理请求的过程中产生错误或异常。

（6）600：表示服务器只返回了响应体。

常见的状态码有 "200" 和 "404"，分别表示请求处理成功和未找到所请求的资源。

16.1.2 HTML 简介

HTML（Hyper Text Markup Language，超文本标记语言）使用标记标签来描述网页，通常情况下标记标签是成对出现的，例如<title>和</title>，其中第 1 个标签是开始标签，第 2 个标签是结束标签。

可以使用 HTML 标记标签描述网页页面的元素，之后通过浏览器解析 HTML 网页中的内容。

HTML 示例代码如下：

```
<!DOCTYPE html>
<html>
<head>
  <title>HTML 演示</title>
</head>
<body>
  <p>Python:</p>
  <img src ="file:python.jpg" width="150" height="100">
  <h5>官网链接：
    <a href="https://www.python.org/">https://www.python.org</a>
  </h5>
</body>
</html>
```

上述代码中使用了多个 HTML 标签，其含义分别如下：

（1）html 标签：告知 Web 浏览器当前文档是一个 HTML 文档。

（2）head 标签：定义文档头部，是所有头部元素的容器。

（3）title 标签：定义文档标题。

（4）body 标签：用于定义文档中的内容，如文本、图片、超链接。

（5）img 标签：用于在网页中嵌入图片。

（6）h 标签：h 标签有<h1>~<h6>共 6 对，这些标签都用于定义标题样式，其中<h1>标签用于定义文档中的一级标题，也就是最大的标题，<h6>定义最小级别的标题。

（7）a 标签：用于定义超链接。

（8）p 标签：此标签用于定义段落，p 标签会自动在其前后创建一些空白。

常用的前端开发工具有 Visual Studio Code、HBuilder、WebStorm 等，若没有安装这些工具，可以将上述代码复制到记事本中，通过以下两个步骤创建一个可以浏览的网页：

（1）创建 static 文件夹，然后在该文件夹中创建名为 html_demo.html 的文件。

（2）将 HTML 示例代码复制到 html_demo.html 文件中，将名为 python.jpg 的图片放到 static 文件夹中。

使用浏览器打开文件 html_demo.html，解析后的网页如图 16-3 所示。

图 16-3　HTML 演示

16.1.3　CSS 简介

CSS（Cascading Style Sheets，层叠样式表）是表现 HTML 文件样式的计算机语言，用于修改对静态网页的样式。

例如，对 html_demo.html 文件中的标签< h3>进行修改，代码如下：

```
<!DOCTYPE html>
<html>
<head>
  <title>CSS 演示</title>
</head>
<body>
  <h3>Python:</h3>
  <style>
     h3{
        background-color: #00ff00
        }
  </style>
  <img src ="file:python.jpg" width="150" height="100">
  <h5>官网链接:
     <a href="https://www.python.org/">https://www.python.org</a>
  </h5>
</body>
</html>
```

style 标签用于为 HTML 文档定义样式信息，以上代码在该标签中重新定义了 h3 标签的样式，使用选项 background-color 将 h3 标签中的文字背景设置为了绿色。

将文件另保存为 css_demo.html，使用浏览器打开，此时的网页如图 16-4 所示。

图 16-4　CSS 样式效果

对比图 16-3 与图 16-4，图 16-4 中"Python"的背景颜色变为绿色，说明标签样式修改成功。

16.1.4　JavaScript 简介

JavaScript 通常缩写为 JS，它是一种直译式脚本语言，可以给 HTML 网页增加动态功能。例如，对上述 HTML 文件中的标签<h3>进行修改，使网页中的文本能够一直变换颜色，具体如下：

```
<!DOCTYPE html>
<html>
<head>
    <title>JavaScript 演示</title>
</head>
<body>
    <h3>Python:</h3>
    <script type="text/javascript">
        // js 代码
        function changeColor() {
            //定义一条变换颜色的字符串
            var color = "yellow|green|blue|gray|red|purple";
            color = color.split("|"); //然后通过()split 方法进行分割
            var ele = document.getElementsByTagName("h3"); //获得元素
            for (var i = 0; i < ele.length; i++) {
                //设置样式
                ele[i].style.color = color[parseInt(Math.random() *
                                                    color.length)];
            }
        }
        //设置循环，每 0.3 秒变换一种颜色
        setInterval("changeColor()", 300);
    </script>
    <img src="file:python.jpg" width="150" height="100">
    <h5>官网链接: <a href="https://www.python.org/">
                   https://www.python.org</a></h5>
</body>
</html>
```

以上代码在 16.1.2 节代码的基础上加入了 script 标签，并在 script 标签中定义 changeColor()
函数，使"Python"文本每隔 0.3s 变换一次颜色。

将以上代码复制粘贴到 js_demo.html 文件中，右击该文件使用浏览器打开，打开后的网页如图 16-5 所示。

图 16-5　JavaScript 演示

16.2　WSGI

16.2.1　WSGI 规范

Python Web 开发中常用的 Web 应用统一接口为 WSGI（Web Server Gateway Interface，Web 服务器网关接口），实际上，WSGI 是一种规范，它规定了 Web 应用接口的格式，只要开发人员在 Web 应用中实现一个符合 WSGI 规范的函数，这个应用就可以在 WSGI 服务器中使用。

客户端、Web 服务器、WSGI 以及 Web 应用之间的关系如图 16-6 所示。

客户端　　　　　　　　Web服务器　　　　　　　Web应用

图 16-6　客户端、服务器、WSGI 以及 Web 应用的关系

WSGI 规定的 Web 应用接口的格式如下：

```
def application(env, start_response):
    status="200 OK"
    headers=[
        ("content-Type", "text/plain"),
    ]
    start_response(status, headers)
    return "<h1>hello itheima</h1>"
```

以上定义的 application() 函数是一个符合 WSGI 的请求处理函数，这个函数接收两个参数：
（1）env：一个包含 HTTP 请求信息的字典对象。

（2）start_response：一个由服务器传递给 Web 应用，用于从 Web 应用中获取响应消息头域信息的函数。

start_response()由服务器传递给 Web 应用，并将从 Web 应用中获取的状态码和头域信息反馈给服务器，因此 start_response()函数应是由服务器定义的回调函数，该函数中包含两个参数：status 和 headers。其中，status 是一个表示状态信息的字符串，headers 是表示头域信息的列表。此外，服务器返回的响应消息只有一条，因此在 Web 应用中 start_response()函数只能被调用一次。

以上示例中 application()函数的返回值是一行 HTML 文本信息，这条信息将被作为 HTTP 响应的响应体发送给浏览器。

符合 WSGI 规范的 Web 应用程序中，函数 application()通常由 WSGI 服务器调用，下面将对 WSGI 服务器进行讲解。

16.2.2　WSGI 服务器

由于 WSGI 服务器中所有的 Web 应用都符合 WSGI 规范，所以服务器只需根据获取的 URL 中提供的资源信息，便可调用不同 Web 应用中的接口。

下面通过案例来展示动态 Web 服务器的搭建方法，此案例包含一个服务器文件 dynamics_web_server_file.py 和两个 Web 应用文件 c_time.py 和 say_hello.py，其中 c_time.py 应用用于获取系统当前时间；say_hello.py 应用用于输出一段信息。

具体步骤如下：

（1）创建 Web 动态服务器文件——dynamics_web_server_file.py，代码如下：

```
from socket import *
from multiprocessing import Process
import re
HTML_ROOT_DIR = "./"                    # 将当前目录设置为根目录
PORT=8000
class HTTPServer(object):
    def __init__(self):
        """初始化"""
        self.server_socket = socket(AF_INET, SOCK_STREAM)
        self.server_socket.setsockopt(SOL_SOCKET, SO_REUSEADDR, 1)
    def bind(self, port):
        """绑定服务器地址"""
        self.server_socket.bind(("", port))
    def start(self):
        """启动服务器，处理请求"""
        self.server_socket.listen(128)
        print("服务器%s 开启..." % PORT)
        while True:
            client_socket, client_address=self.server_socket.accept()
            print("有客户端连接到达: %s" % str(client_address))
            handle_client_process=Process(target = self.handle_client,
                                          args = (client_socket,))
            handle_client_process.start()
            client_socket.close()
    def handle_client(self, client_socket):
        """处理已连接客户端的请求"""
```

```python
        # 获取客户端请求数据
        request_data=client_socket.recv(1024)
        request_lines=request_data.splitlines()
        if request_lines:
            request_start_line=request_lines[0]
            # 提取用户请求的文件名
            file_name=re.match(r'\w+\s+(/[^ ]*)\s',
                                request_start_line.decode('gb2312')).group(1)
            if file_name.endswith(".py"):
                # 执行 py 文件
                m=__import__(file_name[1:-3])
                # 定义环境变量（字典类型）
                env={}
                response_body=m.application(env, self.start_response)
                response=self.response_headers+"\r\n"+response_body
            # 向客户端返回响应数据
            client_socket.send(response.encode('gb2312'))
            # 关闭客户端连接
            client_socket.close()
    def start_response(self, status, headers):
        """从 Web 应用中获取响应码及响应体头域"""
        response_headers="HTTP/1.1 "+status+'\r\n'
        for hreader in headers:
            response_headers+="%s: %s\r\n" % hreader
        self.response_headers=response_headers
def main():
    http_server=HTTPServer()
    http_server.bind(PORT)
    http_server.start()
if __name__=="__main__":
    main()
```

以上代码中将服务器抽象成一个 HTTPServer 类，这个类中定义了五个方法，它们的功能分别如下：

- __init__()：方法用于初始化类对象，在类对象被创建时，程序中会调用 socket()函数创建服务器 socket，并设置套接字可重复使用。
- bind()：该方法重写了 socket 模块中的 bind()函数，它只需接收一个端口号 port，就能为服务器 socket 绑定地址。
- start()：用于启动服务器，处理客户端连接请求，并创建子进程处理已建立连接的客户端的资源请求。
- handle_client()：它是 start()方法中创建的子进程的功能函数，此方法接收一个用于与客户端交互的套接字 client_sock 作为参数。handle_client()方法的功能是接收客户端发送的请求消息，从中提取脚本文件名，将该脚本作为模块导入服务器，由服务器调用模块中的应用函数生成动态响应消息，并发送到客户端。
- start_response()：它是一个回调函数，当服务器调用 Web 应用中的函数时，该方法作为函数的参数被传递到 Web 应用中，获取 Web 应用中的状态码和头域信息。

服务器代码中除了定义 HTTPServer 类外，还定义了 main()函数，该函数中创建了 HTTPServer

类的实例，调用 bind()方法为服务器绑定地址，并调用 start()方法启动服务器。

（2）创建用于获取当前时间的 Web 应用文件——c_time.py，代码如下：

```
import time
def application(env, start_response):
    status = "200 OK"
    headers = [
        ("Content-Type", "text/plain")
    ]
    start_response(status, headers)
    return time.ctime()
```

（3）创建用于发送信息的 Web 应用文件——say_hello.py，代码如下：

```
def application(env, start_response):
    status = "200 OK"
    headers = [
        ("Content-Type","text/plain")
    ]
    start_response(status,headers)
    return "hello itheima"
```

将外部程序文件与服务器文件置于同一目录下，启动服务器，在网页中输入 127.0.0.1:8000/c_time.py，服务器中打印的信息如下：

```
服务器 8000 开启...
有客户端连接到达：('127.0.0.1', 27247)
有客户端连接到达：('127.0.0.1', 27248)
```

浏览器中展示的网页如图 16-7 所示。

在网页中输入 127.0.0.1:8000/say_hello.py，浏览器中展示的网页如图 16-8 所示。

图 16-7　动态获取系统时间

图 16-8　动态返回"hello itheima"

由以上程序执行结果可知，当用户在客户端请求不同资源时，无须修改服务器代码，服务器便能返回正确的响应结果，说明 WSGI 服务器实现成功。

16.3　初识 Django

Django 是一个用 Python 语言编写的开源 Web 框架，它可以轻松地完成一个功能齐全的 Web 应用。Django 框架具有丰富的网站功能，还提供完善的开发文档，可以帮助开发人员解决他们所遇到的问题。Django 框架具有强大的数据库访问组件——ORM 组件，无须学习 SQL 语言即可操作数据库；对于使用 Python 建设网站的初学者来说，一旦熟悉了 Django 的运行逻辑，就可以在非常短的时间内构建一个出色的专业网站。

Django 遵循 MTV 设计模式，该模式中各部分的职责如下：

（1）模型（Model）：用来构建项目模型和数据库的关系映射。

（2）视图（View）：负责接收用户请求，进行业务处理，并返回响应。

（3）模板（Template）：负责封装响应结果，生成并返回要显示的页面。

MVT 设计模式的工作流程如图 16-9 所示。

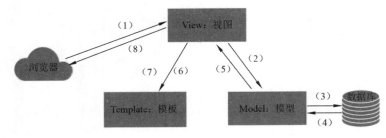

图 16-9　MVT 工作流程

图 16-9 展示了 MVT 模式工作流程，具体介绍如下：

（1）服务器接收浏览器发来的请求后交由 View 视图进行处理。

（2）View 视图接收数据后，将数据传递 Model 模型中。

（3）Model 模型将数据映射到数据库中。

（4）数据库将数据返回给 Model 模型。

（5）Model 模型将数据返回给 View 视图。

（6）View 视图将数据传递到 Template 模板。

（7）Template 模板根据 View 视图传递的结果生成 HTML 页面并返回给 View 视图。

（8）View 视图将 HTML 页面交由浏览器进行解析展示。

16.4　第一个 Django 项目——用户登录

Django 由 Adrian Holovaty 和 Simon Willison 开发并于 2005 年夏天作为开源软件发布。Django 能够在极短的时间内构建网站，它还为常用的 Web 开发模式提供各种便捷，如高度定制的 ORM、简单灵活的视图、优雅的 URL 以及快速开发的模板系统。本节将以登录注册为示例介绍创建 Django 项目、创建 Django 应用、编写视图函数以及配置访问路由。

16.4.1　项目准备

在实现登录注册示例前需要进行一些前期准备，包括创建项目文件、安装 Django 框架、创建 Django 项目、创建 Django 应用、配置 Django 应用、配置数据库信息、定义模型、生成迁移文件、执行迁移文件、启动开发服务器。本节对登录注册示例前期准备进行介绍。

1. 创建项目文件

使用 PyCharm 新建一个名为 django_demo 的项目文件，用于保存 Django 项目。

2. 安装 Django 框架

使用 Django 框架之前，必须先进行安装。这里，使用 pip 命令在 PyCharm 的 Terminal 终端安装 2.2 版本 Django，具体命令如下：

```
pip install django==2.2
```

执行上述命令后，如果在 Terminal 中看到 "Installing collected packages:django Successfully installed django-2.2"提示，表明 Django 框架安装成功。

3．创建 Django 项目

在 Django 框架中通过 django-admin.py 的工具创建项目，具体命令如下：

```
django-admin startproject 项目名称
```

在 Terminal 中使用上述命令创建一个名为 login_reg 的项目，具体命令如下：

```
django-admin startproject login_reg
```

执行完以上命令后，可以在 PyCharm 中查看 login_reg 项目的目录结构，如图 16-10 所示。

图 16-10 中 login_reg 项目下各文件的作用如下。

（1）login_reg 目录：与项目同名，包含项目的配置文件。

（2）__init__.py 文件：空文件，表示当前目录是一个包。

（3）settings.py 文件：整个项目的配置文件。

（4）urls.py 文件：项目的 URL 配置文件，用于配置用户请求的 URL 与 View 模块中函数的对应关系。

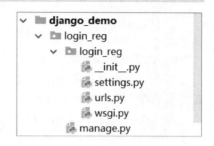

（5）wsgi.py 文件：项目与支持 WSGI 协议的 Web 服务器对接的入口文件。

图 16-10　login_reg 目录结构

（6）manage.py 文件：项目入口文件。

4．创建应用

Django 框架通过应用来管理整个网站项目。一个网站中包含多个子业务模块，例如，登录注册示例中使用 login 应用管理登录注册功能。创建应用命令如下：

```
python manage.py startapp 应用名
```

在 Terminal 工具中输入如下命令创建 login 应用，具体如下：

```
python manage.py startapp login
```

执行以上命令后，可以在项目目录下看到新增的 login 目录，如图 16-11 所示。

login 目录下各文件及目录的作用如下：

（1）migrations 目录：数据迁移包，负责迁移文件和生成数据库表数据。

（2）__init__.py 文件：空文件，指定当前目录可作为包使用。

（3）admin.py 文件：后台管理工具，后期可以通过该文件管理模型和数据库。

（4）apps.py 文件：Django 的生成 app 名称的文件。

（5）models.py 文件：模型文件，该文件用于存放数据库表的映射。

图 16-11　login 应用

（6）tests.py 文件：用于开发测试。在实际开发过程中，若需要对模块进行测试，可在此文件中编写测试代码。

（7）views.py 文件：视图文件，在该文件中编写与视图相关的代码。

5．配置 Django 应用

应用创建成功后，还需要在 Django 项目中进行配置后才能使用。打开 login_reg/setting.py 文件，在该文件的选项 INSTALLED_APPS 中安装 login 应用，具体如下：

```
INSTALLED_APPS = [
    'django.contrib.admin',
    'django.contrib.auth',
    'django.contrib.contenttypes',
    'django.contrib.sessions',
    'django.contrib.messages',
    'django.contrib.staticfiles',
    'login',
]
```

6. 配置数据库信息

本项目数据存储在 MySQL 数据库中，在 Web 项目中的数据需要保存到数据库中，因此 Django 需要与数据库进行连接。进行连接之前数据库必须已经存在。

在 MySQL 数据库中执行以下 SQL 语句以创建数据库：

```
create database register_info charset=utf8;
```

数据库创建完成之后，打开 login_reg/setting.py 文件，设置 DATABASES 选项以配置数据库：

```
DATABASES = {
    'default': {
        'ENGINE': 'django.db.backends.mysql',
        'NAME': 'register_info',      # 数据库名字
        'USER': 'root',               # 数据库账号
        'PASSWORD': '123456',         # 数据库密码
        'Host': 'localhost',          # IP
        'PORT': '3306',               # 端口
    }
}
```

由于连接 MySQL 的 MySQLdb 目前还不支持 Python 3，所以需要使用 pymysql 替代，在 login_reg/__init__.py 文件中进行如下设置：

```
import pymysql
pymysql.install_as_MySQLdb()
```

7. 定义模型

Django 中的一个模型类对应着数据库中的一张数据表，对模型类的操作就是对数据库表的操作。在用户登录注册示例中，仅需要一张用来保存用户注册数据的表，因此在 Django 中只需要定义一个用户注册类即可。

首先打开 login/models.py 文件，在该文件编写如下代码：

```
from django.db import models
class RegisterUser(models.Model):
    # 邮箱字段
    reg_mail=models.CharField(max_length=100, blank=False)
    # 密码字段
    reg_pwd=models.CharField(max_length=100, blank=False)
```

上述代码定义了 RegisterUser 类，该类会在对应数据库中的表"应用名_类名"，表中包含 reg_mail 和 reg_pwd 这两个 Charfield 类型的字段。

表 6-2 列举了 Django 中常用的字段类型。

表 16-2　常用字段类型

字　段　类　型	说　　　明
BooleanField	布尔类型，值为 True 或 False
CharField	字符串类型
TextField	大文本字段
DateField	日期类型
DateTimeField	日期时间，用于表示日期及时间
FileField	上传文件字段
ImageField	图片类型

8．生成迁移文件

模型类定义完成之后，需要对模型类进行迁移，迁移的目的是通过 Django 的 ORM 系统将定义在模型类中的字段转换成对应的 SQL 语句。

使用如下命令进行迁移：

```
python manage.py makemigrations
```

迁移命令若成功执行，结果如图 16-12 所示。

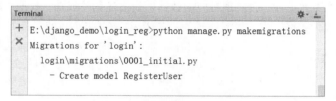

图 16-12　模型迁移命令执行效果

再次查看 migrations 目录，会发现该目录下增加了名为 0001_initial.py 的文件，该文件就是当前应用的迁移文件。使用如下命令，可以查看该文件对应的 SQL 语句：

```
python manage.py sqlmigrate login 0001
```

上述命令表示将 login 应用下的 0001 迁移文件转换为 SQL 语句，命令的执行效果如图 16-13 所示。

图 16-13　转换成的 SQL 语句

9．执行迁移文件

迁移文件生成后，数据库中还没有对应的字段生成，只有当执行迁移文件后，数据库才会生成相应数据库表与字段。使用如下命令执行迁移文件：

```
python manage.py migrate
```

该命令的执行效果如图 16-14 所示。

图 16-14　执行迁移文件

　　执行迁移之后，查看数据库，会发现对应的数据库表已经创建成功。数据中的表名与已定义的模型类类名并不完全一致，数据库中的表名格式为：应用名_模型类小写类名，如图 16-15 所示。

Name	Engine	Version	Row Format	Rows	Avg Row Length	Data Leng
auth_group	InnoDB	10	Dynamic	0	0	
auth_group_permissions	InnoDB	10	Dynamic	0	0	
auth_permission	InnoDB	10	Dynamic	28	585	
auth_user	InnoDB	10	Dynamic	0	0	
auth_user_groups	InnoDB	10	Dynamic	0	0	
auth_user_user_permissions	InnoDB	10	Dynamic	0	0	
django_admin_log	InnoDB	10	Dynamic	0	0	
django_content_type	InnoDB	10	Dynamic	7	2340	
django_migrations	InnoDB	10	Dynamic	18	910	
django_session	InnoDB	10	Dynamic	0	0	
login_registeruser	InnoDB	10	Dynamic	4	4096	

图 16-15　创建的数据库表

10．启动开发服务器

　　当项目应用、数据库信息配置完成之后，通过 Django 开发服务器检测是否成功，启动开发服务器命令如下：

```
python manage.py runserver
```

Django 启动成功后，会在控制台输出如图 16-16 所示的信息。

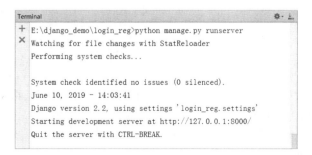

图 16-16　启动开发服务器

图 16-16 中的信息中包含一个 URL 地址 http://127.0.0.1:8000/，单击该 URL 地址，如果浏览器能够正常访问 Django 服务器页面，则出现如图 16-17 所示的界面，说明 Django 服务器启动成功。

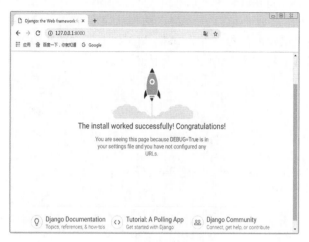

图 16-17　开发服务器正常访问

16.4.2　编写视图函数

Django 项目的业务逻辑主要通过 views.py 中的视图函数实现。定义视图函数时第一个参数必须是一个 HttpRequest 对象。服务器接收到 HTTP 请求时，会根据请求报文创建一个 HttpRequest 对象，这个对象包含了所有的请求信息。视图函数的返回值是一个 HttpResponse 对象，包含了返回给请求者的响应信息。

表 16-3 所示为 HttpRequest 对象中的常用属性。

表 16-3　HttpRequest 对象中的常用属性

属　　性	说　　明
path	返回字符串类型，表示请求页面的完整路径，不包含域名
method	返回字符串类型表示请求使用的 HTTP 方法，常用值 GET、POST
encoding	返回字符串类型，表示提交的数据编码
GET	类似字典的对象，包含 get 请求方式的所有参数
POST	类似字典的对象，包含 post 请求方式的所有参数
COOKIES	返回字典类型，包含所有的 cookie 信息，键和值都是字符串
FILES	类似字典对象，包含所有的上传文件

在用户登录注册示例中，需要定义视图函数 index()、login() 与 register()。index() 函数用户显示登录成功后的页面；login() 函数主要提供用户登录以及检测用户填入的账号信息合法性；register() 函数主要提供用户注册以及检测用户填入的注册信息合法性。

打开 login/views.py 文件，定义视图函数 index()、login() 与 register()。

（1）在 views.py 文件中定义 index() 函数，具体如下：

```
from .models import RegisterUser
from django.shortcuts import render,redirect
```

```
def index(request):
    login_msg="恭喜! 登录成功"
    return render(request, 'index.html',{'login_msg':login_msg})
```

上述代码中，render()函数会结合一个给定的模板文件和上下文字典，返回一个渲染后的 HttpResponse 对象，这里给定的模板文件为 index.html，上下文字典为{'login_msg':login_msg}。

（2）在 views.py 文件中定义 login()函数，具体如下：

```
def login(request):
    if request.method == 'GET':
        return render(request, 'login.html')
    if request.method == "POST":
        # 如果是post请求方法，获取用户输入的账号密码
        userEmail = request.POST.get('username')
        userPassword=request.POST.get('password')
        # 查询数据库中的账号密码
        try:
            user = RegisterUser.objects.get(reg_mail=userEmail)
            if userPassword == user.reg_pwd:
                return redirect('/index/')
            else:
                error_msg = '密码错误'
                return render(request, 'login.html', {'error_msg': error_msg})
        except:
            error_msg = '用户名不存在'
            return render(request, 'login.html', {'error_msg': error_msg})
```

上述代码中，首先使用 request 对象的 method 属性判断 HTTP 的请求方法，根据不同的请求方法执行不同的业务代码，当请求方法为 GET 时，使用 render()函数将 login.html 返回给浏览器；当请求方法为 POST 时，先获取用户输入的用户名与密码，然后通过查询数据库检测当前用户名与密码是否合法，如果存在则使用 redirect()函数重定向到 index.html 页面中，如果不存在，则返回到 login.html 页面。

（3）在 views.py 文件中定义 register()函数，具体如下：

```
def register(request):
    if request.method == 'POST':
        userEmail = request.POST.get('userEmail')
        userPassword = request.POST.get('userPassword')
        userRePassword=request.POST.get('userRePassword')
        # 如果注册的用户名已存在，进行提示
        try:
            user = RegisterUser.objects.get(reg_mail = userEmail)
            if user:
                msg = '用户名已存在'
                return render(request, 'register.html', {'msg': msg})
        except:
            # 判断两次输入的密码是否一致
            if userPassword != userRePassword:
                error_msg = '密码不一致'
                return render(request, 'register.html',
                                          {'error_msg': error_msg})
            else:
                # 将注册信息写入login_registeruser表中
```

```
        register = RegisterUser()
        register.reg_mail=userEmail
        register.reg_pwd=userPassword
        register.save()
        return redirect('/login/')
    else:
        return render(request, 'register.html')
```

上述代码中，根据 HTTP 请求方法的不同，执行不同的逻辑代码，当请求方法为 POST 时，对填入的注册信息进行检测，如果注册的用户名已存在，使用 render()函数返回 register.html；如果填入的注册信息均合法则保存到数据库中；当请求方法为 GET 时，使用 render()函数返回到 register.html。

16.4.3　设计模板文件

Django 框架使用模板系统负责前端网页的设计，通常情况下在项目目录下创建子目录 templates，并将静态文件放置到此目录中。

在用户登录注册示例中，首先需要在 login_reg 目录下创建 templates 文件夹与 static，然后将准备好的 login.html、register.html 与 index.html 文件放置到 templates 目录下，将 register.css 文件放置到 static 目录下，如图 16-18 所示。

templates 文件夹与静态文件设置完成之后，还需要在 django 的 setting.py 文件中进行设置，以便 views 视图中的函数关联静态文件。

打开 login_reg/settings.py 文件找到设置项 TEMPLATES，在 DIRS 设置项中设置创建的 templates 路径，具体如下：

图 16-18　创建 templates 与
static 文件夹

```
TEMPLATES=[
    {
        'BACKEND': 'django.template.backends.django.DjangoTemplates',
        'DIRS': [os.path.join(BASE_DIR,'templates')],
        'APP_DIRS': True,
        'OPTIONS':{
            'context_processors':[
                'django.template.context_processors.debug',
                'django.template.context_processors.request',
                'django.contrib.auth.context_processors.auth',
                'django.contrib.messages.context_processors.messages',
            ],
        },
    },
]
```

在模板配置中的参数如表 16-4 所示。

表 16-4　模板配置参数介绍

参　　数	说　　明
BACKEND	使用何种模板引擎
DIRS	定义了一个目录列表，模板引擎按照列表顺序在这些目录中查找模板文件
APP_DIRS	是否进入已安装应用中查找模板。每种模板引擎都定义了一个默认的名称作为搜索模板的子目录

为保证 register.html 文件能够正确引入 register.css 文件，需要在 settings.py 中设置 static 文件夹路径，具体如下：

```
STATIC_URL = '/static/'
STATICFILES_DIRS=[
    os.path.join(BASE_DIR, 'static')
]
```

静态资源配置完成之后，方可对模板文件进行传值操作，在登录注册示例中，将错误提示作为值传入到模板文件中。

在模板文件中使用"{{字典键名}}"方式表示变量，例如在 login()函数中将 error_msg 的值传递到模板文件中，在 login.html 使用"<p style="color: red">{{ error_msg }}</p>"显示。

🔧 **多学一招：模板中的 for 循环与四则运算**

Django 模板语法支持 for 循环，其格式如下：

```
{% for ... in ... %}

{% endfor %}
```

在使用 for 循环时，需要注意 for 循环使用单个大括号而不使用两个大括号。

Django 模板语法中对数字进行四则运算不使用数学中的运算符号，其使用方式如下：

```
price 的值为: {{price}}
加法: {{ price|add:10 }}
减法: {{ price|add:-10 }}
乘法: {% widthratio price 1 10 %}
除法: {% widthratio price 10 1 %}
```

16.4.4　配置访问路由

视图函数与模板设置完成之后，还不能通过浏览器访问前端页面，这是因为此时还没有配置访问路径。配置访问路径也称配置访问路由。登录注册示例中使用了 index()函数、login()函数和 register()函数，因此只需要为这 3 个函数配置路由，具体如下：

```
from django.contrib import admin
from django.urls import path
from login import views  # 导入 views
urlpatterns = [
    path('admin/', admin.site.urls),
    path('index/', views.index),
    path('login/', views.login),
    path('register/', views.register),
]
```

16.4.5　演示项目功能

至此，登录注册示例代码已经全部完成，接下来对注册功能进行演示。

首先启动 Django 开发服务器，然后在浏览器中输入访问路径 http://127.0.0.1:8000/login，效果如图 16-19 所示。

单击"注册"按钮页面会跳转到注册页面，如图 16-20 所示。

图 16-19 登录页面

图 16-20 注册页面

接下来以邮箱 test@123.com、密码"123456"为例进行注册，填入注册信息后单击"注册"按钮，如果页面跳转到登录页面表示注册成功，如果注册失败在页面中会有相应提示。

如图 16-21 所示，两次输入的密码不一致，注册页面中会有提示，如图 16-21 所示。

在 http://127.0.0.1:8000/login/页面中输入登录信息后，单击"登录"按钮页面会跳转到 index.html 页面中，登录成功后的页面如图 16-22 所示。

图 16-21 密码不一致

图 16-22 主页

小　结

本章主要介绍了前端基础知识、Web 框架、Django 基本使用，其中前端基础知识包括 HTTP 协议、HTML 简介、CSS 简介、JavaScript 简介；Web 框架知识包括 WSGI 规范、WSGI 服务器；Django 的基本使用包括 Django 概述、创建 Django 项目、创建 Django 应用、视图函数、模板使用、配置访问路由。通过本章的学习，希望读者能够了解前端基础知识与 Web 框架，熟悉 Django 框架的使用方法。

习　题

一、填空题

1. HTML、CSS、JavaScript 文件都属于_____。
2. Python Web 开发中常用的 Web 应用统一接口为_____。
3. Django 创建项目的命令是_____。
4. Django 创建应用的命令是_____。
5. 启动 Django 开发服务器的命令是_____。

二、判断题

1. URL 由服务器地址、资源路径组成。　　　　　　　　　　　　　　　　（　　）
2. 视图函数会返回一个 HttpResponse 对象。　　　　　　　　　　　　　（　　）
3. 视图函数中的第一个的参数必须是 HttpRequest 对象。　　　　　　　（　　）
4. Django 通过路由系统设置 url。　　　　　　　　　　　　　　　　　　（　　）
5. Django 中一个模型类对应着数据库中的一张数据表。　　　　　　　　（　　）

三、选择题

1. 下列关于 HTML 协议，说法错误的是（　　　）。
   A. HTTPS 协议比 HTTP 协议更安全　　　　　B. HTTP 协议使用 TCP 连接
   C. HTTPS 协议建立在传输层　　　　　　　　D. HTTP 协议默认使用 80 端口
2. 下列选项中，不属于静态文件的是（　　　）。
   A. test.py　　　　　B. test.js　　　　　C. test.css　　　　　D. test.html
3. 下列状态码中，表示资源请求成功的是（　　　）。
   A. 500　　　　　　B. 400　　　　　　C. 200　　　　　　D. 303
4. 下列关于模板系统与路由系统，说法错误的是（　　　）。
   A. 模板文件就是 HTML 文件
   B. 模板文件使用 "{{字典键名}}" 方式传入变量
   C. 每个 URL 都对应着一个视图函数
   D. 视图中的每个函数都有对应的 URL
5. 下列关于 Django，说法错误的是（　　　）。
   A. Django 是一个开源的 Web 框架　　　　　B. Django 是由 Java 语言编写
   C. Django 内置 ORM 框架　　　　　　　　　D. Django 可以与多种数据库进行连接

四、简答题

1. 简述什么是 WSGI。
2. 简述 MVT 框架工作流程。

第 ⑰ 章　项目实战——天天生鲜

学习目标：

◎ 理解天天生鲜业务逻辑。

◎ 熟悉天天生鲜项目前期配置。

◎ 掌握天天生鲜项目中模板文件的配置。

◎ 熟悉天天生鲜项目各功能实现方式。

淘宝、京东、易趣，这些大家耳熟能详的在线购物网站均采用 Web 技术来搭建网站，Web 技术可以应用在多个领域，其中一个重要的领域是搭建在线购物网站，用户可以在任何地方、任何时间通过互联网，在网站上选购自己喜欢的商品。本章将以在线购物网站天天生鲜为例，演示基于 Django 框架的 Web 项目的开发流程，以帮助读者巩固 Django 框架的使用方法。

17.1　天天生鲜项目页面展示

天天生鲜项目中共有六个页面，包含商品展示页面、商品分类展示页面、商品详情页面、购物车页面、订单提交页面和订单提交成功页面。接下来，对天天生鲜项目中的前端页面分别进行介绍。

1. 商品展示页面

商品展示页面主要展示商品分类以及最新商品展示，如图 17-1 所示。

2. 商品分类展示页面

商品分类展示页面主要展示某一类的全部商品，如图 17-2 所示。

图 17-1　商品展示页面

图 17-2　商品分类展示页面

3．商品详情页面

商品详情页面主要展示具体商品的详细信息，如图 17-3 所示。

图 17-3　商品详情页面

4．购物车页面

购物车页面主要展示购物车中商品的信息，统计商品金额，如图 17-4 所示。

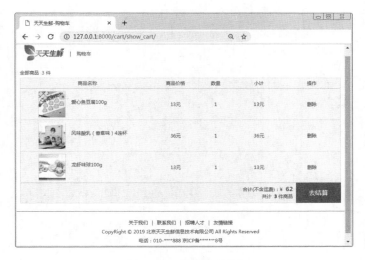

图 17-4　购物车页面

5．订单提交页面

订单提交页面主要展示购物车中商品的信息、订单表单、统计商品金额，如图 17-5 所示。

图 17-5　订单提交页面

6．订单提交成功页面

订单提交成功页面主要展示购物车中商品的信息、订单信息、统计商品金额，如图 17-6 所示。

图 17-6　订单提交成功页面

17.2　前　期　准　备

在实现天天生鲜项目前，需要做一些前期准备，包括对天天生鲜项目的需求分析、模型设计、创建项目、定义模型、迁移文件、配置静态文件等工作，在本节中对前期所需准备的工作一一进行介绍。

17.2.1　需求分析

天天生鲜项目可分为商品模块与购物车模块，其中商品模块包含商品展示页、商品详情页、商品分类展示页；购物车模块包含加入购物车、展示购物车商品、删除购物车商品、提交订单、保存订单、显示订单，如图 17-7 所示。

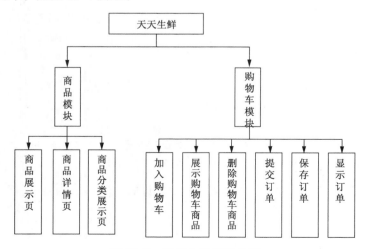

图 17-7　天天生鲜模块介绍

天天生鲜项目共使用了六个页面，包括商品展示页、商品分类展示页，商品详情页、购物车页、订单提交页、订单提交成功页。各页面所包含的功能如图 17-8 所示。

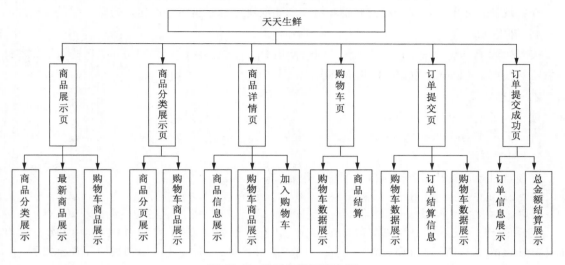

图 17-8　天天生鲜页面介绍

17.2.2　数据库设计

在定义天天生鲜模型之前，首先要设计天天生鲜数据库。天天生鲜项目中，一共需要使用 4 张表来保存天天生鲜项目中产生的数据，这 4 张数据表分别为商品分类表 goods_goodscategory、商品表 goods_goodsinfo、订单信息表 cart_orderinfo、订单商品模型表 cart_ordergoods。同时在每张表中含有多个字段，具体如图 17-9 所示。

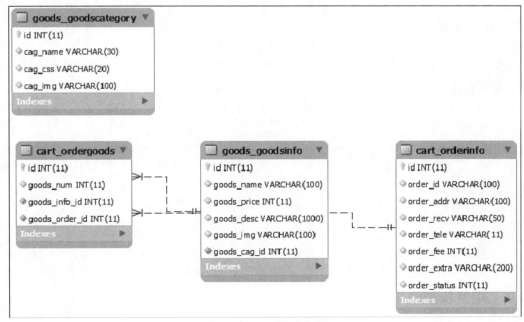

图 17-9　天天生鲜类图

17.2.3　项目创建

在实现项目之前，需要先准备开发环境、创建项目、创建应用、创建数据库、配置数据库。

1. 开发环境

天天生鲜项目基于 Windows 7 操作系统，使用 Django 2.2 版本实现，Python 版本号为 3.7.3，开发工具使用 PyCharm，数据库使用 MySQL。

2. 创建项目

创建天天生鲜项目，命令如下：

```
django-admin startproject ttsx
```

3. 创建应用

在项目目录下打开命令行窗口并创建应用 goods 与 cart，命令如下：

```
python manage.py startapp goods
python manage.py startapp cart
```

应用创建完成后，还需要在 settings.py 中进行配置才能够被项目识别。因此，打开 ttsx/settings.py，在 INSTALLED_APPS 配置项中加入 cart 和 goods 应用，添加后的配置项如下：

```
INSTALLED_APPS=[
    'django.contrib.admin',
    'django.contrib.auth',
    'django.contrib.contenttypes',
    'django.contrib.sessions',
    'django.contrib.messages',
    'django.contrib.staticfiles',
    'cart',
    'goods',
]
```

4. 创建数据库

在命令行中连接 MySQL，使用以下语句创建数据库 ttsx：

```
create database ttsx charset=utf8;
```

5. 配置数据库

在 settings.py 文件中修改 DATABASES 选项以配置数据库，修改后的选项如下：

```
DATABASES = {
    'default':{
        'ENGINE': 'django.db.backends.mysql',
        'USER': 'root',           # 数据库账号
        'PASSWORD': '123456',     # 数据库密码
        'HOST': 'localhost',      # IP 地址
        'NAME': 'ttsx',           # 数据库名
        'PORT': 3306,             # 数据库端口号
    }
}
```

17.2.4　定义模型类

根据数据库设计中的 ER 图可知，天天生鲜项目中共需要定义 4 个模型类，其中 goods 应用中

需要定义 GoodsCategory 和 GoodsInfo，cart 应用中需要定义 OrderInfo 和 OrderGoods。

1. goods 应用中的模型类

打开 goods/models.py 文件，定义 GoodsCategory 和 GoodsInfo 模型类，具体如下：

```python
from django.db import models
class GoodsCategory(models.Model):
    """GoodsCategory 表"""
    cag_name = models.CharField(max_length = 30)              # 分类名称
    cag_css = models.CharField(max_length = 20)               # 分类样式
    cag_img = models.ImageField(upload_to = 'cag')            # 分类图片
class GoodsInfo(models.Model):
    """GoodsInfo 表 """
    goods_name = models.CharField(max_length = 100)           # 商品名字
    goods_price = models.IntegerField(default = 0)            # 商品价格
    goods_desc = models.CharField(max_length = 1000)          # 商品描述
    goods_img = models.ImageField(upload_to = 'goods')        # 商品图片
    # 所属的分类（GoodsCategory 表和 GoodsInfo 表是一对多的关系）
    goods_cag = models.ForeignKey(GoodsCategory,on_delete = models.CASCADE)
```

2　cart 应用中的模型类

打开 cart/models.py 文件，定义 OrderInfo 和 OrderGoods 模型类，具体如下：

```python
from django.db import models
from goods.models import GoodsInfo
class OrderInfo(models.Model):
    """订单信息模型"""
    status=(
        (1, '代付款'),
        (2, '代付款'),
        (3, '代付款'),
        (4, '代付款'),
    )
    order_id = models.CharField(max_length = 100)            # 订单编号
    order_addr = models.CharField(max_length = 100)          # 收货地址
    order_recv = models.CharField(max_length = 50)           # 收货人
    order_tele = models.CharField(max_length = 11)           # 联系电话
    order_fee = models.IntegerField(default = 10)            # 运费
    order_extra = models.CharField(max_length = 200)         # 订单备注
    order_status = models.IntegerField(default=1, choices = status)  #订单状态
class OrderGoods(models.Model):
    """订单商品模型"""
    goods_info = models.ForeignKey(GoodsInfo, on_delete = models.CASCADE)
    # 商品数量
    good_nums = models.IntegerField()
    # 商品所属订单
    goods_order = models.ForeignKey(OrderInfo, on_delete = models.CASCADE)
```

17.2.5　迁移文件

模型类定义完成之后，就可以按照已定义的模型类来创建对应的数据库表。在项目根目录中打开命令行窗口，执行如下命令：

```
python manage.py makemigrations
python manage.py migrate
```

执行 sql.txt 中的 SQL 语句，并使用 MySQL Workbench 查看创建的数据表。图 17-10 中框起来的数据表为 Models 层所创建的模型类。

Name	Engine	Version	Row Format	Rows	Avg Row Length	Data Leng
auth_group	InnoDB	10	Dynamic	0	0	
auth_group_permissions	InnoDB	10	Dynamic	0	0	
auth_permission	InnoDB	10	Dynamic	40	409	
auth_user	InnoDB	10	Dynamic	0	0	
auth_user_groups	InnoDB	10	Dynamic	0	0	
auth_user_user_permissions	InnoDB	10	Dynamic	0	0	
cart_ordergoods	InnoDB	10	Dynamic	30	546	
cart_orderinfo	InnoDB	10	Dynamic	16	1024	
django_admin_log	InnoDB	10	Dynamic	0	0	
django_content_type	InnoDB	10	Dynamic	10	1638	
django_migrations	InnoDB	10	Dynamic	19	862	
django_session	InnoDB	10	Dynamic	0	0	
goods_goodscategory	InnoDB	10	Dynamic	6	2730	
goods_goodsinfo	InnoDB	10	Dynamic	421	233	

图 17-10　天天生鲜数据库表

17.2.6　配置静态文件

在天天生鲜项目中需要使用到静态文件，该项目的静态文件包含 HTML 文件、CSS 文件、JS文件、图片，因此可以将这些静态文件放置到 templates 目录和 static 目录下。图 17-11 所示为配置静态文件后天天生鲜项目结构。

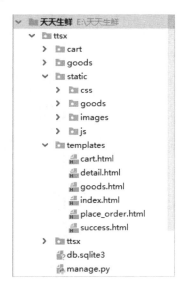

图 17-11　天天生鲜项目结构

打开 settings.py 文件，对 TEMPLATES 配置项进行如下设置：

```
TEMPLATES=[
    {
        'BACKEND': 'django.template.backends.django.DjangoTemplates',
        'DIRS': [os.path.join(BASE_DIR, 'templates')],
```

```
        'APP_DIRS': True,
        'OPTIONS': {
            'context_processors': [
                'django.template.context_processors.debug',
                'django.template.context_processors.request',
                'django.contrib.auth.context_processors.auth',
                'django.contrib.messages.context_processors.messages',
            ],
        },
    },
]
```

在 settings.py 文件中，设置 static 目录路径，具体如下：

```
STATIC_URL = '/static/'
STATICFILES_DIRS = [os.path.join(BASE_DIR, 'static')]
```

17.3　商品展示页面功能实现

下面逐个实现天天生鲜项目的各个页面。实现页面的流程很相似，大致可分为以下 3 步：

（1）创建视图函数。

（2）创建模型文件。

（3）配置视图函数与访问路径的对应信息。

按照上述列出的步骤，本节先实现首页商品展示页面。在实现页面之前，先将准备好的 HTML 文件放置到项目的 templates 目录下，将准备好的 CSS 文件、JS 文件、图片放置到项目的 static 目录下。

17.3.1　创建视图函数

在 goods/views.py 文件中添加用于展示首页的视图函数 index()，具体代码如下：

```
from django.shortcuts import render
from .models import GoodsInfo, GoodsCategory
def index(request):
    """首页页面"""
    categories = GoodsCategory.objects.all()          # 查询商品分类
    for cag in categories:
        # 从每个分类中获取最后 4 个商品，作为最新商品数据
        cag.goods_list=cag.goodsinfo_set.order_by('-id')[:4]  # 第 8 行
    cart_goods_list = []     # 读取购物车商品列表
    cart_goods_count = 0    # 商品总数
    for goods_id, goods_num in request.COOKIES.items():
        # 商品 id 都为数字，非数字的 cookie 过滤掉
        if not goods_id.isdigit():
            continue
        cart_goods=GoodsInfo.objects.get(id = goods_id)
        cart_goods.goods_num = goods_num
        cart_goods_list.append(cart_goods)
        # 累加购物车商品总数
        cart_goods_count = cart_goods_count+int(goods_num)
```

```
return render(request, 'index.html', {'categories': categories,
                            'cart_goods_list': cart_goods_list,
                            'cart_goods_count': cart_goods_count})
```

上述代码，首先查询出商品分类信息，然后根据商品分类信息查询出每个分类的最新商品，接着查询购物车中的数据。由于购物车中的数据存储在 Cookie 中，所以遍历 request.COOKIES 从中读取商品信息，最后使用 render()函数将查询到的数据返回到 index.html 中。

17.3.2　创建模板文件

商品展示页模板名称为 index.html，该文件主要显示购物车数据、商品分类数据、商品最新数据，下面对这些设置一一进行介绍。

1．购物车数据

购物车数据用于展示购物车中购买的商品以及商品数量，具体代码如下：

```
<div class = "guest_cart fr">
    <a href = "/cart/show_cart/" class = "cart_name fl">我的购物车</a>
    <div class = "goods_count fl">{{ cart_goods_count }}</div>
    <ul class = "cart_goods_show">
        {% for cart_goods in cart_goods_list %}
        <li>
            <img src = "/static/goods/{{ cart_goods.goods_img }}.jpg"
                            alt = "商品图片">
            {{ cart_goods.goods_name }}
            <div>{{ cart_goods.goods_num }}</div>
        </li>
        {% endfor %}
    </ul>
</div>
```

上述代码将视图函数 index()中的 cart_goods_list 与 cart_goods_count 传入到 index.html 模板中，其中 cart_goods_list 是一个集合类型，它包含了购物车的商品数据。在模板中使用 for 循环遍历和输出了该集合的商品信息。cart_goods_count 表示购物车中商品的数量信息。

2．商品分类数据

index.html 中每个商品分类都对应着一个 URL，这个 URL 指向商品的详细页面，具体代码如下：

```
<ul class = "subnav fl">
    {% for cag in categories %}
    <li><a href = "/goods/?cag = {{ cag.id }}&page=1"
        class = "{{ cag.cag_css }}">{{ cag.cag_name }}</a></li>
    {% endfor %}
</ul>
```

上述代码视图函数 index()传入的 categories 包含了商品分类信息，使用 for 循环遍历输出 categories 中包含的商品 id 信息、商品样式名称、商品分类名称信息。

3．商品最新数据

商品最新数据，用于在前端页面中展示各类最新推出的商品，具体代码如下：

```
{% for cag in categories %}
<div class = "list_model">
    <div class = "list_title clearfix">
```

```
        <h3 class = "fl" id = "model01">{{ cag.cag_name }}</h3>
        <a href = "/goods/?cag = {{ cag.id }}&page=1"
                        class = "goods_more fr" id = "fruit_more">查看更多 ></a>
    </div>
    <div class = "goods_con clearfix">
        <div class = "goods_banner fl"><img src=
                        "/static/{{ cag.cag_img }}"></div>
        <ul class = "goods_list fl">
            {% for goods in cag.goods_list %}
            <li>
                <h4><a href="/detail/?id = {{ goods.id }}">
                        {{ goods.goods_name }}</a></h4>
                <a href = "/detail/?id={{ goods.id }}"><img src =
                        "/static/goods/{{ goods.goods_img }}.jpg"></a>
                <div class = "prize">¥ {{ goods.goods_price }}</div>
            </li>
            {% endfor %}
        </ul>
    </div>
</div>
{% endfor %}
```

17.3.3　配置路由

在 ttsx/url.py 文件中设置访问路由，具体代码如下：

```
from goods.views import index
urlpatterns = [
    path('admin/', admin.site.urls),
    path('index/', index),
]
```

设置完成之后，启动 Django 开发服务器，在浏览器中访问 http://127.0.0.1:8000/index/便能浏览天天生鲜网站商品展示页面。

17.4　商品详情页面功能实现

在天天生鲜项目中，商品详情页提供商品详细信息展示、购物车商品展示和加入购物车功能。

17.4.1　创建视图函数

在 goods/views.py 文件中新增视图函数 detail()，其功能是显示商品详细信息、购物车商品展示，具体代码如下：

```
def detail(request):
    """商品详情页面"""
    goods_id = request.GET.get('id',")                      # 获得商品 id
    goods_data = GoodsInfo.objects.get(id=goods_id)         # 根据 id 查询商品
    categories = GoodsCategory.objects.all()                # 查询商品分类
    cart_goods_list = []                                    # 读取购物车商品列表
    cart_goods_count = 0                                    # 商品总数
```

```
for goods_id, goods_num in request.COOKIES.items():
    # 商品 ID 都为数字，非数字的 cookie 过滤掉
    if not goods_id.isdigit():
        continue
    cart_goods = GoodsInfo.objects.get(id = goods_id)
    cart_goods.goods_num = goods_num
    cart_goods_list.append(cart_goods)
    # 累加购物车商品总数
    cart_goods_count = cart_goods_count+int(goods_num)
return render(request, 'detail.html', {'categories': categories,
                                       'goods_data': goods_data,
                                       'cart_goods_list': cart_goods_list,
                                       'cart_goods_count': cart_goods_count})
```

以请求网址 http://127.0.0.1:8000/detail/?id=227 为例，Django 会自动将问号(?)后面的参数进行解析，并存储在 request.GET 字典中。detail()函数负责获取商品的 ID，根据 ID 到数据库中查询商品的详细数据，并传入模板中显示。

17.4.2 实现商品购买功能

商品详情页面中还提供了加入购物车功能。当用户单击详情页面的"加入购物车"按钮后，会将商品加入购物车。为此，在模板中创建了加入购物车的链接，代码如下：

为了处理加入购物车的请求，在 cart 应用下的 views.py 模块中，新增视图函数 add_cart()，具体代码如下：

```
from django.shortcuts import render, redirect
from goods.models import GoodsInfo
from .models import OrderInfo
from .models import OrderGoods
import time
def add_cart(request):
    """添加商品到购物车"""
    goods_id = request.GET.get('id', '')  # 获取传过来的商品 id
    if goods_id:
        # 获得上一页面地址
        prev_url = request.META['HTTP_REFERER']
        response = redirect(prev_url)
        # 获取之前商品在购物车的数量
        goods_count=request.COOKIES.get(goods_id, '')
        # 如果之前购物车里有商品，就在之前的数量上+1
        # 如果之前没有，就添加 1 个
        if goods_count:
            goods_count = int(goods_count) + 1
        else:
            goods_count = 1
        # 把商品 id 和数量保存到 cookie 中
        response.set_cookie(goods_id, goods_count)
    return response
```

17.4.3　创建模板文件

商品详情页模板名称为 detail.html，该文件主要显示商品分类、商品图片、商品展示、商品介绍、购物车数据展示，接下来对这些设置一一进行介绍。

1．商品分类信息

在标题行中展示商品分类名称，具体代码如下：

```
<title>{{ goods_data.goods_name }}-商品详情</title>
```

2．商品图片信息

商品图片信息用于展示当前商品图片，具体代码如下：

```
<div class = "goods_detail_pic fl">
    <img src = "/static/goods/{{ goods_data.goods_img }}.jpg">
</div>
```

3．商品信息

详情页中的商品信息包含商品名称、商品价格，具体代码如下：

```
<div class = "goods_detail_list fr">
    <h3>{{ goods_data.goods_name }}</h3>
    <br>
    <div class = "prize_bar">
            <span class = "show_pirze">¥<em>
                {{ goods_data.goods_price }}</em></span>
    </div>
    <div class = "goods_num clearfix">
        <div class = "num_name fl">数 量: </div>
        <div class = "num_add fl">
            <input type = "text" class = "num_show fl" value = "1" disabled>
        </div>
    </div>
    <div class = "operate_btn">
        <a href = "/cart/add_cart/?id={{ goods_data.id }}"
            class = "add_cart" id="add_cart">加入购物车</a>
    </div>
</div>
```

4．商品介绍

商品介绍用于在展示详情页中描述商品，具体代码如下：

```
<div class = "tab_content">
    <dl>
        <dd>{{ goods_data.goods_desc }}</dd>
    </dl>
</div>
```

5．购物车数据展示

当鼠标移动到"我的购物车"时，展示商品图片、商品名称、购买数量，具体代码如下：

```
<div class = "guest_cart fr">
    <a href = "/cart/show_cart/" class="cart_name fl">我的购物车</a>
    <!--cart_goods_count 购物车中的总数量-->
    <div class="goods_count fl">{{ cart_goods_count }}</div>
```

```
<ul class = "cart_goods_show">
    {% for cart_goods in cart_goods_list %}
    <li>
        <img src = "/static/goods/{{ cart_goods.goods_img }}.jpg"
            alt="商品图片">
        {{ cart_goods.goods_name }}
        <!--选购单个商品的数量-->
        <div>{{ cart_goods.goods_num }}</div>
    </li>
    {% endfor %}
</ul>
</div>
```

17.4.4　配置路由

在 ttsx 目录下的 urls.py 模块中，配置该视图函数和网页访问路径之间的对应关系，代码如下：

```
from goods.views import index,detail
from cart.views import add_cart
urlpatterns=[
    ...
    path('detail/', detail),
    path('cart/add_cart/', add_cart),
]
```

设置完成之后，重新启动 Django 开发服务器，在浏览器中访问 http://127.0.0.1:8000/detail/?id=6 便能正常浏览天天生鲜的详情页。

17.5　商品分类页面功能实现

在天天生鲜项目中，当用户单击首页分类链接或者商品详情页面的分类链接时，会进入商品分类页面，显示当前分类下的所有商品。

17.5.1　创建视图函数

在 goods 应用下的 views.py 文件中导入相关的模块，并创建视图函数 goods()，具体代码如下：

```
from django.core.paginator import Paginator
def goods(request):
    """商品展示页面"""
    cag_id = request.GET.get('cag', 1)                        # 获得当前分类
    page_id = request.GET.get('page', 1)                      # 获得当前页码
    goods_data = GoodsInfo.objects.filter(goods_cag_id=cag_id) # 查询所有数据
    paginator = Paginator(goods_data, 12)                     # 数据分页
    page_data = paginator.page(page_id)                       # 获得当前页码数据
    categories = GoodsCategory.objects.all()                  # 查询商品分类
    current_cag = GoodsCategory.objects.get(id=cag_id)        # 查询当前商品分类
    cart_goods_list = []                                      # 读取购物车商品列表
    cart_goods_count = 0                                      # 商品总数
    for goods_id, goods_num in request.COOKIES.items():
        # 商品 ID 都为数字，非数字的 cookie 过滤掉
        if not goods_id.isdigit():
```

```
            continue
        cart_goods=GoodsInfo.objects.get(id=goods_id)
        cart_goods.goods_num = goods_num
        cart_goods_list.append(cart_goods)
        # 累加购物车商品总数
        cart_goods_count=cart_goods_count + int(goods_num)
    return render(request, 'goods.html', {'page_data': page_data,
                                          'categories': categories,
                                          'current_cag': current_cag,
                                          'cart_goods_list': cart_goods_list,
                                          'cart_goods_count': cart_goods_count,
                                          'paginator': paginator,
                                          'cag_id': cag_id})
```

上述代码首先获得当前的分类 ID 和当前的页码数据，然后根据分类 ID 查询当前分类下所有的数据，之后对商品的数据进行分页显示。

分页显示数据使用了分页类 Paginator 来实现。创建 Paginator 对象时需要指定 2 个参数：第一个参数是要分页的结果集；第二个参数是每页显示的数据量。创建完 Paginator 对象之后，通过其 page() 即可获得当前页码应显示的数据。

多学一招：Django 分页器

Paginator 是 Django 内置的分页器，其构造方法的定义格式如下：

```
class Paginator(object_list,per_page,orphans = 0,allow_empty_first_page = True)
```

以上方法中各参数的含义如下：

（1）object_list：要分页的数据集，可以是 list、tuple、DjangoQuerySet 类型。

（2）per_page：表示每页显示多少条数据。

（3）orphans：表示最后一页数据的最小数量，只有最后一页的数据量大于 orphans 时才会显示最后一页。

（4）allow_empty_first_page：表示是否允许空数据，默认为 True。如果设为 False，那么当数据集为空时会抛出 EmptyPage 异常。

Paginator 类的常用属性如表 17-1 所示。

表 17-1　Paginator 类的常用属性

属　　性	说　　明
Paginator.num_pages	页面的总数
Paginator.page_range	页码的范围，从 1 开始，例如[1,2,3,4]
Paginator.count	所有页面的对象总数

Pagintor 类常用的方法主要是 page(number)方法，该方法会返回在提供的页面下标处的 Page 对象，下标以 1 开始。如果提供的页码不存在，抛出 InvalidPage 异常。

Page 类表示分页数据中的一页，通常不需要手动构建 Page 对象，可以从 Paginator.page()方法来获得。

Page 的常用属性是 number，表示当前页的序号，从 1 开始。

Page 类的常用方法如表 17-2 所示。

表 17-2 Page 类的常用方法

方　　法	说　　明
Page.has_next()	如果有下一页，则返回 True
Page.has_previous()	如果有上一页，返回 True
Page.has_other_pages()	如果有上一页或下一页，返回 True
Page.next_page_number()	返回下一页的页码。如果下一页不存在，抛出 InvalidPage 异常
Page.previous_page_number()	返回上一页的页码。如果上一页不存在，抛出 InvalidPage 异常

17.5.2 创建模板文件

商品分类页面的模板名称为 goods.html，该文件主要显示商品分类、商品展示、购物车数据展示、页码显示，接下来对这些设置一一进行介绍。

1. 商品分类

商品分类用于在标题行中展示商品分类名称，具体代码如下：

```
<div class = "breadcrumb">
    <a href = "#">当前分类:</a>
    <span></span>
    <a href = "#">{{ current_cag.cag_name }}</a>
</div>
```

2. 商品展示

商品展示主要在页面中展示商品图片、商品名称、商品价格，具体代码如下：

```
<ul class = "goods_type_list clearfix">
    {% for goods in page_data %}
    <li>
        <a href = "/detail/?id = {{ goods.id }}">
            <img src = "/static/goods/
                    {{ goods.goods_img }}.jpg"></a>
        <div class = "operate">
            <h4><a href = "/detail/?id = {{ goods.id }}">
                {{ goods.goods_name }}</a></h4>
            <span class = "prize">￥{{ goods.goods_price }}</span>
        </div>
    </li>
    {% endfor %}
</ul>
```

3. 购物车数据

实现购物车数据展示的具体代码如下：

```
<div class = "search_bar clearfix">
    <a href = "/index/" class="logo fl">
        <img src = "/static/images/logo.png"></a>
    <div class="guest_cart fr">
        <a href = "/cart/show_cart/" class = "cart_name fl">我的购物车</a>
        <div class = "goods_count fl">{{ cart_goods_count }}</div>
        <ul class = "cart_goods_show">
            {% for cart_goods in cart_goods_list %}
```

```
        <li>
            <img src = "/static/goods/{{ cart_goods.goods_img }}.jpg"
                alt = "商品图片">
            {{ cart_goods.goods_name }}
            <div>{{ cart_goods.goods_num }}</div>
        </li>
        {% endfor %}
    </ul>
</div>
</div>
```

4.页码展示

页码展示用于展示当前商品共有多少页数据，具体代码如下：

```
<div class = "pagenation">
    <!--has_previous_page_number 如果有上一页，返回 True-->
    {% if page_data.has_previous %}
    <a href = "?cag={{ cag_id }}&page =
            {{ page_data.previous_page_number }}">上一页</a>
    {% endif %}
    <!--page_range 页码的范围，从1开始，例如[1,2,3,4]-->
    {% for index in paginator.page_range %}
    <!--number 属性，表示当前页的序号，从1开始-->
    <!--判断当前循环到的是不是当前页，如果是则高亮显示-->
    {% if index == page_data.number %}
    <a href="?cag = {{ cag_id }}&page =
                    {{ index }}" class = "active">{{ index }}</a>
    {% else %}
    <a href = "?cag = {{ cag_id }}&page =
                    {{ index }}">{{ index }}</a>
    {% endif %}
    {% endfor %}
    {% if page_data.has_next %}
    <!--返回下一页的页码，如果下一页不存在，抛出 InvalidPage 异常-->
    <a href = "?cag = {{ cag_id }}&page =
            {{ page_data.next_page_number }}">下一页></a>
    {% endif %}
</div>
```

17.5.3　配置路由

模板文件创建完之后，打开 ttsx/url.py 文件，按照如下代码添加路由信息。

```
from goods.views import index,detail,goods
from cart.views import add_cart
urlpatterns = [
    ...
    path('goods/', goods),
]
```

设置完成之后，重新启动 Django 开发服务器，在浏览器中访问 http://127.0.0.1:8000/goods/?cag=3&page=1 便能正常浏览天天生鲜的商品分类页。

17.6 购物车页面功能实现

在天天生鲜项目中，购物车功能主要提供购买商品信息展示、商品统计和商品删除功能。

17.6.1 创建视图函数

在 cart 应用下的 views.py 文件中创建视图函数 show_cart()，具体代码如下：

```python
def show_cart(request):
    """展示购物车商品"""
    cart_goods_list = []                          # 读取购物车商品列表
    cart_goods_count = 0                          # 商品总数
    cart_goods_money = 0                          # 商品总价
    for goods_id, goods_num in request.COOKIES.items():
        # 商品id都为数字，非数字的cookie过滤掉
        if not goods_id.isdigit():
            continue
        cart_goods = GoodsInfo.objects.get(id=goods_id)
        cart_goods.goods_num = goods_num
        cart_goods.total_money = int(goods_num) * cart_goods.goods_price
        cart_goods_list.append(cart_goods)
        # 累加购物车商品总数
        cart_goods_count=cart_goods_count + int(goods_num)
        # 累计商品总价
        cart_goods_money += int(goods_num) * cart_goods.goods_price
    return render(request, 'cart.html', {'cart_goods_list': cart_goods_list,
                                         'cart_goods_count': cart_goods_count,
                                         'cart_goods_money': cart_goods_money})
```

上述代码首先读取 Cookie 中商品的名称和数量，然后根据商品名称查找商品价格，之后计算商品总金额，最后将查询到的数据传入模板中显示。需要注意，因为商品的数量从 Cookie 中获取，所以在计算商品总金额时，需要将其转换为 int 类型。

17.6.2 实现删除商品的功能

在购物车页面中还提供删除商品功能，当用户单击"删除"时，商品会从购物车中删除。
在 cart/views.py 文件中创建视图函数 remove_cart()，具体代码如下：

```python
def remove_cart(request):
    """删除购物车商品"""
    goods_id=request.GET.get('id','')                          # 获得要删除的商品id
    if goods_id:
        prev_url = request.META['HTTP_REFERER']                # 获得上一页面url
        response = redirect(prev_url)
        goods_count = request.COOKIES.get(goods_id,'')         # 判断商品的数量
        if goods_count:
            response.delete_cookie(goods_id)
    return response
```

上述代码首先使用 request.GET.get()获取要删除的商品 ID；然后使用 if 语句判断获取的商品 ID 是否存在；若存在则使用 reques.META['HTTP_REFERER']获取上一页的 url，当商品删除成功

后使用 redirect() 函数重定向到购物车页面；之后根据商品 id 在 Cookie 中获取商品的数量，使用 if 语句判断获取的商品数量是否存在，如果存在使用 delete_cookie() 方法从 Cookie 中删除商品 ID。

17.6.3　创建模板文件

购物车页面的模板名称为 cart.html，该文件主要显示购物车商品数量、商品统计、商品结算，接下来对这些设置一一进行介绍。

1. 商品数量

统计购物车中商品的总数量，具体代码如下：

```
<div class = "total_count">全部商品<em>
    {{ cart_goods_count }}</em>件
</div>
```

2. 商品统计

购物车页面中的商品信息包含商品图片、商品名称、商品价格、购买数量、商品总金额，具体代码如下：

```
{% for cart_goods in cart_goods_list %}
<ul class = "cart_list_td clearfix">
    <li class = "col01"> </li>
    <li class = "col02"><img src = "/static/goods/
        {{ cart_goods.goods_img }}.jpg"></li>
    <li class = "col03">{{ cart_goods.goods_name }}</li>
    <li class = "col05">{{ cart_goods.goods_price }}元</li>
    <li class = "col06">{{ cart_goods.goods_num }}</li>
    <li class = "col07">{{ cart_goods.total_money }}元</li>
    <li class = "col08">
        <a href = "/cart/remove_cart/?id={{ cart_goods.id }}">删除
        </a></li>
</ul>
{% endfor %}
```

3. 商品结算

商品结算主要显示商品总金额、商品数量，具体代码如下：

```
<ul class = "settlements">
    <li class = "col01"> </li>
    <li class = "col02"> </li>
    <li class = "col03">合计(不含运费): <span>¥</span><em>
        {{ cart_goods_money }}</em><br>共计<b>
        {{ cart_goods_count }}</b>件商品
    </li>
    <li class = "col04"><a href = "/cart/place_order/">去结算</a></li>
</ul>
```

17.6.4　配置路由

购物车页面的模板文件创建完成后，打开 ttsx/url.py 文件，按照如下代码添加路由信息。

```
from goods.views import index,detail,goods
from cart.views import add_cart,show_cart,remove_cart
urlpatterns=[
```

```
…
path('cart/show_cart',show_cart),
path('cart/remove _cart',remove _cart),
]
```

设置完成之后，重新启动 Django 开发服务器，在浏览器中访问 http://127.0.0.1:8000/cart/show_cart/便能正常浏览天天生鲜的购物车页面。

17.7　订单提交页面功能实现

当购物车商品数据确认无误之后，单击"去结算"按钮跳转到订单提交页面，该页面中需要用户填写收货地址、联系电话、联系人、备注等信息。

17.7.1　创建视图函数

在 cart 应用下的 views.py 文件中创建视图函数 place_order()，提交订单页面中需要显示购物车中的商品及数量，其实现方式与视图函数 show_cart()完全相同，只是视图函数 place_order()将数据传到 place_order.html 模板文件中，具体代码如下：

```
def place_order(request):
    """提交订单页面"""
    # 显示购物车中的数据
    cart_goods_list = []                # 读取购物车商品列表
    cart_goods_count = 0                # 商品总数
    cart_goods_money = 0                # 商品总价
    for goods_id, goods_num in request.COOKIES.items():
        # 商品 id 都为数字，非数字的 cookie 过滤掉
        if not goods_id.isdigit():
            continue
        cart_goods = GoodsInfo.objects.get(id = goods_id)
        cart_goods.goods_num = goods_num
        cart_goods.total_money = int(goods_num) * cart_goods.goods_price
        cart_goods_list.append(cart_goods)
        # 累加购物车商品总数
        cart_goods_count = cart_goods_count+int(goods_num)
        # 累计商品总价
        cart_goods_money += int(goods_num) * cart_goods.goods_price
    return render(request, 'place_order.html',
                {'cart_goods_list': cart_goods_list,
                 'cart_goods_count': cart_goods_count,
                 'cart_goods_money': cart_goods_money})
```

17.7.2　实现订单提交功能

在订单提交页面中还包含订单信息，当用户填写完收货信息之后，单击"提交订单"按钮，将表单提交到了/cart/submit_order/页面。

在 cart 应用下的 views.py 模块中新增视图函数 submit_order()，该函数用于处理订单提交，具体代码如下：

```
def submit_order(request):
    """保存订单"""
    # 获得订单信息
    addr = request.POST.get('addr', '')
    recv = request.POST.get('recv', '')
    tele = request.POST.get('tele', '')
    extra = request.POST.get('extra', '')
    # 保存订单信息
    order_info = OrderInfo()
    order_info.order_addr = addr
    order_info.order_tele = tele
    order_info.order_recv = recv
    order_info.order_extra = extra
    # 生成订单编号
    order_info.order_id=str(int(time.time()*1000))+\
                        str(int(time.clock()*1000000))
    order_info.save()
    # 跳转页面
    response=redirect('/cart/submit_success/?id = %s' % order_info.order_id)
    # 保存订单商品信息
    for goods_id, goods_num in request.COOKIES.items():
        if goods_id == 'csrftoken':
            continue
        # 查询商品信息
        cart_goods = GoodsInfo.objects.get(id = goods_id)
        # 创建订单商品信息
        order_goods = OrderGoods()
        order_goods.goods_info = cart_goods
        order_goods.goods_order = order_info
        order_goods.goods_num = goods_num
        order_goods.save()
        # 删除购物车信息
        response.delete_cookie(goods_id)
    return response
```

上述代码首先使用 request.POST.get()方法获取 form 表单中的数据，然后将获取后的订单信息保存到数据库中，商品订单编号由当前时间戳（time.time）*1000 与程序运行时间（time.clock）*1000000 组成，当订单信息保存成功后，使用 redirect()函数重定向到 "http://127.0.0.1:8000/cart/submit_success/?id=订单编号"。

17.7.3　创建模板文件

购物车页面的模板名称为 place_order.html，该文件主要显示购买的商品列表和总金额结算，接下来对这些设置一一进行介绍。

1. 商品列表

商品列表主要包含商品图片、商品名称、商品价格、商品数量、小计，具体代码如下：

```
{% for cart_goods in cart_goods_list %}
<ul class="goods_list_td clearfix">
    <li class="col01"> </li>
```

```
<li class="col02"><img src="/static/goods/
{{ cart_goods.goods_img }}.jpg"></li>
<li class = "col03">{{ cart_goods.goods_name}}</li>
<li class = "col05">{{ cart_goods.goods_price }}元</li>
<li class = "col06">{{ cart_goods.goods_num }}</li>
<li class = "col07">{{ cart_goods.total_money }}元</li>
</ul>
{% endfor %}
```

2. 总金额结算

总金额结算包含商品总数量、运费、实付款，具体代码如下：

```
<div class = "settle_con">
    <div class = "total_goods_count">共<em>
        {{ cart_goods_count }}</em>件商品，总金额<b>
        {{ cart_goods_money }}元</b></div>
    <div class = "transit">运费: <b>10 元</b></div>
    <div class = "total_pay">实付款: <b>
        {{ cart_goods_money|add:10 }}元</b></div>
</div>
```

17.7.4 配置路由

订单提交页面的模板文件编写完成后，打开 ttsx/urls.py 文件，按照如下代码添加路由信息。

```
from goods.views import index,detail,goods
from cart.views import add_cart,show_cart,remove_cart,
place_order,submit_order
urlpatterns = [
    path('cart/place_order/', place_order),
    path('cart/submit_order/', submit_order),
]
```

设置完成之后，重新启动 Django 开发服务器，在浏览器中访问 http://127.0.0.1:8000/cart/place_order/便能正常浏览天天生鲜的订单页面。

17.8 订单提交成功页面功能实现

17.8.1 创建视图函数

在 cart 应用下的 views.py 文件中创建视图函数 submit_success()，具体代码如下：

```
def submit_success(request):
    """显示订单结果"""
    order_id = request.GET.get('id')
    order_info = OrderInfo.objects.get(order_id = order_id)
    order_goods_list = OrderGoods.objects.filter(goods_order = order_info)
    total_money = 0        # 商品总价
    total_num = 0          # 商品总数量
    for goods in order_goods_list:
        goods.total_money = goods.goods_num * goods.goods_info.goods_price
        total_money+=goods.total_money
```

```
                total_num += goods.goods_num
    return render(request, 'success.html', {'order_info': order_info,
                                    'order_goods_list': order_goods_list,
                                    'total_money': total_money,
                                    'total_num': total_num})
```

　　上述代码首先获取了商品订单编号，然后根据订单编号获取数据库表 cart_orderinfo 中商品信息，之后计算商品的数量与实付款，最后使用 render() 函数将数据传递到 success.html 模板中。

17.8.2　创建模板文件

　　订单提交成功的模板文件名称为 success.html，该文件主要显示购买的商品列表、订单信息、总金额结算，接下来对这些设置——进行介绍。

1．商品列表

　　商品列表主要包含商品图片、商品名称、商品价格、商品数量、小计，具体代码如下：

```
{% for order_goods in order_goods_list %}
<ul class = "goods_list_td clearfix">
    <li class = "col01"> </li>
    <li class = "col02"><img src = "/static/goods/
    {{ order_goods.goods_info.goods_img }}.jpg"></li>
    <li class = "col03">{{ order_goods.goods_info.goods_name }}</li>
    <li class = "col05">{{ order_goods.goods_info.goods_price }}元</li>
    <li class = "col06">{{ order_goods.goods_num }}</li>
    <li class = "col07">{{ order_goods.total_money }}元</li>
</ul>
{% endfor %}
```

2．订单信息

　　订单信息主要包含订单编号、收货地址、收货人、联系电话、备注，具体代码如下：

```
<table>
    <tr>
        <td width = "100">订单编号:</td>
        <td>
            {{ order_info.order_id }}
        </td>
    </tr>
    <tr>
        <td>收货地址:</td>
        <td>{{ order_info.order_addr }}</td>
    </tr>
    <tr>
        <td>收货人:</td>
        <td>{{ order_info.order_recv }}</td>
    </tr>
    <tr>
        <td>联系电话:</td>
        <td>{{ order_info.order_tele }}</td>
    </tr>
    <tr>
        <td>备注:</td>
```

```
            <td>{{ order_info.order_extra }}</td>
        </tr>
</table>
```

3. 总金额计算

总金额计算包含商品数量、运费、实付款，具体代码如下：

```
<h3 class = "common_title">总金额结算</h3>
<div class = "common_list_con clearfix">
    <div class = "settle_con">
        <div class = "total_goods_count">共<em>{{ total_num }}
        </em>件商品，总金额<b>{{ total_money }}元</b></div>
        <div class = "transit">运费: <b>10 元</b></div>
        <div class = "total_pay">实付款: <b>{{ total_money|add:10 }}元</b></div>
    </div>
</div>
```

17.8.3 配置路由

订单提交成功页面的模板文件编写完成后，打开 ttsx/url.py 文件，按照如下代码添加路由信息。

```
from goods.views import index,detail,goods
from cart.views import add_cart,show_cart,remove_cart,place_order,
submit_order,submit_success
urlpatterns = [
    path('cart/submit_success/', submit_success),
]
```

设置完成之后，重新启动 Django 开发服务器，在浏览器中访问 http://127.0.0.1:8000/cart/submit_success/?id=订单编号，便能正常浏览天天生鲜的订单提交成功页面。

小　　结

本章首先介绍了天天生鲜项目的各应用中所包含的功能和各个页面所提供的功能，然后分页面逐一实现了天天生鲜项目。通过本章的学习，希望读者能熟练使用 Django 框架，具备利用 Django 框架开发 Web 项目的能力。